U0743422

电气专业系列培训教材

现代电力系统分析

主 编 文 昌 田树耀 卞建鹏

参 编 王 锟 王雨田

中国电力出版社

CHINA ELECTRIC POWER PRESS

内 容 提 要

本书为衡真教育集团组织编写的系列图书之一，全书分为十一章，包括电力系统规划，电力网络分析的一般方法，发电机组和负荷模型，电力系统最优潮流的数学模型及算法，电力系统状态估计的基本概念，电力系统静态安全分析的基本概念，电力系统静态等值方法的特点及应用，电力系统暂态稳定分析的直接法和时域法，电力系统的小扰动稳定分析，电力系统电压稳定的基本概念和方法，电力系统安全校核的基本概念。

本书主要作为相关考试参考教材，也可作为电气工程类专业的研究生教材，同时也可供有关从事电力工程的工程技术人员作为参考。

图书在版编目（CIP）数据

现代电力系统分析/文昌，田树耀，卞建鹏主编．

北京：中国电力出版社，2025.6（2025.11重印）. — ISBN 978 - 7 - 5239 - 0216 - 5

Ⅰ．TM711.2

中国国家版本馆 CIP 数据核字第 2025CT0129 号

出版发行：中国电力出版社

地　　址：北京市东城区北京站西街 19 号（邮政编码 100005）

网　　址：http://www.cepp.sgcc.com.cn

责任编辑：张　旻（010—63412536）

责任校对：黄　蓓　王海南

装帧设计：赵姗姗

责任印制：吴　迪

印　　刷：北京锦鸿盛世印刷科技有限公司

版　　次：2025 年 6 月第一版

印　　次：2025 年 11 月北京第二次印刷

开　　本：787 毫米×1092 毫米　16 开本

印　　张：13.25

字　　数：328 千字

定　　价：47.00 元

编委会

前言

　　电气工程及其自动化专业是强电（电为能量载体）与弱电（电为信息载体）相结合的专业，要求掌握电机学、电力电子技术、电力系统基础、高电压技术、供配电与用电技术等核心内容。为了帮助学生高效完成专业学习，衡真教育集团组织编写了《电机学》《电力系统分析》《继电保护原理》《高电压技术》《电路原理》《电力电子技术》《电气设备及主系统》和《现代电力系统分析》八种教材。

　　本系列教材旨在帮助读者梳理相关课程知识点，进一步提升理论知识水平。希望本系列教材能为电气工程及其自动化领域的学习者提供基础理论与核心知识，助力读者夯实基础，通晓理论。

　　本系列教材具有如下特点：

　　（1）内容全面，精准对接电气专业课程需求，涵盖必备学科知识，并融入相关考试要点，助力学习与考前冲刺。

　　（2）指导性强，在内容安排上针对专业学习和相关考试内容进行精挑细选，确保紧扣专业核心知识。紧跟行业动态，随相关考试大纲变动更新教材内容，确保教材教学内容始终与时俱进。

　　（3）注重互动性，包含精选习题、笔记区等互动元素，调动读者积极思考所学知识，辅助读者更好理解和掌握知识框架，供读者进行自我检测，加深知识理解程度实现知识点汇总，提供不同层次的互动体验。配合衡真教育集团的在线题库系统可巩固所学知识，感兴趣的读者可以前往练习。

　　（4）注重可读性，语言文字表达清晰，图表插图辅助说明，使得复杂的概念易于理解，提高读者的阅读兴趣。

　　（5）逻辑性强，按照由浅入深、由易到难的原则编写，清晰地解释各个知识点之间的关联，内容组织严谨，逻辑清晰，有助于读者建立完整的知识体系，形成对知识的整体把握。

　　本书内容分为十一章，第1章电力系统规划，主要包括负荷预测、电源规划和电网规划；第2章电力网络分析的一般方法；第3章发电机组和负荷模型，包括发电机各部分的数学模型和负荷的动态和静态模型；第4章电力系统最优潮流的数学模型及算法，包括常规潮流算法和最优潮流算法；第5章电力系统状态估计的基本概念，包括状态估计和不良数据的检测和辨识；第6章电力系统静态安全分析的基本概念，包括静态安全分析的支路开断模拟、发电机开断模拟和预想事故的自动筛选；第7章电力系统静态等值的方法及特点，包括常规 Ward 等值、改进 Ward 等值和 REI 等值；第 8 章电力系统暂态稳定分析的时域法和直接法，包括暂态稳定分析的时域仿真法和暂态稳定分析的直接法；第 9 章电力系统小干扰稳定性分析；第 10 章电力系统电压稳定性，包括电压稳定性的基本概念和电压稳定性的判据；第 11 章电力系统安全校核的基本概念，包括电网安全校核和中长期电力交易安全校核。

在本教材的编写过程中，我们获得了衡真教研组全体教师的鼎力支持，并且广泛借鉴了国内外多部电气工程领域的教材与专著。在此，我们向所有为本教材贡献智慧和心血的老师表达深深的谢意。

教材虽成，然仍存不足，受限于编者之水平与时间，或有疏漏，恳请读者不吝赐教，指正本教材的不足之处。我们深知学术之路永无止境，愿与读者携手共进，不断修正、完善。

编　者
2025 年 4 月

目录

前言

📝 **第1章 电力系统规划** ································· 1

1.1 电力系统规划的重要性及基本要求 ··················· 1

  1.1.1 电网规划的基本要求 ························· 1

  1.1.2 电力系统规划中的重大举措 ··················· 2

1.2 电力系统规划的任务及分类 ······················· 3

  1.2.1 电力系统负荷预测 ························· 3

  1.2.2 电源规划 ······························· 4

  1.2.3 电网规划 ······························· 4

  1.2.4 电力系统规划各部分之间的关系 ··············· 6

1.3 电力负荷预测的理论与方法 ······················· 7

  1.3.1 电力负荷预测的基本概念 ····················· 7

  1.3.2 电力负荷的构成与特点 ······················· 7

  1.3.3 电力负荷预测的分类及特点 ··················· 8

  1.3.4 负荷预测方法的分类 ························· 10

  1.3.5 电力负荷预测的基本程序 ····················· 10

  1.3.6 影响电力负荷预测的因素 ····················· 11

  1.3.7 电力负荷预测的基础知识 ····················· 11

1.4 电力负荷预测的数据处理 ························· 12

  1.4.1 数据处理的必要性 ························· 13

  1.4.2 数据处理的内容 ··························· 13

  1.4.3 负荷预测的数据补全 ······················· 13

  1.4.4 负荷预测的抗差估计 ······················· 15

1.5 确定性负荷预测方法 ····························· 15

  1.5.1 经验技术预测方法 ························· 15

  1.5.2 经典技术预测方法 ························· 16

  1.5.3 回归预测法 ····························· 17

  1.5.4 时间序列法 ····························· 18

  1.5.5 趋势外推预测法 ··························· 18

1.6 不确定性负荷预测方法 ··························· 18

　　　1.6.1　灰色预测法 ……………………………………………………………… 18

　　　1.6.2　模糊预测法 ……………………………………………………………… 19

　　1.7　空间负荷预测方法 ……………………………………………………………… 19

　　　1.7.1　空间负荷预测的概念 …………………………………………………… 19

　　　1.7.2　空间负荷预测的流程 …………………………………………………… 20

　　　1.7.3　空间负荷预测的基本方法 ……………………………………………… 20

　　1.8　电力负荷预测的综合评价 ……………………………………………………… 23

　　　1.8.1　负荷预测模型分析评价必要性 ………………………………………… 24

　　　1.8.2　负荷预测模型的综合决策评判 ………………………………………… 25

　　1.9　电源规划的理论与方法 ………………………………………………………… 25

　　　1.9.1　电源规划概述 …………………………………………………………… 25

　　　1.9.2　电源规划数学模型 ……………………………………………………… 26

　　1.10　电网规划 ………………………………………………………………………… 27

　　　1.10.1　电网规划概述 …………………………………………………………… 27

　　　1.10.2　电网的电压等级选择 ………………………………………………… 30

　　1.11　电力电量平衡 …………………………………………………………………… 32

　　　1.11.1　电力电量平衡的目的与要素 …………………………………………… 32

　　　1.11.2　电力平衡中的容量组成 ………………………………………………… 32

　　　1.11.3　电力系统的可靠性 ……………………………………………………… 33

　　1.12　电力系统规划的经济评价方法 ………………………………………………… 34

　　　1.12.1　电力系统规划经济评价概述 …………………………………………… 34

　　　1.12.2　资金的时间价值 ………………………………………………………… 36

　　　1.12.3　常用的经济评价指标 …………………………………………………… 37

　　●习题 …………………………………………………………………………………… 39

第2章　电力网络分析的一般方法 ……………………………………………………… 41

　　2.1　概述 ……………………………………………………………………………… 41

　　2.2　图论的基本知识 ………………………………………………………………… 41

　　　2.2.1　图论的术语和定义 ……………………………………………………… 41

　　　2.2.2　图的矩阵表示 …………………………………………………………… 43

　　　2.2.3　矩阵形式的基尔霍夫定律 ……………………………………………… 46

　　2.3　电力网络方程 …………………………………………………………………… 48

　　　2.3.1　节点电压方程和回路电流方程 ………………………………………… 48

　　　2.3.2　节点导纳矩阵 …………………………………………………………… 50

　　2.4　无源网络参数 …………………………………………………………………… 55

　　　2.4.1　二端口网络 ……………………………………………………………… 55

　　　2.4.2　二端口网络的参数和方程 ……………………………………………… 56

　　　2.4.3　二端口的连接 …………………………………………………………… 57

　　●习题 …………………………………………………………………………………… 58

第3章　发电机组和负荷模型 ···················· 60

3.1　同步电机数学模型 ························· 60

3.2　派克变换 ····························· 63

  3.2.1　同步发电机的原始电压方程 ················ 63

  3.2.2　Park 变化后的同步发电机的电压方程 ··········· 64

  3.2.3　标幺值表示的同步电机方程 ················ 66

3.3　同步发电机实用数学模型 ····················· 67

  3.3.1　同步电机的转子运动方程 ················· 68

  3.3.2　同步电机的实用模型 ··················· 68

3.4　发电机励磁系统的数学模型 ···················· 70

3.5　原动机及调速系统的数学模型 ··················· 73

3.6　负荷的数学模型 ························· 75

  3.6.1　负荷静态特性 ······················ 76

  3.6.2　负荷动态特性 ······················ 77

  ●习题 ······························ 78

第4章　电力系统最优潮流的数学模型及算法 ············ 80

4.1　潮流计算概述 ························· 80

4.2　潮流计算问题的数学模型 ····················· 81

  4.2.1　潮流计算方程 ······················ 81

  4.2.2　潮流计算中的节点分类 ·················· 82

4.3　潮流计算的几种基本方法 ····················· 83

  4.3.1　高斯 - 赛德尔法 ····················· 83

  4.3.2　牛顿 - 拉夫逊法 ····················· 85

  4.3.3　快速解耦法（P-Q 分解法） ··············· 88

  4.3.4　保留非线性快速潮流算法 ················· 92

  4.3.5　最小化潮流算法（非线性规划潮流算法） ·········· 95

  4.3.6　直流潮流 ························ 96

  4.3.7　随机潮流 ························ 97

  4.3.8　三相潮流 ························ 98

  4.3.9　含柔性元件的电力系统潮流计算 ·············· 98

  4.3.10　连续潮流 ······················· 99

  4.3.11　潮流计算中的自动调整 ·················· 99

4.4　最优潮流计算 ························· 99

  4.4.1　概述 ·························· 99

  4.4.2　最优潮流的数学模型 ··················· 100

  4.4.3　最优潮流算法综述 ···················· 102

  4.4.4　最优潮流简化梯度法 ··················· 103

4.4.5　最优潮流计算的牛顿法 ·· 107

4.4.6　最优潮流的内点法 ··· 109

●习题 ··· 111

第5章　电力系统状态估计的基本概念 ·· 113

5.1　状态估计的基本概念 ·· 113

5.1.1　状态估计概述 ·· 113

5.1.2　实时数据库的误差和不良数据 ··· 114

5.1.3　状态估计的用途 ··· 116

5.1.4　状态估计与常规潮流的关系 ··· 118

5.2　电力系统状态估计问题的数学描述 ··· 119

5.3　电力系统状态估计算法 ·· 121

5.3.1　最小二乘法 ··· 121

5.3.2　加权最小二乘法 ··· 123

5.3.3　快速解耦状态估计算法 ··· 126

5.3.4　对量测量变换的状态估计算法 ·· 126

5.3.5　逐次型状态估计算法 ·· 127

5.3.6　几种状态估计算法的比较 ·· 127

5.4　不良数据的检测与辨识 ·· 127

5.4.1　几个术语 ·· 127

5.4.2　检测与辨识不良数据的几种主要方法 ·· 128

5.4.3　不良数据的一般检测方法 ·· 128

●习题 ··· 130

第6章　电力系统静态安全分析的基本概念 ··· 132

6.1　电力系统运行状态与安全分析 ·· 132

6.1.1　电力系统的安全性和可靠性的定义 ··· 132

6.1.2　电力系统正常运行必须满足的两个约束条件 ···································· 132

6.1.3　电力系统运行状态分类 ··· 133

6.1.4　电力系统控制方式分类 ··· 133

6.1.5　电力系统安全分析分类及几个重要概念 ··· 134

6.1.6　电力系统安全稳定准则 ··· 135

6.2　电力系统静态安全分析方法 ··· 136

6.2.1　支路开断模拟 ·· 136

6.2.2　发电机开断模拟 ··· 137

6.3　预想事故自动筛选 ·· 139

6.3.1　评价事故的行为指标 ·· 140

6.3.2　ACS的开断模拟终止判断 ·· 140

6.3.3　ACS的开断模拟计算方法 ·· 141

　　　6.3.4　遮蔽现象 ·· 141

　　　6.3.5　预想事故自动筛选算法 ···································· 141

　　　●习题 ··· 142

✒ **第7章　电力系统静态等值方法的特点及应用** ···················· 144

　7.1　电力系统静态等值 ·· 144

　　　7.1.1　网络等值的原因 ·· 144

　　　7.1.2　网络简化等值的系统划分 ·································· 144

　　　7.1.3　简化等值的分类与要求 ···································· 145

　7.2　Ward 等值的基本概念 ··· 145

　　　7.2.1　常规 Ward 等值的基本原理 ······························ 145

　　　7.2.2　常规 Ward 等值的步骤 ··································· 146

　　　7.2.3　常规 Ward 等值的意义及适用范围 ························ 146

　　　7.2.4　常规 Ward 等值的缺点 ··································· 146

　7.3　改进 Ward 等值法 ·· 147

　　　7.3.1　Ward - PV 等值法 ·· 147

　　　7.3.2　解耦 Ward 等值法 ·· 148

　　　7.3.3　缓冲 Ward 等值 ·· 148

　7.4　REI 等值 ·· 149

　　　7.4.1　REI 等值的基本原理 ······································ 149

　　　7.4.2　REI 等值网络的步骤 ······································ 149

　　　7.4.3　REI 等值的条件 ·· 149

　　　●习题 ··· 149

✒ **第8章　电力系统暂态稳定分析的直接法和时域法** ················ 151

　8.1　暂态稳定分析的时域仿真法 ···································· 152

　　　8.1.1　暂态稳定分析的基本概念 ·································· 152

　　　8.1.2　电力系统暂态稳定的分析方法 ····························· 153

　　　8.1.3　电力系统暂态分析的时域法 ································ 153

　　　8.1.4　暂态稳定分析中发电机与负荷节点的处理 ················· 156

　　　8.1.5　网络数学模型及其网络方程求解方法 ····················· 158

　8.2　暂态稳定分析的直接法 ·· 158

　　　8.2.1　基本定义 ··· 158

　　　8.2.2　单机无穷大系统的直接法暂态稳定分析 ················· 158

　　　8.2.3　多机电力系统暂态稳定分析方法 ·························· 161

　　　●习题 ··· 163

✒ **第9章　电力系统的小扰动稳定分析** ····························· 165

　9.1　电力系统小干扰稳定概念 ······································ 165

　　　9.1.1　电力系统稳定性分类 ······································ 165

9.1.2　小干扰稳定的基本概念 ·· 165

9.1.3　小干扰稳定的基本原理 ·· 166

9.1.4　状态矩阵与系统稳定性的关系 ······································ 167

9.2　电力系统小干扰稳定的特征分析法 ·· 167

9.2.1　特征值和特征向量 ·· 167

9.2.2　主要术语介绍 ·· 168

9.2.3　可观性与可控性 ·· 169

9.2.4　参与因子 ·· 169

9.2.5　特征值灵敏度 ·· 170

9.2.6　特征分析法在电力系统小干扰稳定分析中的评价 ·················· 170

9.2.7　机电回路相关比 ·· 171

9.3　电力系统低频振荡 ·· 171

9.3.1　电力系统低频振荡的定义和分类 ···································· 171

9.3.2　复数力矩系数法 ·· 172

9.3.3　抑制电力系统低频振荡的对策 ······································ 173

9.3.4　电力系统静态稳定器（PSS） ·· 173

●习题 ·· 174

第10章　电力系统电压稳定的基本概念和方法 ·························· 176

10.1　电力系统电压稳定性的基本概念 ·· 176

10.1.1　电压稳定性的定义 ·· 176

10.1.2　电压失稳物理现象与机理分析 ······································ 177

10.1.3　电压失稳的机理 ·· 177

10.2　分岔理论 ·· 178

10.2.1　分岔概念 ·· 178

10.2.2　鞍结分岔 ·· 179

10.2.3　极限诱导分岔 ·· 180

10.3　电力系统静态电压稳定性 ·· 181

10.3.1　静态电压稳定性的数学模型 ·· 181

10.3.2　静态电压稳定性研究解决的问题 ···································· 182

10.3.3　静态电压稳定性指标 ·· 182

10.3.4　连续潮流发与直接法的应用 ·· 183

10.4　电力系统动态电压稳定性 ·· 184

10.4.1　动态电压稳定性概述 ·· 184

10.4.2　电压失稳时间框架分析 ·· 184

10.5　电压稳定性分析与控制的功能要求 ·· 185

10.5.1　离线研究与在线研究 ·· 185

10.5.2　电压稳定分级分区控制 ·· 186

10.5.3　电压稳定的控制措施 ·· 187

10.5.4　预防控制与校正控制 ·· 187

●习题 ·· 188

第11章　电力系统安全校核的基本概念 ··········· 189

11.1　电网运行安全校核 ·· 189

11.1.1　电网运行安全校核的定义 ···························· 189

11.1.2　电网运行安全校核的内容 ···························· 189

11.1.3　安全校核辅助决策 ·································· 192

11.2　中长期电力交易安全校核 ······································ 193

11.2.1　中长期电力交易安全校核的定义 ······················ 193

11.2.2　中长期电力交易安全校核的原则 ······················ 193

11.2.3　中长期电力交易安全校核的内容 ······················ 194

11.2.4　中长期电力交易安全校核的流程 ······················ 195

11.2.5　安全校核的方法 ·································· 195

●习题 ·· 196

参考文献 ·· 198

第1章

电 力 系 统 规 划

1.1 电力系统规划的重要性及基本要求

用户对电能需求的不断增长，只有通过电力工业本身的基本建设，不断扩大电力系统的规模才能满足。要满足国民经济发展的需要，电力工业必须先行，因此做好电力工程建设的前期工作，落实发、送、变电本体工程的建设条件，协调其建设进度，优化其设计方案，意义尤为重大。电力系统规划正是电力工程前期工作的重要组成部分，是关于单项本体工程设计的总体规划，是具体建设项目实施的方针和原则，是一项具有战略意义的工作。电力系统规划工作应在国家产业和能源政策指导下，在国民经济综合平衡的基础上进行，首先应该进行长期电力规划，经审议后在此基础上从电力系统整体出发进一步研究并提出电力系统具体的发展方案及电源和电网建设的主要技术原则。

电力工业的发展速度及其经济合理性不仅关系到电力工业本身能源利用和投资使用的经济效益和社会效益，同时也将对国民经济其他行业的发展产生巨大的影响。正确、合理的电力系统规划实施后可以最大限度地节约国家基建投资，促进国民经济其他行业的健康发展，提高其他行业的经济效益和社会效益，因而其重要性是不可低估的。

电网由输电、变电、配电等环节组成，电网规划是电力规划的重要组成部分，它和电源规划有着密切联系。往往只有在全盘考虑电源与电网的条件下，才能找到最合理的供电方案。例如在离负荷点远处有较经济廉价的电源，近处则有较不经济的电源，若它们之间进行比较和选择时，就必须全盘考虑电源与电网，才能做出合理的方案。

1.1.1 电网规划的基本要求

电网规划的目的是力求在规划期末使电网达到一个较理想的结构。一个理想的网架结构应满足以下基本要求：

（1）输、变、配电比例适当，容量充裕。要求电网在各种运行方式下都能满足将电力安全经济地输送到用户，并留有适当的容量裕度。在电网上既没有薄弱环节，造成发电能力不能充分利用的现象，也不存在设备闲置、积压资金现象。

（2）电压支撑点多。电压支撑点的设置数量要能保证在正常及事故情况下电力系统的安全及电能质量。电网规划必须考虑全系统的安全，在绝大多数可能出现的故障情况下仍能持续供电，不引起系统失稳及电网解列，也不导致不允许的电压及频率降低或甩负荷。在某些罕见的复合故障下可限制其后果，例如允许系统分块解列运行，以保障重要负荷供电不中断并能较快地恢复正常运行；对停电的时间及范围有所限制，但不允许出现全系统失步、电压崩溃等导致系统瓦解的重大后果。为此，在电网规划中要考虑各种措施。如，单回线的送电容量不得超过受端容量的 35%～50%。对大容量、远距离输电应采用双回线或多回线，同路径或同杆塔线路在中途分段并互相连接，设置中间开关站等。若发生故障时可以分段切除，只失去一回路中的一段，其他部分仍可继续运行，可以显著提高运行安全性。

（3）保证用户供电的可靠性。对于供电中断将会造成国民经济或人民的生命财产重大损失的一级负荷及重要供电地区，必须设置两个及以上彼此独立的供电电源；对于无重要用户的三级负荷及地区，规划中一般不考虑备用电源；介于以上二者之间的二级负荷及地区，是否设置备用电源，应视系统情况权衡停电损失及装设备用电源增加的供电费用后确定。

（4）系统运行的灵活性。电网结构应能适合多种可能的运行方式，包括正常及事故情况下、高峰和低谷负荷时的运行方式。有大水电站或水电比例大的系统应分别考虑丰、平、枯水时的运行方式。

（5）系统运行的经济性。电网中潮流分布合理，无迂回倒流或送电距离过长等现象，线路损失小，投资及运行费用低。

提高线路的输送容量是降低单位容量造价、提高输电线路效益的重要措施。超高压线路输送容量应按照超过自然功率设计，各种电压等级线路的自然功率见表 1-1。

表 1-1　　　　　　　　　　　各种电压等级线路的自然功率

线路电压等级 (kV)	自然功率（万 kW）				
	单导线	双分裂导线	三分裂导线	四分裂导线	八分裂导线
220	12	16			
330	27	36			
500			90		
750				200	
1000					500

提高输送容量主要采用串联感性补偿或并联电容补偿，或两者并用。串联补偿对提高输送容量效果显著，但需注意避免发生次同步谐振；并联补偿可以控制线路波阻抗，提高输送容量并控制过电压。为了维持线路电压恒定，要求其在轻载时阻抗为感性，重载时为容性。

（6）便于运行，在变动运行方式或检修时操作简便、安全，对通信线路影响小等。一般在电力系统规划中先进行系统中最高一级电压网络的规划。当系统中新采用高一级电压，其电网尚未充分发展时，要同时考虑原系统中最高一级电压与新出现的电压网络的规划，在地区供电规划中再考虑较低电压等级的网络规划。

确定一个较理想的电网结构方案是涉及多方面因素的复杂问题，应在考虑各种因素下制定出若干可行方案，经过充分地系统分析及比较后选定。

1.1.2　电力系统规划中的重大举措

1. 实现全国互联网

大电网互联是世界电力发展的共同经验，是我国适应"西电东送"格局的重要措施。2003 年，以三峡电站建设为中心，首先形成了我国的中部电网。2010 年，基本形成北、中、南三个跨区互联网络，其中北部电网由华北、东北、西北电网和山东电网组成，中部电网由华中、华东、川渝电网和福建电网组成，南部电网由广东、广西、云南、贵州、中国香港、中国澳门电网组成。

2. 加快城市电网和农村电网的建设改造

（1）城市电网采用现代化技术。

①利用现代化技术促进城网装备现代化，提高供电可靠性，提高新建住宅内配线供电能力。②中心城区大力推广变、配电所与建筑物相结合和地下变电站，以减少占地面积和接近电力负荷中心，推进电缆供电。

（2）深化农电体制改革，加快农村电网改造。

①全国实现一县一公司；②全国推行"五统一"（统一电价、统一发票、统一抄表、统一核算、统一考核）和"三公开"（电量公开、电价公开、电费公开），逐步实现电力销售到户、抄表到户、收费到户、服务到户；③规范电网投资管理，努力控制工程造价，降低建设成本，减轻农民负担。

3. 树立优良的社会形象，全心全意为用户服务，严格执行《电力法》

①电力事业应当根据国民经济和社会发展的需要适当超前发展；②国家鼓励国内外经济组织和个人依法投资开发电源，兴办电力生产企业，实行谁投资谁受益；③电力设施和电能受国家保护；④电力建设和电力生产要依法保护环境防治公害；⑤国家鼓励和支持利用再生能源和清洁能源发电；⑥电力企业依法实行自主经营、自负盈亏并接受监督；⑦国家帮助和扶持少数民族地区、边远地区和贫困地区发展电力事业；⑧国家鼓励采用先进的科学技术和管理方法发展电力事业。

4. 建立科学合理的电价形成机制

建立科学合理的电价形成机制可实现：①促进电力企业改善自身的经营状况，使电力企业获得应有的利润，从而积累资金走向良性循环；②约束电力工程造价、降低建设成本，消除盲目投资，减少资金积压和浪费；③约束电力生产成本，降低发电能源进价；④投资者获得较高的回报，从而也确保了电力建设和改造资金的来源；⑤用户公平负担；⑥推动电力企业经营者、生产者的素质提高，促进人才流动。

1.2　电力系统规划的任务及分类

1.2.1　电力系统负荷预测

电力系统负荷一般可以分为城市民用负荷、商业负荷、工业负荷、农村负荷以及其他负荷等，不同类型的负荷具有不同的特点和规律。

（1）城市民用负荷。城市民用负荷主要是指城市居民的家用电器用电，具有年年增长的趋势和明显的季节性波动特点，而且与居民的日常生活和工作规律紧密相关。

（2）商业负荷。商业负荷主要是指商业部门的照明、空调、动力等用电，覆盖面积大，且用电增长平稳，同样具有季节性波动的特性。

（3）工业负荷。工业负荷是指用于工业生产的用电。一般工业负荷的比重在用电构成中居于首位，它不仅取决于工业用户的工作方式（包括设备利用情况、企业的工作班制等），而且与各行业的行业特点、季节因素都有紧密的联系，一般工业负荷是比较恒定的。

（4）农村负荷。农村负荷是指农村居民用电和农业生产用电。此类负荷与工业负荷相比，受气候、季节等自然条件的影响很大，这是由农业生产的特点所决定的。

电力系统负荷预测包括最大负荷功率、负荷电量及负荷曲线的预测。最大负荷功率预测对于确定电力系统发电设备及输变电设备的容量是非常重要的。为了选择适当的机组类型和合理的电源结构以及确定燃料计划等，还必须预测负荷及电量。负荷曲线的预测可为研究电力系统的峰值、抽水蓄能电站的容量以及发输电设备的协调运行提供数据支持。

电力系统负荷预测可以分为调度电力负荷预测和规划电力负荷预测。调度电力负荷预测又可以分为超短期、短期、中期和长期四种，规划的电力负荷预测又可以分为短期电力负荷预测、中期电力负荷预测和长期电力负荷预测。

与一般的经济预测或需求预测相比，电力负荷预测有以下几个特点：①不仅要做短期预测，更要做长期预测；②既要做电力预测，也要做电量预测；③既要有全国的负荷预测，也要有分地区的负荷预测；④电力负荷预测是"被动型"预测；⑤负荷预测受不确定性因素影响较大。

负荷预测工作的关键在于收集大量的历史数据，建立科学有效的预测模型，采用有效的算法，以历史数据为基础，进行大量试验性研究，总结经验，不断修正模型和算法，以真正反映负荷变化规律。其基本过程如下：①确定预测内容；②收集相关资料；③分析基础资料；④预测经济发展；⑤选择预测模型；⑥应用预测模型；⑦评价预测结果；⑧评价预测精度。

当然在实际的预测应用中，并不是严格地按以上步骤进行按部就班地预测，可以根据预测时的实际情况灵活地进行处理。

1.2.2　电源规划

电源规划是电力系统电源布局的战略决策，在电力系统规划中处于十分重要的地位，规划的合理与否，将直接影响系统今后运行的可靠性、经济性、电能质量、网络结构及其将来的发展。电源规划作为电力系统规划的一个主要组成部分，近年来已成为电力系统规划研究的一个重要课题。电源规划分为短期电源规划和中长期电源规划两类。

（1）短期电源规划。短期电源规划考虑未来 1～5 年的发展情况，规划的具体内容包括：①制定发电设备的维修计划；②分析推迟或提前新发电机组投产计划的效益；③分析与相邻电力系统互联的效益及互联方案；④确定燃料需求量及购买、运输、储存计划。

（2）中长期电源规划。中长期电源规划应考虑未来 10～30 年的发展情况，应解决以下问题：

①何时、何地扩建新发电机组；②扩建什么类型及多大容量的发电机组；③现有发电机组的退役及更新计划；④燃料的需求量及解决燃料问题的策略；⑤采用新发电技术（如太阳能发电）的可能性；⑥采用负荷管理对系统电力、电量平衡的影响；⑦与相邻电力系统进行电力交换的可能性。

当电力系统规划涉及大型水电建设项目或一个水系的水电站开发时，其建设周期较长，一般需 10 年以上。在这种情况下，为了充分体现其经济效益，规划周期往往要考虑 50 年或更长。

进入 21 世纪以来，环保的呼声越来越高，在进行电源规划工作时，还必须考虑电厂建设对环境保护的影响，分析各种类型机组所排放的污染物对环境危害程度的不同，建立追求方案总费用现值最小、CO_2 排放量最小和核废料排放量最小等多目标电源规划模型。

1.2.3　电网规划

电网规划是根据电力系统的负荷及电源发展规划对输电系统的主要网架做出的发展规

划，又称输电系统规划，是电力系统规划的一个重要组成部分。

电网规划的基本要求是确保供电所要求的输送容量、电压质量和供电可靠性等，把电力系统各部分组合起来使其整体结构的运行效率最高、经济上最合理，并能充分适应系统日后发展的需要。可靠性分析除了满足电力不足概率（LOLP）法和电力不足期望值（EENC）的要求外，还应进行安全性检查，满足 $N-1$ 原则。

电网规划可按照时间长短分类，也可按照问题不同划分。按照时间划分，电网规划可分为短期规划（1～5年）、中长期规划（5～15年）、远景规划（15～30年）。

（1）短期规划用于制定网络扩展决策，确定详细的网络方案。它一般针对一个较短的水平年，如5年。

（2）中长期规划介于短期和远景规划两者之间，用于估计实际电网的长期发展或演变，比如5～15年。在三种规划中，它起着十分重要的作用。一方面，远景规划所做出的技术选择可通过中长期电网实际状况进行修正。另一方面，它又可以指导短期规划，确保短期决策同中长期电网发展相一致；反过来，中长期规划中所引入的一些假设可通过更精确的分析或短期规划得到验证。

（3）远景规划是通过对未来各种发展情形的简单分析，给出根据环境参数进行技术选择的一般原则，并做出最后的初步选择。比如，选择电压等级、输电方式等。远景规划一般相对于一个较长水平年，如15～30年。

与电源规划相比，电网规划问题更为复杂。首先，电网规划要考虑具体的网络拓扑结构，各待选路径都必须作为独立的决策变量来处理，因此电网规划决策变量的维数比电源规划更高。其次，电网规划应满足的约束条件非常复杂，其中一些约束条件不仅涉及非线性方程（如电压水平限制等），甚至还涉及微分方程（如系统稳定问题）。所以，要构成一个完整的电网规划数学模型是比较困难的，对这样的问题进行求解就更加困难。

为避免上述困难，一般将电网规划问题分为方案形成和方案校验两个阶段。规划中要按不同类型的输电线和变电站的性质、任务来考虑电网结构。一般来说，电网规划应解决下列问题：①在何处投建新输电线路；②何时投建新输电线路；③投建何种类型的输电线路。

网架规划的目的在于根据投资及运行等费用最小的原则，确定扩建线路的类型、时间及地点，保证可靠地将电力由发电厂送到负荷，并且出入线及沿途环境都可以接受。显然，这是一个系统优化的问题。该问题具有下列特点：①离散性。线路是按整数的回路架设的，所以规划决策的取值必须是离散的或整数的；②动态性。网架规划不仅要满足规划年限内的经济、技术性能指标等要求，而且要考虑到网络的今后发展以及今后网络性能指标的实现问题；③非线性。线路电气参数与线路功率及网损等费用的关系是非线性的。④多目标性。规划方案不仅要满足经济、技术上的要求，还必须考虑社会、政治及环境等因素，这些因素常常是相互冲突和矛盾的。⑤不确定性。负荷预测、设备有效状况及水力条件等均存在显著的不确定性。

因此，从数学上讲，网架规划是一个动态多目标不确定性非线性混合整数规划问题。要想解决这个复杂的问题，不进行一些技术上的假设和简化是不可能实现的。根据简化手段的不同，形成了众多有特点的规划方法。根据对规划期间处理的不同，规划方法可分为单阶段规划和多阶段规划。

单阶段规划是根据规划期开始的数据寻求规划末年（即水平年）的最佳网络结构方案。

多阶段规划中，前一阶段的规划结果对后一阶段有明显影响，因此，每一扩展方案既要考虑本阶段的要求又要考虑整个规划期的要求。多阶段规划可采用动态规划方法实现，也可采用静态规划方法来实现。考虑整个规划期最优扩展方案的方法称为动态规划方法。把多阶段规划中每一阶段都作为单阶段规划来优化，把上阶段优化结果作为下阶段的输入，这种处理叫作静态规划。动态规划处理要比静态规划复杂得多，但静态规划不能给出整个规划的最优解。

为了保证电力系统安全可靠地运行，必须对电网发展方案进行安全性检查（即方案校验或安全校核）。通过计算求得设计水平年的运行电压、电流和功率（系统的各种运行方式），检查其是否在安全范围内，从而判断方案的可行性，并为改进方案、选择合适的电工设备、采用其他安全措施提供依据。安全性检查通常包括对潮流、暂态稳定性、短路电流、工频过电压的检查。近年来，N−1校验和可靠性分析也作为安全性检查的一部分。

电网规划实际上不仅仅是输电网规划，还应该包含配电网规划。配电网规划是供电企业的一项重要工作，为了获取最大的经济效益，配电网规划既要保证配电网安全可靠，又要保证配电经济运行，所以配电网规划的主要任务是在可行技术的条件下，为满足负荷发展的需求，制定可行的电网发展方案。

我国目前500kV～220kV级为输电电压，110kV、35kV级为高压配电电压，10kV级为中压配电电压，380V为低压配电电压。因此，作规划时可将220kV～500kV列入输电网规划（主网规划）、380V～110kV列入配电网规划。

1.2.4　电力系统规划各部分之间的关系

电力系统规划的失误会给国家建设带来不可弥补的损失，反之，一个合理的电力系统规划方案则可以获得很大的经济效益和社会效益。电网规划应在国家计划及能源政策指导下进行。电力负荷预测是电源规划和电网规划的基础，并和它们同属电力系统规划，其结构如图1-1所示。

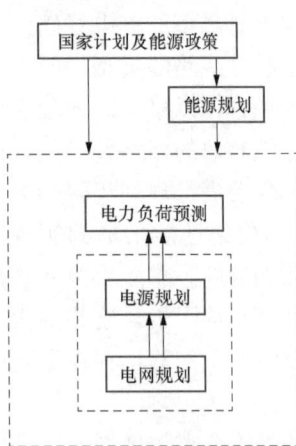

图1-1　电力系统规划的结构

能源规划的任务是在国家计划及能源政策指导下，综合研究一次能源，如煤、石油、天然气、水能、核能等的有效利用、相互协调和替代关系，并分析能源部门与非能源部门在供求及投资需求之间的矛盾及调整对策。电力系统的发展受到未来电力负荷增长、一次能源供应及电力技术设备供应和国家财力的直接影响。如图1-1所示，电力系统规划由电力负荷预测、电源规划和电网规划构成。电力负荷预测是电力系统规划的基础，可提供电力需求增长状况负荷曲线及负荷分布情况。就电力系统而言，电源规划方案和电网规划方案实质上是不可分割的整体。但是由于两者侧重点不同，并且统一解决这两个问题又非常困难，所以目前不得不将电源规划与电网规划的问题分开处理，在必要时对它们采用协调技术进行迭代求解。

1.3　电力负荷预测的理论与方法

1.3.1　电力负荷预测的基本概念

电力负荷预测是电力系统规划的重要组成部分，也是电力系统经济运行的基础，任何时候，电力负荷预测对电力系统规划和运行都极其重要。

电力负荷包括两方面的含义，既用以指安装在国家机关、企业、居民等用户处的各种用电设备，也可用以描述上述用电设备所消耗的电力或电量的数值。

电力负荷预测则是以电力负荷为对象进行的一系列预测工作。从预测对象来看，电力负荷预测包括对未来电力需求量（功率）的预测和对未来用电量（能量）的预测以及对负荷曲线的预测。其主要工作是预测未来电力负荷的时间分布和空间分布，为电力系统规划和运行提供可靠的决策依据。

最大负荷功率预测对于确定电力系统发电设备及输变电设备的容量非常重要。为了选择适当的机组类型和合理的电源结构以及确定燃料计划等，必须预测电力及电量需求。负荷曲线的预测可以为研究电力系统的峰值、抽水蓄能电站的容量以及发输电设备的协调运行提供数据支持。

1.3.2　电力负荷的构成与特点

我国电力行业曾采用过的分类方法有多种，不同的分类方法用于不同的研究目的。主要的分类方法有：①按用电部门的属性划分；②按用电的目的划分；③按用电单位或部门的重要性划分；④按电力负荷的大小划分及按负荷预测的时间长短划分等。电力系统规划中负荷预测采用的分类方法主要是按用电的部门属性划分和按负荷预测的时间长短的划分。

1. 按用电部门的属性划分

按用电部门的属性划分是一种电力系统规划及电力工业统计中常用的分类方法。一般将用电负荷划分为工业用电、农业用电、交通运输用电和市政生活用电四大类。其中每一大类又可划分为若干小类。工业用电可进一步分为重工业用电和轻工业用电，重工业用电又细分为黑色冶金工业用电、有色冶金工业用电、机械工业用电、能源工业用电、化学工业用电等，轻工业用电也可细分为纺织工业用电、造纸工业用电、日用化工用电、医药工业用电等。农业用电可以进一步分为排灌用电、农副加工用电、农村照明用电等。交通运输用电可以分为电气化铁路用电、城市电车交通用电等。市政生活用电可以分为商业用电、街道照明用电、家庭生活用电及城市公共娱乐场所用电等。划分的详细程度视研究的目的和深度要求而定。

我国从 1986 年起，为了便于电力负荷的分类研究和管理，对电力负荷的分类方法作了较大的调整，在电力工业统计报表中采用了按"国民经济行业用电分类"的新分类统计法把全部用电量按下列三个原则进行划分：①参考国际行业分类的标准和经验，从我国实际情况出发划分各行业的界线，并在具体分类中兼顾国际资料对比的需要；②区分物质生产领域和非物质生产领域；③主要按照企业、事业单位、机关团体和个体从业人员所从事的生产或其他社会活动性质的同一性分类，即按其所属行业分类，而不按其所属行政主管系统分类，但也应适当照顾行政主管部门业务管理范围的需要。按上述三个原则将电力负荷划分为八大类，即农林牧渔水利用电，工业用电（含农村工业用电），地质普查勘探业用电，建筑业用电，交通运输邮电业用电，商业、饮食业、物资供销和仓储业用电，城市上下水道及其他事业用电，居民生活（含城市和乡村）用电。

20 世纪 90 年代初期，为适应我国经济结构的变化，并与国际惯例接轨，又将电力负荷按国民经济统计分类方法划分为第一产业（主要是农业）用电，第二产业（主要是工业）用电，第三产业（除第一、二产业以外的其他事业，如商业、旅游业、金融业、餐饮业及房地产业等）用电和居民生活用电。特别是在研究全国电力系统规划或地区的电力系统规划时，目前广泛采用按产业划分电力负荷的分类方法。以前采用过的分类方法有时也被应用，但随着统计分类方法的变化，往往由于搜集资料的困难而实际上难以应用。

2. 按使用电力的目的划分

按使用电力的目的，一般将电力负荷划分为动力用电、照明用电、电热用电、各种电气设备仪器的操作控制用电及通信用电。这种分类方法主要用于能源平衡分析，电力系统规划中的负荷预测一般不采用。

3. 按电力用户的重要性划分

长期以来，我国根据电力用户的重要性程度不同，将电力负荷划分为三类，即一类负荷、二类负荷和三类负荷。

一类负荷（亦称一级负荷）是关系到国民经济的命脉及人民的生命财产安全的用户，或者停电及突然停电对其造成的损失太大的用户，如冶炼、医院、重要的军政机关等。对这类用户供电必须保证高度的供电可靠性。

二类负荷（亦称二级负荷）在国民经济中的地位不如一类负荷重要，对其停电造成的经济损失虽然也不小，但还不是无可挽回的。对这类用户的供电，至少要有中等程度的供电可靠性。在一般情况下，并不限制对这类用户的按计划供电，但在电力不足，或系统出现严重故障时，不得已也可中断对这类用户的供电。一般工业用电均属于二类负荷。

三类负荷（亦称三级负荷）在国民经济中的地位更低，与人民的生命财产安全关系不大，中断对这类负荷的供电带来的损失最小。当电力系统由于容量不足，或出现事故需要限制用电时，首先被拉闸的是这类负荷。因此，这类用户的供电可靠性是比较低的。一般将非农忙季节的农业用电，市政生活用电等列为三类负荷。

上述三类负荷的划分，在不同历史时期有不同的内容和要求。这种分类方法主要用于电力系统的调度管理和用电管理。负荷预测中一般不采用这类分类方法。

4. 按负荷的大小划分

按用户用电需求变化特性中负荷的大小不同，电力负荷可分为最大负荷、平均负荷和最小负荷。

1.3.3　电力负荷预测的分类及特点

电力负荷预测是根据过去和现在负荷的发展及过去、现在和将来社会经济的发展、规划而对未来电力负荷水平、出现时间、地点等因素做出的科学合理的推测，目的是为未来的电网优化发展规划或制定合理的运行发电计划服务。

电力负荷预测可按多种标准进行分类。

1. 负荷预测按时间分类

电力负荷预测中经常按时间期限进行分类，通常分为长期、中期、短期和超短期负荷预测。由于工作性质的差异，电网调度部门与电力系统规划设计部门对负荷预测时间跨度的分类差别较大，因此电力负荷预测往往按照电网调度和电网规划两种方式分别进行分类。

（1）电网规划部门对电力负荷预测的时间范围划分界定如下。

1）长期负荷预测一般指预测期限为10～30年并以年为单位的预测。该类预测用于战略规划，包括对发电能源资源的长远需求的估计，确定电力工业的战略目标、电力新科技发展和科技开发规划，以及长远电力发展对资金总量的需求估计等，均需要从长期电力负荷预测的结果出发来做出分析和判断。

2）中期负荷预测指预测期限为5～10年并以年为单位的预测。中期预测的期限大致与电力工程项目的建设周期相适应，因此，对电力规划部门来讲这种期限的预测至关重要。根据这种预测的结果，做出发输配电项目的建设计划，对电网的规划、增容和改建工作至关重要，是电力规划部门的重要工作之一。

3）短期负荷预测的预测期限为1～5年，主要是为电力系统规划，特别是配电网规划服务的，对配电网的增容、规划极为重要。同时由于短期负荷预测的时间较短，与电力系统的近（短）期发展直接相关，因此短期负荷预测的准确与否对于电力系统而言是十分重要的。

（2）电网调度部门对电力负荷预测的时间范围划分界定如下。

1）超短期负荷预测是指时间跨度在1h之内的负荷预测，其中用于电能质量控制需5～10s的负荷预测值，用于安全监视需要1～5min的负荷值，而用于预防控制和紧急状态处理需10～60min的负荷值。超短期负荷预测的结果用于编制发电机的运行计划，确定旋转备用容量、控制检修计划、估计收入、计算燃料及购入电量的数量和费用。该类预测结果的使用对象是电网的调度员。

2）短期负荷预测是指时间跨度在24～48h内的负荷预测，主要用于水火电分配、水火协调、经济调度和功率交换。该类预测结果的使用对象是编制调度计划的工程师。

3）中期负荷预测是指时间跨度在一周至一月内的负荷预测，主要用于水库调度、机组检修、交换计划和燃料计划。该类预测结果的使用对象是编制中长期运行计划的工程师。

4）长期负荷预测则指以年为单位的负荷预测，主要用于电源和电网的发展规划，需数年至数十年的负荷值。该类预测结果的使用对象是规划工程师。

2. 负荷预测按行业分类

负荷预测按行业可以分为城市民用负荷、商业负荷、农村负荷、工业负荷以及其他负荷的负荷预测。

虽然负荷可以大致这样分类预测，但并不严格。对于按某类负荷进行预测时，可能因存在交叉而发生某些实际负荷归类的多种选择。此时，需要由电力企业按各自更具体的负荷预测分类细目具体确定。

3. 负荷预测按特性分类

根据负荷预测表示的不同特性，常常又分为最高负荷、最低负荷、平均负荷、负荷峰谷差、高峰负荷平均、低谷负荷平均、平峰负荷平均、全网负荷、母线负荷、负荷率等的预测，以满足电力企业管理工作的需要。

1.3.4 负荷预测方法的分类

由于负荷预测的重要性，20 世纪 80 年代以后，大量的研究人员从使用方便、精度高及计算快等方面对负荷预测理论、方法开展了广泛而深入的研究。目前，应用于电力负荷预测的方法很多，传统的预测方法如自身外推法、相关分析法、时间序列法和回归分析法等。由于模型简单实用，参数具有较清晰的物理意义，在实际系统中应用较为广泛。随着系统的日益复杂，以及一些交叉的新兴学科和应用理论的出现，在负荷预测领域也同时产生了许多以先进的系统理论为指导的模型，这类模型常称为新兴模型，如应用遗传规划法、灰色理论、神经网络、混沌理论、物元理论等建立的多种模型就是其中典型的代表。下面将着重介绍经典的负荷预测方法和新兴的不确定性负荷预测方法的原理及其特点。

按照所使用的数据进行分类，常规负荷预测技术可分为自身外推法、相关分析法。而按照预测方法的参考体系，工程上的负荷预测方法又大体可分为确定性预测方法、不确定性预测方法、空间负荷预测法。尽管由于依据的不同，以上两种负荷预测方法的分类结果有些交叉，但并不影响对各种预测方法的分析和比较。

1.3.5 电力负荷预测的基本程序

负荷预测工作的关键在于收集大量的历史数据，建立科学有效的预测模型，采用有效的算法，以历史数据为基础，进行大量试验性研究，总结经验，不断修正模型和算法，以准确反映负荷变化规律。其基本过程如下。

（1）调查和选择历史负荷数据资料。多方面调查收集资料，包括电力企业内部资料和外部资料，从众多的资料中挑选出有用的部分，即把资料浓缩到最小量。挑选资料时的标准要是直接、可靠并且要最新的资料。如果资料收集和选择得不好，会直接影响负荷预测的质量。

（2）历史资料的整理。一般来说，由于预测的质量不会超过所用资料的质量，所以要对所收集的与负荷有关的统计资料进行审核和必要的加工整理，来保证资料的质量，从而为保证预测质量打下基础，即要注意资料的完整无缺，数字准确无误，反映的都是正常状态下的水平，资料中没有异常的"分离项"，还要注意资料的补缺，并对不可靠的资料加以核实调整。

（3）对负荷数据的预处理。在经过初步整理之后，还要对所用资料进行数据分析预处理，即对历史资料中的异常值的平稳化以及缺失数据的补遗。

针对异常数据，主要采用水平处理和垂直处理方法。

数据的水平处理即在进行分析数据时，将前后两个时间的负荷数据作为基准，设定待处理数据的最大变动范围，当待处理数据超过这个范围，就视为不良数据，采用平均值的方法平稳其变化。数据的垂直处理在负荷数据预处理时考虑其 24h 的小周期，即认为不同日期的同一时刻的负荷应该具有相似性，同时刻的负荷值应维持在一定的范围内，对于超出范围的不良数据修正为待处理数据的最近几天该时刻的负荷平均值。

（4）建立负荷预测模型。负荷预测模型是统计资料轨迹的概括，预测模型是多种多样的，因此，对于具体资料要选择恰当的预测模型，这是负荷预测过程中至关重要的一步。当由于模型选择不当而造成预测误差过大时，就需要改换模型，必要时，还可同时采用几种数学模型分别进行运算，以便对比和选择。

在选择适当的预测技术后，建立负荷预测数学模型，进行预测工作。由于已掌握的发展变化规律，并不能代表将来的变化规律，所以要对影响预测对象的新因素进行分析，对预测模型进行恰当的修正后确定预测值。

(5) 应用预测模型。将模型应用到实际的系统中，对未来时段的情况进行预测。

(6) 评价预测结果。通过对各种方法的预测结果进行比较和综合分析，根据经验和常识判断结果的合理性，对预测结果进行适当地修正，求得最终的预测结果。

(7) 评价预测精度。对所采用预测方法进行可信度分析。

(8) 编写预测分析报告。汇总以上内容，编写满足相关要求的电力负荷预测及其分析报告。实际工作中可以根据需要对上述预测过程进行简化或调整。

1.3.6 影响电力负荷预测的因素

通过对若干试点城市（或地区）的调研结果进行总结，论述了当前和今后一段时期内会对我国电力负荷及负荷特性发展规律产生影响的主要因素。这些因素有：①经济发展水平及经济结构调整的影响；②收入水平、生活水平和消费观念变化的影响；③电力消费结构变化的影响；④气候气温的影响；⑤电价（分时电价、可中断电价）的影响；⑥需求侧管理措施的影响（移峰填谷等）；⑦电力供应侧（电力短缺状况、电网建设与配电网改造等）的影响；⑧政策因素（如环保要求、对高耗电行业的优惠电价、能源替代等）的影响。

上述因素从根本上可归为四种类型：经济、时间、气候、随机干扰。在进行中长期负荷预测时需重点考虑"经济类"因素；在进行短期负荷预测时需重点考虑"时间及气候类"因素；另有"随机类"因素的影响最难以估计，涉及众多因素，同时其突发性、无资料可依的特点往往是准确预测的一大难题。

1.3.7 电力负荷预测的基础知识

1. 影响电力负荷的因素

影响电力负荷的因素包括作息时间的影响、生产工艺的影响、气候影响、季节影响等。

2. 负荷曲线

(1) 日负荷率：$r = \dfrac{P_{av}}{P_{max}}$，式中 P_{av} 表示平均负荷，P_{max} 表示最大负荷。

(2) 日最小负荷率：$\beta = \dfrac{P_{min}}{P_{max}}$，式中 P_{min} 表示最小负荷，P_{max} 表示最大负荷。

(3) 基荷：小于日最小负荷 P_{min} 的负荷。

(4) 峰荷：大于平均负荷 P_{av} 的负荷。

(5) 腰荷：基荷与峰荷之间的部分。

3. 常用负荷曲线

(1) 日负荷曲线：主要用于研究电力系统的日运行方式，如经济运行、调峰措施、安全分析、调压和无功补偿等。

(2) 年最大负荷曲线：主要用来制定电力系统发电设备的检修计划、退役计划以及研究延迟投建新发电机组的可能性。

（3）持续负荷曲线：这是一种派生的负荷曲线，它不是按时间递增的顺序，而是按某一研究周期内电力负荷递减的顺序绘制成的负荷曲线。

4．负荷特性指标

（1）最大负荷/负荷峰值：负荷峰值是指一天或一个时段内负荷达到的最高点。该指标通常用于规划电力系统的最大负荷容量和电源配置。

（2）平均负荷：平均负荷是指一天或一个时段内负荷的平均水平。该指标可以用于估计电力系统的平均负荷需求，并作为基础负荷运行的参考。

（3）峰谷差：峰谷差是指负荷峰值与负荷谷值之间的差异。该指标可以反映电力系统在高峰时段和低谷时段的负荷波动情况，对调整电源和优化供需平衡具有重要意义。

（4）增长率：增长率是指负荷在一定时期内增长的百分比。该指标可以用于预测未来负荷的增长趋势，为电力系统的扩容和升级提供依据。

（5）负荷同时率：规定时段内，某一电力系统综合最大负荷与其所属各子地区（或各用户、各变电站）各自最大负荷之和的比值。

（6）饱和负荷：当区域社会经济水平发展到一定阶段后，电力消费增长趋缓总体上保持相对稳定（连续5年负荷增速小于2％，或电量增速小于1％）时的最大负荷，此时负荷呈现饱和状态。

（7）负荷密度：表征负荷分布密集程度的量化参数，以每平方千米的平均用电功率计量。

（8）容载比：某一规划区域、某一电压等级电网的公用变电设备总容量与对应网供最大负荷的比值。

1.4　电力负荷预测的数据处理

历史数据是负荷预测的根基，任何预测技术都是针对历史数据进行研究，发现其内在规律，进而预测未来负荷，所以历史数据的真实、准确和简洁直接影响到预测精度。一个理论上很成熟的方法，若缺乏有效的历史数据，也必然无法得到好的预测结果。而事实上，现有的历史资料经常不能准确反映过去负荷信息，如以前由人工手抄进行记录时，发生笔误将造成奇异点的产生，遗漏某点则造成缺失数据，这些都会影响预测精度；其次，历史负荷究竟受哪些因素影响，哪个因素影响更大一些，这些都应进行预先处理，否则就会把一些无关因素或影响甚小的因素添加进来，削弱甚至湮没掉重要因素在预测过程中的作用。因此数据预处理是负荷预测的重要一步。迄今为止，很多预测方法往往只重视预测过程，而对历史数据的处理却比较粗糙甚至不加处理，从而导致精度不能进一步提高。

为了获得较好的预测效果，用于预测的历史数据的合理性应该得到充分保证，因此，需要对历史数据进行合理性分析，去伪存真。最基本的要求是：必须排除由于人为因素带来的错误（如录入错误）以及由于统计口径不同带来的误差。另外，要尽量减少"异常数据"，突发事件或某些特殊原因会对统计数据带来重大的影响，这些数据被称为"异常数据"。"异常数据"的存在将影响系统的预测精度，"异常数据"过大甚至会误导系统的预测结果，因此必须排除由于"异常数据"的存在带来的不良影响。此外，电力负荷预测工作开展过程中常常会遇到，由于统计口径或历史资料的保存等造成的部分数据资料的缺失，如何对缺失数据进行合理处理也是提高预测精度和改善模型使用效果的重要措施。

1.4.1　数据处理的必要性

负荷预测的核心和实质是根据预测对象的历史数据，建立相应的数学模型描述其发展规律。精确的电力负荷预测必须建立在大量全面、准确的系统负荷及社会经济发展数据的基础上。实际系统中，多种原因引起的原始数据偏差或数据缺失可能导致预测模型和预测结果与负荷实际水平间的差异超出系统所能接受的范围，从而使预测工作失去实际意义。因此，欲提高预测结果的可信度，对预测基础数据进行分析处理就显得非常必要。

1.4.2　数据处理的内容

电力负荷预测中所可能涉及的数据预处理有多种方法，即数据补全、数据集成、数据变换和数据归约等。这些数据处理技术在数据挖掘应用预测模型之前使用，大大提高了数据挖掘模式的质量，降低实际挖掘所需要的时间。

1. 数据补全

首先是处理空缺值，例如，要分析某电网的用电量与经济数据之间的相关性，但该研究对象的经济或电量数据若干项没有记录，处理这类问题可采用以下方法：①忽略元组，忽略整条记录；②人工填写空缺值，根据其他资料手工填写；③使用一个全局常量填充空缺值，使所有缺失项记录都以一个常量填充；④使用属性的平均值填充空缺值，取得其他记录中该属性的平均值进行填充；⑤使用与给定元组属同一类的所有样本的平均值，处理过程与上面相类似；⑥使用最可能的值填充空缺值，处理过程与上面相类似。

2. 数据噪声处理

如前所述，由于数据录入或测量仪表等原因可能会造成历史数据存在较大偏差，为了保证预测模型的有效性，必须对"异常数据"进行相关处理。常见的处理方法有：

（1）分箱。通过考察周围的值来平滑存储数据的值，有两种方法：①按箱平均值平滑，箱中每一个值被箱中的平均值替换；②按箱边界平滑，箱中的最大和最小值被视为箱边界，箱中的每一个值被最近的边界值替换。

（2）聚类。聚类简单来说就是取得相对比较集中的值，相对分散的值忽略不计。

（3）回归。回归是指通过一个合适的函数（如回归函数）来平滑数据。

（4）计算机和人工检查结合。计算机和人工检查结合，即手工处理。

1.4.3　负荷预测的数据补全

缺失数据是电力负荷预测中无法回避的难题之一，它的存在增大了预测误差。对缺失数据集进行处理的最终目的是希望替代后的数据集尽可能接近真实数据集，这种接近体现在值的接近和分布的接近两个方面。

最简单的处理方法是将缺失数据剔除，或者代之以按照一定准则确定的数值，即用插补法补全数据。插补可以分为单一插补和多重插补。单一插补是指对每一个缺失值只构造一个替代值，而多重插补是指给每个缺失值都构造多个替代值，这样就产生了若干个完整数据集，对每个完整数据集分别使用相同的方法处理，得到若干个处理结果，最后再用统计学方法处理这些结果，就得到目标变量的估计。因此，多重插补法实质是假设已知数据中隐藏着缺失数据的某种概率分布，然后通过模拟方法形成多个完整的数据集。两者相比，多重插补的效果较好，但工作量增大；单一插补法虽然容易扭曲样本分布或变量之间的关系，而且稳定性不够，但可适用于具有某些明显特点的数据组。具体可按照缺失数据的特性进行分别处理。

1. 数据补全的一般算法

（1）首、末端数据空缺的补全。对于历史数据首端、末端数据空缺，可以采用趋势比例计算代替，进行资料的补缺推算。趋势比例计算可采用级比生成等方法。所谓级比生成就是级比与光滑比生成的总称。例如 n 元数列 X 为

$$\{X\} = \{w(1)，x(2)，x(3)，\cdots，w(n)\}$$

此处，$w(1)$ 与 $w(n)$ 为空缺数据，显然求 $w(1)$ 可按右邻的级比或光滑比生成，而求 $w(n)$ 则可按左邻的级比或光滑比生成。

若令 $\{X\}$ 为原始序列，即 $\{X\} = \{w(1)，x(2)，x(3)，\cdots，w(n)\}$，$\{X\}$ 的级比，定义为

$$H(k) = X(k)/X(k-1)$$

则

$$w(1) = x(2)/H(1) = [x(2)]^2/x(3)$$

同理

$$w(n) = H(n) \times x(n-1) = [x(n-1)]^2/x(x-2)$$

对于历史数据首、末端空缺数据较多时，可利用趋势比例补全法逐个进行补全。另外，也可将空缺数据作为预测数据进行补全。若首端数据空缺，则进行反向预测—得出空缺数据；若末端数据空缺，直接预测出空缺数据。

（2）中间数据空缺补全。当预测的参考数据序列中间段若干数据出现缺失时，可以采用非邻均值生成法、递推式非邻均值生成法以及分序列与均值生成综合补全法等进行补全处理。

1）非邻均值生成法。非邻均值生成法的原理为：

若原始数列为 $\{X\} = [X(1),X(2),\cdots,X(k-1),w(k),X(k+1),\cdots,X(n)]$，其中 $w(k)$ 为空缺数据，记 k 点的生成值为 $w(k)$，且

$$w(k) = 0.5X(k-1) + 0.5X(k+1)$$

2）递推式非邻均值生成法。递推式非邻均值生成法是对中间数据空缺较多的情况下，利用空缺数据两端的数据采用非邻均值生成法得到中间的空缺数据，再利用两端的数据和已得出的空缺数据逐个采用非邻均值生成法，最终补全空缺数据的一种方法。

3）分序列与均值生成综合补全法。分序列与均值生成综合补全法是将中间缺失若干数据的原始数列采用分序列法进行处理的方法。

2. 数据补全的粗糙集算法

粗糙集是近年来迅速崛起的一个较新的学术热点，该理论能有效地分析和处理不精确不一致、不完整等各种不完备信息，从而挖掘出潜在的规律。针对历史训练集中的对象存在缺失值时的插补问题，近年来涌现出许多运用粗糙集理论中的相似关系和相似类的概念，用相似关系代替粗糙集理论中的不可分辨关系，用相似类取代等价类，对原始数据组成的决策表中的缺失值进行补齐的方法，取得了较好的应用效果。

1.4.4 负荷预测的抗差估计

致力于电力系统运行管理众多领域的很多专家学者，在坏数据的检测识别方面做了大量的工作，也取得了显著的效果。尽管如此，目前要在所有情况下都能把观测数据中的不良数据正确地辨识出来，仍然相当困难。因此，不能把所有的注意力都放在如何处理观测数据中的"坏数据"上，还应当更切合实际地考虑到在"坏数据"不能完全有效剔除的情况下，如何提高参数估计的准确度问题，即电力负荷预测的参数抗差估计问题。

抗差估计的思想：抗差估计是指在粗差（坏数据）不可避免的情况下，选择适当的估计方法，尽可能避免粗差的影响，得出正常模式下的参量的最佳估计值。它与经典估计理论（如最小二乘估计）的根本区别在于：抗差估计理论建立在符合数据实际分布模式的基础上，考虑了数据实际情况的分布模式与假设分布模式的偏差，而经典估计理论则建立在某种理想的分布模式基础上（如正态分布等），不具备抗差能力。

抗差估计主要有三种类型：M 估计、L 估计和 R 估计。M 估计是经典的极大似然估计的推广，又称为广义的极大似然估计，使用最为广泛，同时与经典最小二乘估计也最为接近。

1.5　确定性负荷预测方法

确定性负荷预测方法是把电力负荷（含电力与电量）预测用一个或一组方程来描述，电力负荷与变量之间有明确的一一对应关系。其中又可分为经验技术预测法、经典技术预测法、经济模型预测法、时间序列预测法、相关系数预测法和饱和曲线预测法等。

按所使用的数据分类，电力负荷预测技术主要有自身外推法和相关分析法两类。其中，自身外推法仅以负荷自身的历史数据为预测基础，通过对负荷历史数据的分析推出其中负荷变化的规律与特性，并将其变化、发展模式外推而进行未来负荷预测，如常用的水平趋势预测技术、线性趋势外推、多项式趋势外推技术、时间序列分析法等均为该类方法的典型代表。相关分析法是将负荷与各种社会和经济因素联合起来考虑，即考虑负荷发展与其他社会、经济因素发展、变化的因果作用，通过寻找及建立电力负荷与影响其变化的相关因素之间的关系或数学模型，以此进行预测，如线性回归预测、多元线性回归预测、非线性回归预测等回归模型预测技术便是这类预测方法。

1.5.1 经验技术预测方法

电力负荷的经验技术预测方法主要依靠专家的判断，而不建立数学模型。用于针对电力负荷变化给出方向性的结论，主要有专家预测法、类比法、主观概率法。

1. 专家预测法

专家预测法分为专家会议法和专家小组法。专家会议法通过召集专家开会，面对面地讨论问题，每个专家充分发表意见，并听取其他专家的意见。这种方法的主要缺点在于参加会议的人数有限，影响代表性；权威者的意见可能起到主导作用，并影响其他人的意见。

因此，专家会议法得出的结论有可能不能集中所有专家的正确看法。专家小组预测法则可以避免这些问题，专家们不通过会议形式，而是以书面形式独立发表个人见解，专家之间相互保密，经过多次反复，给专家以重新考虑并修改原先意见的机会，最后综合给出预测结果。

2. 类比法

类比法是将类似事物进行对比分析，通过已知事物对未知事物或新事物做出预测。例如，在预测某新开发区未来的用电情况时，由于缺乏历史资料或地区的跳跃式发展造成历史资料的参考价值降低，此时可考虑采用类比法，依据地区发展定位或其他可行的标准，选取国内外类似的城市或地区为类比对象，参考该对象的发展轨迹对本地区做出可信的预测。

3. 主观概率法

主观概率法是请若干专家来估计某特定事件发生的主观概率，然后综合得出该事件的概率。

1.5.2 经典技术预测方法

从严格意义上讲，负荷预测的经典技术预测方法并不是真正的负荷预测方法，仅仅是依靠专家的经验或一些简单的变量之间的相关关系对未来负荷值做一个方向性的结论，预测精度较差。该方法主要有以下五种。

1. 单耗法

产值单耗等于单位时间的用电量除以单位时间内的产品的产量。产值用电单耗法只能用于第一、二、三产业用电量的预测，居民生活用电量预测可以采用人均用电量法、自然增长率法等方法，第一、二、三产业用电量和居民生活用电量预测结果相加得到全社会总用电量。

各种产品产量（产值）乘以相应年份的产品的用电单耗，得到各年份分产业的用电量，预测公式为

$$E = \sum_{i=1}^{N} K_i G_i$$

式中：K_i 为各种产品的用电单耗；G_i 为各种产品产量（产值）；E 为某行业预测年的用电量。

产值用电单耗法方法简单，对短期负荷预测效果较好，一般适用于有单耗指标的产业电量预测。

2. 弹性系数法

电力消费弹性系数是电量年平均增长率与国民生产总值年平均增长率之间的比值。根据国民生产总值增长速度结合电力消费弹性系数和基准年的实际消费电量得到规划期末的总用电量，同单耗法一样，电力消费弹性系数法需要做大量细致的统计工作。

电力弹性系数是反映电力发展与国民经济发展的宏观指标。

$$E_n = E_0(1 + hV)^n$$

式中：E_n 为规划期末期用电量；E_0 是规划期初期用电量；h 是规划期的电力弹性系数；V 是国民生产总值的平均年增长速度；n 是预测年限。

在工业化中期，电力弹性系数一般大于 1，随着工业化进程发展，电力弹性系数会逐渐减小，进入工业化后期，电力弹性系数一般小于 1。

3. 负荷密度法

负荷密度法是从土地面积（或建筑面积）的平均耗电量出发进行的预测。该计算方法一

般先预测未来某时期的土地面积（或建筑面积）和单位面积用电密度，得到用电量预测值。分区负荷密度法首先根据近年来的发展情况、经济发展目标以及电力规划目标将待预测区域划分成多个功能区，然后对每个功能区用负荷密度法进行预测，最后相加得到总的用电量预测值，即

$$A = SD$$

式中：A 为某地区年（月）用电量；S 为该地区的人口数（或建筑面积、土地面积）；D 为人均电量（$kW \cdot h/$人）或用电密度（$kW \cdot h/m^2$）。

在进行预测时，首先预测出未来某时期的人口数量（或建筑面积、土地面积）S 和人均用电量（或用电密度）D。

4. 人均电量指标换算法

人均用电量是指用电量与用电人口的比值。人均用电量法是根据预测年限内的人均电量与用电人口推算用电量。预测公式为

$$E = E_a L$$

式中：E 为用电量；E_a 为人均电量；L 为用电人口，一般指常住人口。

5. 平均增长率法

平均增长率法是利用某一时间段内历史数据求出平均增长率，再假设在以后各年仍按这样一个平均增长率向前发展，从而得出以后各年的预测值。

该方法计算简单，一般适用于平稳增长（减少）的近期预测。预测公式为

$$a_t = (Y_t/Y_1)^{\frac{1}{t-1}} - 1$$

式中：a_t 为平均增长率；Y_t 为历史期末期的预测量；Y_1 为历史统计基准值；t 为统计年限。

$$y_n = y_0(1 + a_t)^n$$

式中：y_0 为预测基准值；y_n 为计算期末期的预测量；n 为预测年限。

6. 最大负荷利用小时数

已知未来年份电量预测值的情况下，可利用最大负荷利用小时数计算该年度的年最大负荷预测值，即

$$P_t = \frac{W_t}{T_{\max}}$$

式中：P_t 为预测年份 t 的年最大负荷；W_t 为预测年份 t 的年电量；$T_{\max}$ 为预测年份 t 的年最大负荷利用小时数。

1.5.3　回归预测法

回归预测模型建立负荷与经济变量间的相关关系，以回归预测技术实现对电力负荷发展规律的捕捉。回归预测法根据自变量的多少，可分为一元线性回归模型、二元线性回归模型多元线性回归模型、非线性回归模型等回归模型。

用回归模型能测算出综合用电负荷的发展水平，但是由于对用电发展产生重要影响的社会经济发展因素统计口径上的限制及用电体量较小的区域用电负荷的统计特征相对不明显等原因，回归模型往往无法直接应用于范围较小的区域，即无法测算出各个供电区的负荷发展水平，也就无法进行具体的电网建设规划。

1.5.4　时间序列法

对某一个变量或一组变量 $X(t)$ 进行观察，对应一系列时刻 t_1，t_2，$\cdots$，t_n（t 满足 t_{i-1} $<t_i<t_{i+1}$），得到一组数 x_1，x_2，$\cdots$，x_n，称为离散时间序列，用来分析离散时间序列的各种方法称为时间序列法。时间序列法并不考虑负荷与其他因素之间的因果关系，仅仅把电力负荷看作一组随时间变化的数列。

时间序列法所需要的数据形式是：第一年历史负荷，第二年历史负荷，$\cdots$，第 n 年历史负荷。

时间序列预测方法可用于短期和中长期负荷预测，是基于统计数据的预测方法，它要求尽量多的历史数据，因此也限制了该方法的适用范围，主要是由于小城市的负荷往往不符合统计规律，某些大用户也可能会影响总负荷的变化规律。

这种方法认为预测年的负荷值只与历史数据有关，而没有考虑负荷变化的因素，所以一般适用于负荷变化比较均匀的情况，所需历史数据越多越好，当阶数增加时，工作量比较大。指数平滑法是最常用的预测方法之一，是确定性的时间序列分析技术，本质上属于加权平均的方法。

1.5.5　趋势外推预测法

趋势外推预测法特点：对预测序列进行分析得出变化趋势并加以外推拓展，但不对其中的随机成分进行统计处理。

趋势外推预测法分类：水平趋势、线性趋势、多项式趋势和增长趋势。

1.6　不确定性负荷预测方法

上述负荷预测方法与负荷预测经典技术（产值单耗法、负荷密度法、比例增长法及弹性系数法等）在预测中用一个或一组确定方程来描述电量和电力负荷的变化规律，其中变量间有明确的一一对应关系，属于确定性预测方法。而实际电力负荷发展变化规律非常复杂，受到很多因素的影响，这种影响关系更确切地说是一种对应和相关关系，不能用简单的显式数学方程来描述期间的对应和相关关系，为了解决这一问题，许多专家学者经过不懈的努力，把许多新的方法和理论引入到负荷预测中，产生了一类基于类比对应等关系进行推理预测的不确定性预测方法，为电力系统不确定因素的处理提供了有效的工具，并在实际应用中发挥了很好的效果。

随着新兴学科领域的兴起和发展完善，近年来涌现了许多新的不确定性预测技术，如专家系统法、优选组合预测法、模糊预测法、神经网络法、灰色预测法、基于证据理论的预测法、混沌预测法、小波预测法以及将模糊理论与神经网络结合的模糊神经网络预测法等，其中神经网络法，模糊神经网络法、小波理论、混沌理论目前主要用于实现短期及超短期负荷预测；而应用模糊理论形成的众多模糊预测模型和基于灰色系统理论建立的各种灰色预测模型，由于本身具有明显趋势，比较适用于电力系统中长期负荷预测。

1.6.1　灰色预测法

灰色系统理论用于处理不确定性因素。灰色预测模型具有要求负荷数据少、不考虑原始数据的分布规律、运算方便等优点。

灰色预测法是目前在中长期负荷预测中应用最广泛、效果最为理想的不确定性预测方法。

1.6.2 模糊预测法

模糊预测法的思想：模糊预测法不是通过对历史数据分析而直接建立负荷和其他因素之间的关系，而是考虑了电力负荷与多因素的相关，将电力负荷与对应的环境作为一个数据整体进行加工处理，寻找出负荷的变化模式以及对应环境因素特征，并将待测年环境因素与各历史环境特征进行比较，从而求得负荷预测值。

当前应用于电力负荷预测的模糊预测法一般可分为两大类：对样本的分类或相似程度做模糊化的预测方法和直接处理负荷值的模糊性的预测方法。

模糊预测法基于模糊理论、模糊推理形成，考虑了电力负荷与多因素的相关，考虑了外界环境影响的不确定性使得负荷预测本身具有的模糊性。

常见的模糊预测法有：模糊时间序列预测法、模糊线性回归预测法、模糊聚类预测法、模糊相似优先比预测法。

神经网络预测法适于解决时间序列预测问题（尤其是平稳随机过程的预测），应用于短期负荷预测要比应用于中长期负荷预测更为适宜。物元综合预测法适用于中长期负荷预测。

1.7 空间负荷预测方法

电力负荷预测可分为负荷总量预测和空间负荷预测。负荷总量预测属于战略预测，是将整个规划地区的电量和负荷作为预测对象，其结果决定了未来供电地区对电力的需求量和未来供电区域的供电容量。总量预测的方法包括弹性系数法、时间序列法、回归分析法、灰色预测法、模糊预测法、专家预测法、人工神经网络法等。

负荷预测是城市电网规划的基础，传统的总量负荷预测仅对未来规划水平年的一个地区（一个城市或城市的一个大区）的总体负荷量进行预测，普遍关注负荷的历史和现有数据以及经济因素等对负荷的影响，而对负荷的空间分布则较少关注。

随着城市规划的发展，负荷的地理分布日益细化和规范，应用空间负荷预测的预测方法，不仅可以预测未来负荷的变化规律，更可以揭示负荷的地理分布情况。对电力规划部门而言，不仅需要预测未来负荷总量，而且需要负荷增长的空间信息，由确定的负荷空间分布，准确地进行电网变电站布点和线路走廊规划，具有重要的现实意义。

1.7.1 空间负荷预测的概念

空间负荷预测定义为在未来电力企业的供电范围内，根据城市电网电压水平的不同，将城市用地按照一定的原则划分为相应大小的规则网格状或不规则（变电站、馈线供电区域）的小区，然后预测每个小区中电力用户负荷的数量和产生的时间，即能够提供未来负荷的空间分布信息。

空间负荷预测与总量预测存在着密切的关系。总量负荷预测是空间负荷预测的约束条件之一，二者预测结果必须协调一致，在预测方法上也有可以共同参考借鉴的地方。从预测年限角度看，空间负荷预测可分为短期预测、中期预测和长期预测。从与总量预测的关系角度看，空间负荷预测方法可分为自下而上的方法和自上而下的方法。自下而上的方法先预测负荷分布，再将其累加为负荷总量；与之相反，自上而下的方法是先预测负荷总量，再将其"分解"到各小区，得到负荷的空间分布。从历史数据和计算方法的角度看，目前的空间负荷预测方法主要分为趋势法和仿真法两大类。

空间负荷预测是城市配电网规划的基础。配电网规划不仅要求能预测电力负荷的总量，而且要求预测未来负荷的空间分布。只有确定了供电区域内各小区的未来负荷，才能对变电站的位置、容量、馈线路径、开关设备及其投入时间等决策变量进行规划。在供电范围内，根据规划的城市电网电压水平不同将城市用地按照一定的原则划分为相应大小的规则小区或不规则小区（可小到 0.01km^2），通过分析、预测规划年城市小区土地利用的特征和发展规律，进一步可以预测相应小区中电力用户和负荷分布的位置、数量和产生的时间。

1.7.2 空间负荷预测的流程

空间负荷预测是将总量负荷预测分配到供电小区的过程，主要可以分为以下三个阶段：

（1）空间信息收集。近年来随着地理信息系统（GIS）在配电网中的应用，空间信息的收集和处理越来越方便，利用地理信息系统（GIS）平台对待预测区域的空间信息进行处理，可以收集到该区域在地理、交通、社区、市政和城市规划方面的信息。

（2）土地使用决策。根据不同负荷类别对区域使用条件的要求，对待预测区域内准备开发的空地进行适应度评价，按照得分高低决定未来各区域的发展情况，并且在决策过程中，要满足总量、分类负荷预测以及新增用地总面积等约束条件。

（3）负荷增长预测。根据用地决策得到的各类负荷用地区域面积，然后根据已有的各类用地的负荷密度，就可以得到该区域的新增用地的负荷增长情况。

图1-2是空间负荷预测的流程图，整个流程图分为四个模块：数据准备模块、总量预测模块、用地仿真模块及土地决策和负荷转换模块。其中，用地仿真模块是空间负荷预测的核心，其作用是根据小区的地理、社会和交通等属性将总量用地预测分配到各小区。

1.7.3 空间负荷预测的基本方法

从历史数据和计算方法的角度看，将空间负荷预测方法主要分为解析方法和非解析方法两大类。解析方法运用数学工具分析小区的各项原始数据（如历史负荷、相关经济指标和用地数据等），进而预测小区负荷的发展趋势。解析方法可分为趋势法、多元变量法、基于土地利用的方法等非解析方法则更多以规划人员、专家的经验和主观判断为依据来决定负荷的大小和分布，虽然在一定程度上缺乏必要的科学性，但可作为解析方法的辅助手段。我国配电网规划中常用负荷密度法为小区负荷预测的主要手段，而国外则以趋势法和仿真法为主导。

1. 负荷密度法
负荷密度是指单位面积上用户消耗电力的多少，随着用户特点（土地使用功能）的不同，负荷密度的大小亦不相同。

政府有关部门和开发单位在城市规划中，会明确城市各分区中各类用地的使用性质，一般城市功能块主要划分为居住用地、工业用地、公共设施用地、市政公用设施用地、对外交

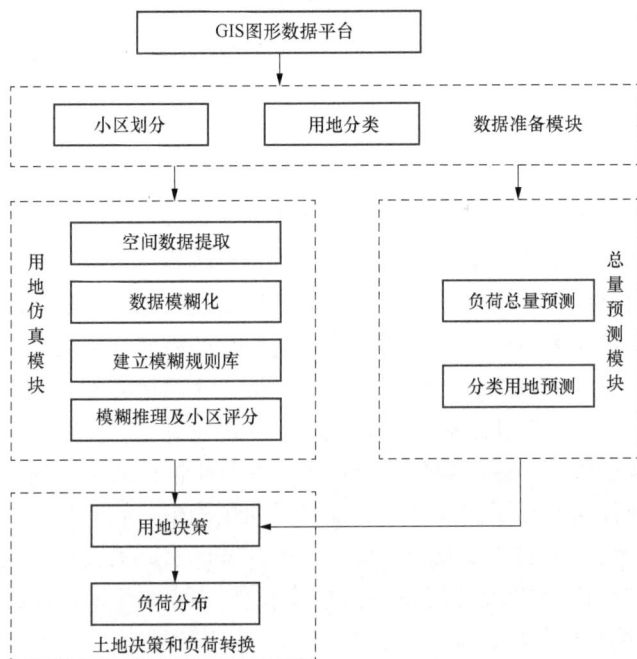

图1-2 空间负荷预测的流程图

通用地、商业用地等；还可以根据实际需要在大的用地分类基础上，详细地进行了小的分类，比如将居住用地分为一类居住用地、二类居住用地和三类居住用地。根据研究区域的经济发展规划、人口规划等社会经济指标，参照国内外类似地区的负荷水平，对各功能区分别选择合适的负荷密度指标，计算研究区域内的空间负荷分布情况为

$$A = \sum_{i=1}^{n}(k_i D_i S_i)$$

式中 A——研究区域的预测负荷值，kW；

k_i——各功能块的同时率；

D_i——各功能块的负荷密度，kW/km^2；

S_i——各功能块的面积，km^2。

为保证负荷密度法的预测精度，必须注意功能块的划分要合理，其次是各功能块的负荷密度确定时要保证数据的代表性和可信性。小区负荷密度指标可以看作是预测人员对规划水平年小区负荷密度的一个估计值，规划水平年小区负荷密度的预测值可以在此基础上修正得到。这个指标同时也反映了各小区负荷密度之间的比例关系。小区负荷密度数据的获得方式，主要和小区的性质有关，可以有以下几种方法：①按分类平均负荷密度设置；②参考经验数据；③通过现状供电区域调查获得。配电网规划人员常使用用地仿真预测法和趋势预测法。

2. 用地仿真法

用地仿真法是通过分析城市土地利用的特性和发展规律，来预测城市土地的使用类型、地理分布和面积构成，并在此基础上将土地使用情况转化成空间负荷。用地仿真法空间负荷预测包括三个部分的内容，即空间信息收集、土地使用决策和负荷增长预测。首先将供电区域划分为大小一致的小区，把负荷分为若干类（如工业、商业、居民），根据小区内地理环境、交通、社会经济等信息，通过建立用地仿真模型来模拟小区的未来发展情况对小区适于发展某类负荷的程度进行评分，然后根据评分将总负荷分配给每个小区，这是一种自上而下的方法。

3. 趋势外推法

趋势分析法不仅广泛应用于对电力负荷总量的估计预测，在空间负荷预测中也可以采用。趋势分析法是所有基于负荷历史数据外推负荷发展趋势的方法的总称。趋势分析法以划分的小区为基础，利用历史年峰值负荷外推来预测将来的峰值负荷，常采用多项式曲线来拟合馈线的历史年峰值负荷，并将其外推到将来。除了曲线拟合外，还可用模板法来做趋势外推，例如，利用每条馈线的历史年峰值负荷预测其本身的将来峰值负荷。该方法主要包括负荷搜集法、扩散法、偏好系数法和时间序列法等。该方法简单方便，数据需求量小，但负荷增长曲线的平滑性和连续性都比较差，不能正确地处理倒供电产生的馈线或变电站间的负荷转移量，趋势分析法还要求小区的划分不能太小，而且小区的历史负荷不能为零。这就使历史年负荷为零的空地预测遇到了困难。尤其是在长期预测中，趋势分析法不能仿真那些引起负荷变化的原因（如就业引起的区域经济变化、市政分区引起的变化、经济因素引起的变化等），而仅仅利用历史负荷数据是不能推断这些变化的。因此有关学者已证明趋势分析法仅适用于1~4年的短期负荷预测。

作为空间负荷预测常用的三种预测方法，负荷密度法比较适用于预测各功能分区的用电负荷，也适用于新开发区电力负荷的预测。趋势分析法采用同一地区的原始数据进行建模，其数学基础为数理统计规律，因此比较适合于样本较多，而且过去、现在和将来发展模式基本一致的地区的中长期电力负荷预测。仿真分析法具有预测精度高，尤其对那些发展变化余地较大的地区，采用仿真分析法往往能够满足各类配电网规划的要求。

4. 负荷预测方法比较

负荷预测方法比较见表1-2。

表1-2　　　　　　　　　　　　　　　　负荷预测方法比较

预测方法		优点	缺点	适用范围
确定性预测方法	自身外推法	需要数据量少	若负荷本身无可外推的本质即不能自解释时会导致误预测	适用于预测周期较短时的负荷预测
	相关分析法	使预测人员可清楚得到负荷增长趋势与其他可测量因素之间的关系	需利用较多相关社会经济发展指数，造成实际预测困难	适用于负荷模式变化较大，预测周期较长的情况
	指数平滑法	简单、快速	预测精度较差	适用于预测量大、周期短的负荷预测
	时间序列法	考虑了负荷行为及主要相关因素的随机影响	依靠人的经验识别比较困难	较适用于短期电力负荷预测
	回归分析法	模型参数估计技术比较成熟，预测过程简单	线性回归分析模型预测精度较低；而非线性回归预测计算开销大，预测过程复杂	适用于中期负荷预测

续表

预测方法		优点	缺点	适用范围
不确定性预测方法	优选组合预测法（综合预测模型）	预测精度较高、稳定性较好	综合预测结果的精度与它所依据的单一预测算法有关	适用于负荷总量预测
	模糊预测法	预测结果可以预测区间及概率形式提供，精度较高	要求提供较多的历史数据，造成使用中的困难	尤其适合于未来社会经济发展有很大不确定性的新开发区中长期负荷预测
	专家系统法	将专家的经验知识与统计方法相结合，可为负荷未来的发展趋势给出方向性的结论，克服了单一方法的片面性	专家经验提炼困难，知识库的形成难度大	尤其适合于异常负荷模式预测（中长期）
	神经网络法	模仿人脑的智能化处理，对大量非结构性、非精确性规律有自学习自适应功能	样本训练时间及在不同预测地区间的通用性上存在很大问题	适合于平稳时间序列预测，短期负荷预测
	混沌预测法	仅利用电力负荷本身来寻找负荷变化的规律，所需数据资料较少，同时可提供系统可预测的定量量度，预测精度较高	相空间的重建过程中有关时滞及嵌入维数的选取等问题尚需进一步研究	适用于短期和超短期负荷预测
	小波分析法	能对不同频率成分采用逐渐精细的采样步长，从而可聚焦到信号的任意细节，尤其对奇异信号敏感，可方便有效地用于原始信号的处理存储分析及重建	计算复杂程度较高	适用于短期负荷预测

1.8　电力负荷预测的综合评价

电力负荷预测是一种对未来用电情况的估计，而由于实际系统负荷的变化受多方面因素的影响。在影响电力负荷变化的诸因素中，许多因素都具有很大的不确定性，如政治经济条件、天气变化等，往往难以准确预料，这给电力负荷预测工作带来了很大的困难，从而使电力负荷预测也具有显著的不确定性，预测的结果与客观实际存在着一定的差距，这个差距就是预测误差。

不同预测方法（模型）由于建模中侧重点不同，在实用中由于预测对象、社会环境等的不同，预测的效果会有较大的差异，需要对预测模型及其结果进行评价，以指导用户合理地选择预测方法。

1.8.1　负荷预测模型分析评价必要性

预测误差往往用以衡量一个预测模型的应用效果，在得到预测结果后对其误差进行分析，务必使其处于可接受的范围内。若误差太大，就失去了预测的意义，并因此导致电力规划的失误。一般来说，短期预测的误差不应超过±3％，中期预测的允许误差为±5％，长期预测的误差也不应超过±15％。

预测误差和预测结果的准确性关系密切。误差愈大，准确性就愈低；反之，误差愈小，准确性就愈高。可见，研究产生误差的原因，计算并分析误差的大小，不但可以认识预测结果的准确程度，从而在利用预测资料作决策时具有重要的参考价值；同时，对于改进负荷预测工作，检验和选用恰当的预测方法等方面也有很大帮助。

1. 预测误差形成的原因

负荷预测误差主要由以下几个方面因素引起。

（1）进行预测往往要用到数学模型，而数学模型大多只包括所研究对象的某些主要因素，很多次要因素被略去了。对于错综复杂的电力负荷变化来说，这样的模型只是一种经过简单化的负荷状况的反映，与实际负荷之间存在差距，用它来进行预测，也就不可避免地会与实际负荷产生误差。

（2）负荷所受影响是千变万化的，进行预测的目的和要求又多种多样，因而就有一个如何从许多预测方法中正确选用一个合适的预测方法的问题。如果选择不当，也就随之而产生误差。

（3）进行负荷预测要用到大量资料，而各项资料并不能保证都准确可靠，这就必然会带来预测误差。

（4）某种意外事件的发生或情况的突然变化，也会造成预测误差。此外，由于计算或判断上的错误，如平滑常数的选择不妥，也会产生不同程度的误差。

以上各种不同原因引起的误差是混合在一起表现出来的，因此，当发现误差很大，预测结果严重失实时，必须针对以上各种原因逐一进行审查，寻找根源，加以改进。

2. 预测误差分析指标

计算和分析预测误差的方法和指标很多，常用的主要有以下几种。

（1）绝对误差。设 Y 表示电力负荷实际值，$\hat{Y}$ 表示预测值，则称 $E = Y - \hat{Y}$ 为绝对误差。

（2）相对误差。设 Y 表示电力负荷实际值，$\hat{Y}$ 表示预测值，则称 $E = \dfrac{Y - \hat{Y}}{Y}$ 为相对误差。

（3）均方根误差。设 Y 表示电力负荷实际值，$\hat{Y}$ 表示预测值，则称

$$RMSE = \sqrt{\sum_{i=1}^{n} (Y_i - \hat{Y}_i)^2}$$

为均方根误差。

（4）后验差检验。后验差检验是参考概率预测方法中相关概念而得出，主要根据模型预测值与实际值之差的统计情况进行检验，其主要内容为：以残差为基础，根据各时刻残差绝对值的大小，考察残差较小的点出现的概率，计算得出后验差比值以及小误差概率，从而对预测模型进行评价。

1.8.2　负荷预测模型的综合决策评判

投资项目方案往往受技术、经济、环境、社会与文化的综合影响，仅凭单一的经济指标评价选择投资项目方案不符合客观实际，而且，由于投资主体的目标是多元的，有的目标甚至是冲突的。因此，应从技术、经济、环境、社会与文化协调发展的大局出发，对投资项目方案进行多指标综合评价优选。根据熵的性质，把多指标评价投资项目方案固有信息的客观作用与决策者经验判断的主观能力量化并结合为一个复合权值集，据此从中选出最好的方案，作为最后的投资方案。

类似的问题出现在电力负荷预测方案的选取上。假定有多个电力负荷预测的方案，如何对多个方案进行评价并选出最优的方案，是做好负荷预测工作必须考虑的，这与从一组投资项目方案中选取最优的投资项目有着相似之处，如果只凭一种因素来考虑预测模型是不完全的。例如，有两个预测模型，要对 5 年的负荷增长趋势做出预测。第一个预测模型的相对误差分别是 1%、5%、10%、3%、15%，其相对误差平均值是 6.8%；而另一个预测模型的相对误差分别是 6%、5%、8%、8%、7%，其相对误差平均值是 7.5%。第一个模型相对误差虽然比第二个小，但不能认为第一模型比第二模型好。因为虽然第一个模型的预测误差平均值比第二个小，但是其预测结果的相对误差波动要比第二个大，即它的稳定性方面要比第二个差。所以，不能单纯地只凭一个相对误差因素就断定第一个模型一定比第二个好，必须考虑尽可能多的因素，根据它们的各个指标来进行综合评价，从中选出最优的方案。

1.9　电源规划的理论与方法

1.9.1　电源规划概述

1. 电源规划的任务

电源规划的任务是确定在何时、何地兴建何种类型、何种规模的发电厂，在满足负荷需求并达到各种技术经济指标的条件下，使规划期内电力系统能安全运行且投资经济合理。

2. 电源规划的投资决策原则

电源规划与负荷预测、电力电量平衡、厂址选择、机组类型和规模、燃料来源及其运输条件、水库调度、系统运行、网络规划和各种技术经济指标的选择等一系列问题有关，其决策过程必须与多个部门配合，因此是一项烦琐而艰巨的任务。由于电源规划的投资规模大周期长，对国民经济的发展有举足轻重的影响，因此在制定电源规划方案时，必须遵循一定的原则：①参与经济计算和比较的各个电源规划方案必须具有可比性；②必须确定合理的经济计算年限，比较方案的计算年限要一致（采用年费用最小法时可不一致）；③确定合理的经济比较标准。如各方案的投入相同时，应以比较方案的收益最大为标准；如各方案的收益相同时，应以比较方案的费用最小为标准；④在投资决策中，各项费用和收益，如建设期的投资、运营期的年费用和效益，都要考虑资金的时间因素，并以同一时间为基础；⑤决策过程必须统筹兼顾国民经济的整体利益，与相关部门密切配合。

3. 电源规划的组成

电源规划主要由投资决策和生产模拟两部分构成。投资决策确定系统的电源结构、优选发电厂及装机进度。生产模拟优化电力系统的生产情况,计算系统的技术经济指标。

电源投资决策问题以离散变量为主要变量,其解反映了方案中各项目的建设与投产年份,以及厂址、机组类型和容量等,也即确定了方案中与投资成本对应的费用。

生产模拟是在电源投资决策条件给定的前提下,对方案中的运行成本逐年进行详细优化计算的问题。规划期内可能存在诸如各机组的非计划强迫停运、未来电力负荷等因素,考虑这些因素影响的生产模拟就是随机波动、水电厂来水的不确定性生产模拟。通过随机生产模拟,可获得方案中各机组的期望生产电能、生产费用及电源可靠性指标,为电源规划的决策提供准确的反馈信息。

1.9.2 电源规划数学模型

电源规划问题与系统规划密切相关,在确定电源规划采用的具体模型时,需要充分考虑优化系统本身的特点,以减小计算规模,提高计算速度和精度。电源规划优化模型的一般数学形式如下各式表示。

$$\min f(X,Y) \tag{1-1}$$
$$h_i(X) \leqslant a_i \tag{1-2}$$
$$g_i(Y) \leqslant b_i \tag{1-3}$$
$$k_i(XY) \geqslant d_i \tag{1-4}$$
$$X \geqslant 0, Y \geqslant 0 \tag{1-5}$$

以上各式中:a_i,b_i,d_i 为待建电厂 i 所对应的约束常数,$i=1$,2,$\cdots$,m,其中,m 为待建电厂数;X 为发电厂容量变量;Y 为发电机输出功率。

式(1-1)为目标函数,式(1-2)为电源建设的施工约束,式(1-3)为运行约束,式(1-4)为发电机输出功率受电厂安装容量的限制,式(1-5)为数学模型本身要求的变量约束。

由于电源规划问题相当复杂,在各种优化模型中,都不可避免地采用一定程度的近似和简化。不同的优化方法以及对某些问题的处理方式不同,就形成了各种各样的电源规划模型。当将 $f(X,Y)$ 与约束条件均处理为线性且为连续变量时,就构成了电源规划线性模型;若 X 部分或全部为整数变量时,就构成了电源规划整数模型;若允许存在非线性关系就构成了电源规划非线性模型;如果考虑时间推移,希望求得整个时间序列上的最优方案则构成电源规划动态模型;若不考虑整体优化,而只是对各阶段进行优化,就是逐阶段优化模型;若在模型中考虑一些随机因素,则形成了电源规划随机模型;若将各种随机因素作为确定量处理,则构成确定性电源规划模型。在具体计算中,这些处理方式并不是被孤立的使用,而是根据具体问题,互相配合。

1. 目标函数

式(1-1)为目标函数,一般为系统总投资费用最小。总投资费用包括两个部分:一部分与安装发电机组容量有关,如发电厂的投资费用;另一部分与发电机的实际输出功率有关,如发电厂的运行费用,其中主要是发电厂的燃料费用。

在实际应用中,规划目标不仅仅是投资和运行费用,还应包括其他效益和支出,如计及可靠性指标、输电线路费用、未来的不确定性因素，如负荷预测、水文数据甚至市场因素等对规划结果的影响等，即电源规划是一个多目标优化问题。对此，具体处理方法是多样的，实用的方法是将不同目标函数乘以不同权值形成一个新的目标函数，转化为单目标优化问题处理。

2. 约束条件

包含电源建设施工约束、系统约束、备用容量或可靠性约束。

（1）电源建设施工约束包括待建电厂各年最大装机容量约束、待建电厂总装机容量约束、最早投入年限约束、财政约束、待建电厂装机连续性约束、建设顺序约束。

（2）系统约束包括系统需求约束、发电机组最大/最小输出功率约束、火电燃料消耗约束、水电厂水量消耗限制。

（3）备用容量约束包括调频备用约束、事故备用约束和检修备用约束等。

3. 含新能源的电源规划数学模型

满足了规划决策的基本原则，需要考虑规划中采用的具体模型。含新能源的电源规划模型主要分为两类：①确定性规划模型；②随机规划模型。

（1）确定性规划模型将新能源作为某种类型电源，融入传统的常规电源规划模型中，构成含新能源的确定性电源规划模型。

（2）随机规划模型中考虑了一些表征新能源特性的不确定性因素，并通过概率形式表示含新能源的电源规划随机模型。

4. 电源规划的数学优化方法

从数学上来说，电源规划模型具有高维数、非线性及随机性等特点。针对上述特点，可采用的电源规划数学优化方法包括：混合整数规划法、分解协调技术、动态规划法、模拟进化方法等。

5. 电源规划的经济评价方法

电源规划的经济评价是决策过程中的重要环节。电源规划经济评价的目的是根据国民经济整体发展战略及地区发展规划的要求，计算各方案的投入费用和产出效益，以进行多方案的技术经济比较，从而选择对国民经济的发展最有益的方案。

对于可行的电源规划方案，通常认为有相同的效益，因此在满足负荷需要和各种约束条件及技术经济指标下，总投入最小的方案就是最经济的方案。

如果某个方案除了发电效益以外还有其他效益，则可采用投资分摊或者记入方案费用的方法进行方案比较。

常见的电源规划方案的经济性评价方法有投资回收期法、年总费用最小法、净现值法和等年值法等。

1.10 电 网 规 划

1.10.1 电网规划概述

1. 电网规划的内容

电网规划含输电网规划和配电网规划，以负荷预测和电源规划为基础。电网规划是确定在何时、何地投建何种类型的线路及其回路数，以达到规划周期内所需要的输电能力，在满足各项技术指标的前提下使系统的费用最小。其主要内容有：①确定输电方式；②选择电网电压等级；③确定变电站布局和规模；④确定网络结构。

在输电方式上，我国现阶段仍以交流输电方式为主，只有在 500kV 及以上电压时才考虑直流输电的必要性。

电网规划的重点是对主网网架进行规划。如何加强主网网架结构，是电网规划最重要的内容之一，也是规划成败与否的关键。

电网规划往往是针对具体电网发展中需要解决的问题确定具体内容的。目前，我国电网规划要解决的主要问题为：①大型水、火电厂（群）及核电厂接入系统规划。这类电厂出线较多，距离较长，如何与电网连接的问题比较复杂，一般需要做专题研究；②各大区电网或省级电网的受端主干电网规划；③大区之间或省级电网之间联网规划；④城市电网规划；⑤大型工矿企业的供电网规划。

2. 电网规划应具备的条件

电网规划的最终结果主要取决于原始资料及规划方法。没有足够的和可靠的原始资料，任何优秀的规划方法也不可能取得切合实际的规划方案。一个优秀的电网规划必须以坚实的前期工作为基础，包括搜集整理系统的电力负荷资料、当地的社会经济发展状况、电源点和输电线路方面的原始资料等，具体如下。

（1）规划年度用电负荷的电力、电量资料，其中包括总水平，分省、分区及分变电站的电力、电量值以及必要的负荷特性参数。

（2）规划年度电源（现有和新增）的情况，其中包括电厂位置（厂址）、装机容量、单机容量和机型等；对水电厂，除上述参数以外，还应有不同水文年发电量、保证输出功率、受阻容量、重复容量、调节特性等参数。

（3）现有电网（包括在建设和已列入基建计划的线路和变电站）的基础资料，其中包括电压等级，网络接线，线路长度，导线型号，变电站主变压器容量、型式、台数等主要规范资料，一般应有系统现况图（地理接线及单线接线图）。对未来网络规划的发展情况，包括可能架设新线路的路径、长度以及扩建和待建变电站站址资料，以便能够形成足够数量的网络方案。

进行城网规划时，应掌握城市发展规划、地区用电负荷的增长及其城市道路、隧道、桥梁的发展规划、变电站可能布点位置、架空线电缆线走廊等。

3. 电网规划的方法

目前的电网规划方法处于传统的规划方法和数学方法并用的状态。传统的电网规划方法以方案比较为基础，这种方法是从几种给定的可行方案中，通过技术经济比较选择出推荐的方案。一般情况下，参与比较的方案是由规划人员根据经验提出的，并不一定包括客观上的最优方案，因此最终推荐方案包含相当主观的因素。

近年来，计算机的普及应用和系统工程、运筹学领域的成果促使电网规划的数学方法取得了很大的进展。优化理论的应用不仅使规划方案的技术经济评价更加精确全面，而且也大大减轻了规划人员的烦琐工作，加快了规划工作的进程。规划和决策人员有对各种潜在问题进行比较深入分析研究的能力，这为其制定各种应变规划、滚动规划创造了条件。

电网规划根据数学方法分类，可分为启发式方法和数学优化方法。

（1）启发式方法。启发式方法以直观分析为依据，通常基于系统某一性能指标对可行路径上一些线路参数的灵敏度，根据一定的原则，逐步迭代直到满足要求为止。这种方法直观、灵活、计算时间短，便于人工参与决策且能给出符合工程实际的较优解；缺点是难以选择既容易计算又能真正反映规划问题实质的性能指标，并且当网络规模大时，指标对于一组方案差别都不大，难以优化选择。常用的启发式方法可分为基于线路性能指标（如线路过负荷）的启发式方法和基于系统性能指标（如系统年缺电量）的启发式方法。

电网规划启发式方法的计算过程可归纳为过负荷校验、灵敏度分析和方案形成三部分。现分别叙述如下。

1）过负荷校验。在电网规划方案形成阶段，最关键的问题是输送容量是否足够，即线路是否出现过负荷的问题，因此要进行过负荷校验。根据网络规划的正常运行要求和安全运行要求，不仅要保证系统在正常情况下各线路不发生过负荷，有时还要保证在任意一条线路故障断开的情况下各线路也不出现过负荷，这就是"N-1 检验原则"。因此，为检验线路是否过负荷，网络中的潮流分布和断线计算就成为重要的分析依据。"N-1 原则"也是最常用的确定性安全要求，即系统中任一元件故障时仍能保持正常持续供电。为便于实现，一般将网架规划过程分成两步来实现：第一步，在现有网络基础上，以费用最小为原则，在合适支路上增建新线，使之满足正常状态的供电要求，该网络称为最小费用网络；第二步，在最小费用网络基础上，恰当增加一些线路使之满足安全性要求。由于交流潮流方程计算量过大，因此目前许多 220kV 及以上电网规划都采用直流潮流方程进行过负荷校验。直流潮流方程是交流潮流方程的简化形式，具有计算速度快和便于进行断线分析等特点，并且能够获得较高的计算精度，比较适合于规划研究。有关直流潮流方程及其计算可参见其他文献。但对于 110kV 及以下电网规划仍以交流潮流方程计算为宜。

2）灵敏度分析。当系统中有过负荷线路时，就要通过灵敏度分析选择最有效的线路来扩展网络，以消除系统存在的过负荷。所谓线路"有效"是指该线路单位投资所起的作用最大。但不同的规划人员可能对线路"有效"有不同的理解，因而出现了不同的衡量标准，并且也产生了计算线路有效性指标的不同方法。

3）方案形成。根据灵敏度分析对待选线路按照有效性指标进行排序后，就可以按一定方式确定具体的网络扩展方案。比较简单的方式是将最有效的一条或一组线路加入系统，逐步扩展网络；也可以采用将有效线路的组合加入系统进行试探，最后根据对系统运行情况的实际改善效果确定最佳接线方案的方法。在形成方案时，规划人员可以通过人机联系参与决策过程。

电网规划启发式方法总的特点是逐步扩展网络，但不能考虑各扩建线路的相互影响。因此启发式方法不能保证给出数学上的最优解，这是它的主要缺点。

（2）数学优化方法。数学优化方法就是将电网规划的要求归纳为运筹学中的数学规划模型，然后通过一定的优化算法求解，从而获得满足约束条件的最优规划方案。电网规划数学优化模型主要包含变量、约束条件和目标函数三个要素，现分述如下：

1）变量。变量有决策变量和状态变量两类。决策变量表示线路是否被选中加入网络，因而是整数型变量，它确定了规划网络的拓扑结构。状态变量表示系统的运行状态，如线路潮流、节点电压等，状态变量一般是实数型变量。

2）目标函数。目标函数是决策变量、状态变量的函数，主要包括电网的输变电建设投资费用和运行费用。

3）约束条件。约束条件包括决策变量的建设条件约束、各状态变量的上下界以及各变量应满足的制约关系等。目前大多数电网数学优化模型只考虑线路过负荷约束和潮流方程约束，没有考虑电压、稳定、可靠性指标、资金投资限制等约束。

数学优化方法考虑了各变量之间的相互影响，因而在理论上比启发式方法更严格些。但由于电网规划的变量数很多、约束条件复杂，现有的优化理论对于求解这样大规模的规划问题存在很大困难，因此数学优化方法在建立模型时不得不对具体问题做大量简化。此外，有些规划决策因素难以用数学模型表达，因此数学上的最优解未必是符合工程实际的最优方案。对于电网优化规划的模型几乎可以运用运筹学中的各种优化理论求解。目前已有线性规划、整数规划、动态规划、混合整数规划、非线性规划及图论等方法。为了提高电网规划技术的实用性，现在的发展趋势是将启发式方法和数学优化方法结合起来，充分发挥各自的优势。

输电网规划的基本流程如图 1-3 所示。

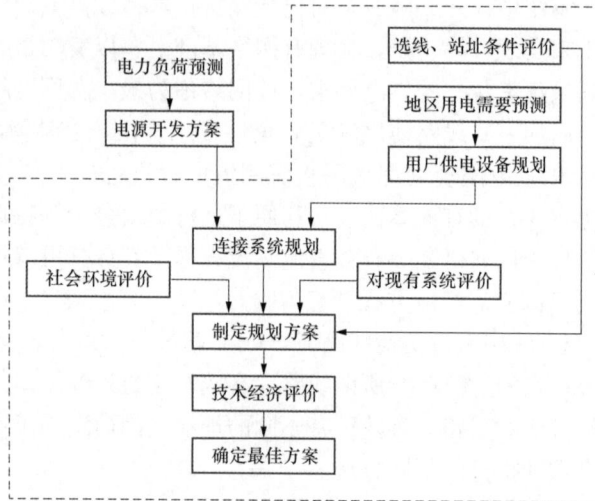

图 1-3　输电网规划基本流程

1.10.2　电网的电压等级选择

1. 电网电压等级选择的原则

选定的电压等级应符合国家电压标准 3kV、6kV、10kV、35kV、63kV、110kV、220kV、330kV、500kV、750kV、1000kV。同一地区、同一电网内，应尽可能简化电压等级。电压等级不宜过多，以减少变电重复容量。各级电压级差不宜太小。根据国内外经验，110kV 及以下（或称配电电压等级），电压级差一般在 3 倍以上；110kV 以上（或称输电电压等级），电压级差一般在 2 倍左右。

我国现有电网的电压等级的配置大致分为两类，即非西北地区 110kV/220kV/500kV/1000kV 及西北地区 110kV/330kV/750kV。220kV 以下电压等级的配置则为 10kV/63kV/220kV 及 10kV/35kV/110kV/220kV 两种系列。

网络规划中不应选用非标准电压，选定的电压等级要能满足近期过渡的可能性，同时也要能适应远景系统规划发展的需要，故在确定电压等级时应了解动力资源的分布与工业布局，考虑电力负荷增长、新建电厂容量等情况。

在确定电压系列时应考虑到与主系统及地区系统联络的可能性，故电压等级应服从于主系统及地区系统。如果顾及地区特点不可能采用同一种电压系列，应研究不同系统互联的可能措施。

如果是跨省电网之间的联络线，则应考虑适应大工业区域与经济体系的要求，进一步建成一个统一的联合系统，最好采用单一的合理的电压系列。

大容量发电厂向系统送电，考虑采用高一级电压一回线还是低一级电压多回线向系统送电，与该电厂在系统中的重要性有关。

对于单回线供电系统，在输电电压确定后的一回线送电容量与电力系统总容量应保持合适的比例，以保证在事故情况下电力系统的安全。

2. 电网电压等级选择

应根据线路送电容量和送电距离选择电网电压，我国各级电压输送能力统计见表1-3。

表1-3 我国各级电压输送能力统计

输电电压（kV）	输送容量（MW）	传输距离（km）	适用
0.38	0.1及以下	0.6及以下	低压配电网
3	0.1～1.0	3～1	中压配电网
6	0.1～1.2	15～4	
10	0.2～2.0	20～6	
35	2～10	50～20	高压配电网
63	3.5～30	100～30	
110	10～50	150～50	
220	100～500	300～100	省内送电
330	200～1000	600～200	省、网际输电
500	600～1500	1000～400	
1000	2000～1000	5000～10000	网际输电

注：由于负荷密度的增加，提升配电电压等级在技术上是可行的。国内已出现20kV配电电压。

从控制电力损失角度选择电压等级。电压等级与电网电力损失有密切的关系。在一般情况下，即送电线路采用铝导线、电流密度为 $0.9A/mm^2$、受端功率因数为 0.95 的条件下各级电压线路每公里电力损失的相对值近似为

$$\Delta P\% = \frac{5L}{U_N} \qquad (1-6)$$

式中 $\Delta P\%$——每公里电力损失的相对值；

       U_N——线路的额定电压，kV；

       L——线路长度，km。

送电线路的电力损失正常不宜超过 5%，由式（1-6）可求得各级电压合适的送电距离（km）。

1.11 电力电量平衡

1.11.1 电力电量平衡的目的与要素

电力电量平衡是电力电量供应与需求之间的平衡。在电源规划和变电站布点规划中应进行电力电量平衡计算，主要分析、研究以下问题（目前可用计算机程序进行电力电量平衡，这里所介绍的是手算中考虑的原则和方法）：

（1）确定电力系统需要的发电设备、各级变电设备容量，包括确定水电、火电或核电厂续建和扩建项目等，并确定规划年度内逐年新增的装机容量和退役机组容量及其变电容量。

（2）确定系统需要的备用容量，研究其在水、火及核电厂之间的分配。

（3）确定系统需要的调峰容量，使之能满足规划年不同季节的系统调峰需要。

（4）在满足电力系统负荷及电量需求的前提下，合理安排水、火电厂的运行方式，充分利用水电，使燃料消耗最经济，并计算系统需要的燃料消耗量。

（5）确定各代表水文年各类型电厂的发电设备利用小时数，检验电量平衡。

（6）确定水电厂电量的利用程度，以论证水电装机容量的合理性。

（7）分析系统与系统之间、地区与地区之间的电力电量交换，为论证扩大联网及拟订网络方案提供依据。

1.11.2 电力平衡中的容量组成

（1）装机容量。装机容量是指系统中各类电厂发电机组额定容量的总和。

（2）工作容量。工作容量是指发电机担任电力系统正常负荷的容量。在电力平衡表中的工作容量就是指电力系统最大负荷时的工作容量。其中担任基荷的电厂功率就是工作容量，担任峰荷和腰荷的发电厂以日负荷最大时刻的功率作为工作容量。水电厂的工作容量是指按保证功率运行时所能提供的发电容量，其大小与其保证功率及其在电力系统日负荷曲线上的工作位置有关。

（3）备用容量。备用容量是指为了保证系统不间断供电并保持在额定频率下运行而设置的装机容量，包括负荷备用、事故备用和检修备用容量三部分。负荷备用容量是为担负电力系统一天内瞬时的负荷波动和计划外的负荷增长所需要的发电容量。事故备用容量是电力系统中发电设备发生事故时为保证正常供电所需要的发电容量。检修备用容量是在电力系统一年内的低负荷季节，不能满足全部机组按年计划检修而必需增设的发电容量。

（4）必需容量。必需容量是指维持电力系统正常供电所必需达到的装机总容量，即工作容量和备用容量之和。

（5）重复容量。重复容量是指水电厂为了多发季节性电能，节省火电燃料而增设的发电容量。重复容量是在一定的供电范围、负荷水平和保证率条件下选定的，当任一条件变化时，就有可能部分或全部转化为必需容量。

（6）受阻容量。受阻容量是指由于各种原因，发电设备不能按额定容量发电时的容量。

（7）水电空闲容量。水电空闲容量是指电力平衡中未能得到利用的那部分水电装机容量，其大小随着各水电厂工作容量的大小而变化。

1.11.3　电力系统的可靠性

1. 电力系统可靠性的基本概念

（1）电力系统可靠性的定义。电力系统可靠性是指电力系统按可接受的质量标准和所需数量不间断地向电力用户提供电能的能力的量度。

对电力系统可靠性评价，就是通过一套定量指标来量度电力供应部门向用户提供连续不断的、质量合格的电能的能力，包括对系统充裕性和安全性两方面的衡量。

（2）电力系统的静态可靠性。充裕性是指电力系统在同时考虑到设备计划检修停运及非计划停运情况下，能够保证连续供给用户总的电能需求量的能力，这时不应该出现主要设备违反容量定额与电压越限的情况，因此又称为静态可靠性。

（3）电力系统的动态可靠性。安全性是指电力系统经受住突然扰动并且不间断地向用户供电的能力，也称为动态可靠性。在电力系统规划阶段对规划方案通常进行的是静态可靠性评估。

2. 电力系统可靠性评价的主要指标

对电力系统可靠性评价主要是以负荷能否得到充分的电力供应为依据。电力系统可靠性评价的主要指标包括四类：概率指标、频率指标、时间指标、期望值指标。

（1）概率指标。概率指标主要是指电力系统发生故障的概率，如系统的可用度、电力不足概率等。

（2）频率指标。频率指标主要是指电力系统在单位时间（如 1 年）内发生故障的平均次数。

（3）时间指标。时间指标主要是指电力系统发生故障的平均持续时间，如系统首次故障的平均持续时间、两次故障之间的平均持续时间、故障平均持续时间等。

（4）期望值指标。期望值指标主要是指电力系统在单位时间（如 1 年）内发生故障的天数期望值，以及电力系统由于故障而少供电量的期望值等。

在电力系统规划中，可靠性评价是对未来事件的预测，不可能用确切的量来表明，上述四类指标都是建立在统计分析基础上的概率量。

电力系统可靠性分析计算方法主要有两大类：解析法与模拟法。

3. 发电系统可靠性评价指标

（1）电力不足时间概率（LOLP）：它来表示一天内由于发电设备故障造成系统发电量不能满足负荷需求量的时间概率，换句话说它指发电系统裕度小于零的概率，它是用于发电系统可靠性评价的最基本、最常用的概率指标。

（2）电力时间不足期望值（LOLE）：表示示某一时间（如 1 年）内，由于发电设备故障造成发电系统发电量小于负荷需求量的天数期望值。

（3）用电量不足期望值（EENS）：表示某一时间（如 1 年）内，由于发电设备故障而造成负荷停电的停电量期望值，它是计算发电系统停电损失的一个重要指标。

（4）停电频率（LOLF）：在一定时间内，由于发电设备故障造成系统发电量不能满足负荷需求量而造成负荷停电的平均次数。

（5）停电时间指标（LOLD）：由于系统发电量不能满足负荷需求量而造成负荷每次停

电的平均持续时间。实际应用中可按电力不足期望值 LOLE/停电频率 LOLF 计算。

发电系统的可靠性与其备用有关。备用容量愈大，系统愈可靠。在可靠性计算中我们将用裕度的概念代替备用容量。裕度是一个不确定的随机量。分析发电系统可靠性的关键是求出裕度表，即计算出各种裕度出现的概率和频率，然后利用裕度表求出系统的可靠性指标。

4. 输电网规划方案可靠性评价指标

（1）电力不足时间概率（LOLP）：电力系统某日在某一负荷水平下由于电网结构不合理或设备检修及故障停运而引起供电能力不足造成用户停电的概率。

（2）电力时间不足期望值（LOLE）：研究期间内，电力系统在不同负荷水平下由于电网结构不合理或设备检修及故障停运而引起供电不足造成用户停电时间的均值。

（3）平均供电可靠率（ASAI）：研究期间内由电力系统供电的用户的可用小时数与总的要求的供电小时数之比。

（4）电力不足频率（LOLF）：研究期间内，电力系统在不同负荷水平下由于电网结构不合理或设备检修及故障停运而引起供电不足造成用户停电的平均次数。

（5）电力不足持续时间（LOLD）：研究期间内，由于电力系统结构不合理或电力系统故障引起用户停电的平均持续时间。

（6）电力系统的电量不足期望值（EENS）：研究期间内，由于电力系统结构不合理或部分电气设备停运造成电力系统供电不足，而使用户得不到供电的缺电量均值。

1.12　电力系统规划的经济评价方法

1.12.1　电力系统规划经济评价概述

1. 经济评价的意义

经济评价是工程项目或方案经济评价的一个组成部分，而且往往是通过技术经济比较对方案进行筛选后，将其优选方案再进行国民经济评价、财务评价及不确定性分析。电力系统规划中经济评价应用最为广泛的是方案经济比较。经济评价是可行性研究的重要内容和确定方案的重要依据。

电力系统规划的成果是电力发展决策部门批准电力建设方案的依据或重要参考资料。为确定某一规划方案或一个电力建设工程项目，除了分析该方案或工程项目是否在技术上先进、可靠和适用外，还要分析该方案或工程项目在经济上是否合理。只有技术和经济两个方面都合理，该方案或工程项目才能实施。所以，电力系统规划方案的经济比较（或经济评价）是电力建设项目决策科学化、民主化，减少和避免决策失误，提高电力建设经济效益的重要手段。

2. 经济评价的原则

电力系统规划中经济评价的原则是：①技术上可行；②从国家整体利益出发，不带主观偏见，不迁就照顾人情；③符合国家能源和电力建设方针政策；④按市场经济规律办事；⑤符合集资办电、统一规划、统一调度、省为实体的电力管理体制精神。

3. 经济评价的方法

目前采用的经济评价方法分三类：静态评价法、动态评价法、不确定性的评价法。在评价工程项目投资的经济效果时，如不考虑资金的时间价值，则称为静态评价法。静态评价法比较简单直观，但难以考虑工程项目在使用期内收益和费用的变化，难以考虑各方案使用寿命的差异，特别是不能考虑资金的时间因素。因此一般只用于简单项目的初步可行性研究。对电力系统规划来说，由于工程项目的周期长，且涉及众多使用寿命不同的子项目，如火电站、水电站、核电站、变电站、输电线路等，在规划期内费用流比较复杂，不宜采用静态评价法。

动态评价法考虑了资金的时间因素，比较符合资金的动态规律，因而给出的经济评价更符合实际。目前世界各国在电源规划和输电规划中采用的常用的动态评价法有四种：净现值法、内部收益率法、费用现值法、等年费用法。

4. 不同经济评价内容的含义与差别

经济评价内容包括财务评价、国民经济评价、不确定性分析和方案比较四个方面。

财务评价是从企业角度根据国家现行财税制度和现行价格，分析测算项目的效益和费用，考察项目的获利能力、清偿能力及外汇效果等财务状况，以判别建设项目财务上的可行性。

国民经济评价是从国家整体角度考察项目的效益和费用，计算分析项目给国民经济带来的净效益，评价项目经济上的合理性。

财务评价和国民经济评价都是以国家规定的效益指标为基础进行比较，并不要求多个项目相互比较。二者的相互关系是以国民经济评价为主，当二者分析结论相矛盾时，项目及方案的取舍决定于国民经济评价结果。对于某些国计民生急需项目，国民经济评价可行，财务评价认为不可行时，可向国家和主管项目的领导部门提出经济上的优惠措施建议，使项目有财务上的生存能力。

财务评价与国民经济评价的差别如下。

(1) 分析角度不同。财务评价是从财务角度考察货币收支和盈利状况及借款偿还能力，以确定投资行为的财务可行性；国民经济评价是从国家整体的角度考察项目需要国家付出的代价和对国家的贡献。

(2) 效益与费用的含义和划分范围不同。财务评价是根据项目的实际收支确定项目的效益和费用，税金、利息等均计为费用；国民经济评价着眼于项目为社会提供的有用产品和服务及项目所耗费的全社会有用资源，考察其项目的效益和费用，税金、国内借款利息和补贴不计入项目的效益和费用；财务评价只计项目的直接效益和费用，国民经济评价要计入间接费用和效益。

(3) 使用价格不同。财务评价用现行价格，国民经济评价用影子价格。

(4) 主要参数不同。财务评价用官方汇率，并按行业的基准收益率作为折现率；国民经济评价用统一的影子汇率和社会折现率。

不确定性分析是分析可变因素以测定项目可承担风险的能力。

方案比较主要用于多方案筛选，排列出不同方案经济上的优劣顺序，不是最优方案不等于财务评价和国民经济评价是不可行的方案；同样，经济比较选出的最优方案，其财务评价和国民经济评价也可能是不可行。方案比较可以计算比较方案的不同部分，因而只计算方案的部分费用，可根据项目的实际情况选用适宜的比较方法，而财务评价和国民经济评价必须严格计算规定的各项指标。方案比较常用的方法有最小费用法、净现值法、内部收益率法、折返年限法等，每种方法又可演化出不同表达式。

1.12.2 资金的时间价值

资金的价值与时间有密切关系。当前的一笔资金，即使不考虑通货膨胀的因素，也比将来数量相同的资金更有价值。因为当前的资金可在使用过程中产生利润。因此，工程项目在不同时刻投入的资金及获得的效益，其价值也是不同的。为了取得经济上的正确评价，应该把不同时刻的金额折算为同一时刻的金额，然后在相同的时间基础上进行比较。

在经济分析中，工程项目有关资金的时间价值可以用以下四种方法来表示。

（1）现值 P。把不同时刻的资金换算为当前时刻的等效金额，此金额称为现值。这种换算称为贴现计算，现值也称为贴现值。

（2）将来值 F。把资金换算为将来某一时刻的等效金额，此金额称为将来值。资金的将来值有时也叫终值。

现值和将来值都是一次支付性质的。

（3）等年值 A。把资金换算为按期等额支付的金额，通常每期为一年，故此金额称等年值。

（4）递增年值 G。把资金折算为按期递增支付的金额，此金额称为递增年值。

等年值和递增年值都是多次支付性质的。

以上四种类型的资金可以互相转换。它们之间的换算和众所周知的利息算法完全相同在做工程项目的经济评价时，利息比利率的真正含义要深得多，无论在概念上和数值上都与银行存款不同，它是在资金使用过程中通过利润产生的。有时为了区分这两个概念，用贴现率代替利率。尽管概念和内涵不同，利息的计算形式目前仍被当作在理论上体现资金时间价值的正确方法。

1. 由现值 P 求将来值 F

由现值 P 求将来值 F 的计算也叫本利和计算。设利率为 i，则在第 n 年末的利息及本利和见表 1-4。

表 1-4　　　　　　　　　　　　　　　　　本利和计算

期末	期初的金额	本期利息（增长数）	期末
1	P	Pi	$P+Pi=P(1+i)=F_1$
2	$P(1+i)$	$P(1+i)i$	$P(1+i)+P(1+i)i=P(1+i)^2=F_2$
3	$P(1+i)^2$	$P(1+i)^2 i$	$P(1+i)^2+P(1+i)^2 i=P(1+i)^3=F_3$
$\vdots$	$\vdots$	$\vdots$	$\vdots$
n	$P(1+i)^{n-1}$	$P(1+i)^{n-1} i$	$P(1+i)^{n-1}+P(1+i)^{n-1}i=P(1+i)^n=F_n$

$$F = P(1+i)^n \tag{1-7}$$

其中，$(1+i)^n$ 称为一次支付本利和系数。利用式（1-7）进行计算时应注意 P 值发生在第一年初，而 F 值发生在第 n 年末。

2. 由将来值 F 求现值 P

由将来值 F 求现值 P 的计算称为贴现计算。由式（1-7）可知

$$P = F/(1+i)^n \qquad (1-8)$$

3. 由等年值 A 求将来值 F

由等年值 A 求将来值 F 的计算称为等年值本利和计算。当等额 A 的现金流发生在从 $t=1$ 到 $t=n$ 年的每年末时，在第 n 年末的将来值 F 等于这 n 个现金流中每个 A 值的将来值的总和，即

$$F = A + A(1+i) + A(1+i)^2 + \cdots + A(1+i)^{n-1} \qquad (1-9)$$

这是一个等比级数之和，其公比为 $1+i$，将式（1-9）两端乘以 $1+i$ 得

$$F = A\frac{(1+i)^n - 1}{i} \qquad (1-10)$$

其中，$\dfrac{(1+i)^n - 1}{i}$ 称为等年值本利和系数。这个系数表达了 n 年的等年值 A 与第 n 年末将来值 F 之间的关系。

4. 由将来值 F 求等年值 A

由将来值 F 求等年值 A 的计算称为偿还基金计算。由式（1-10）可得

$$A = F\frac{i}{(1+i)^n - 1} \qquad (1-11)$$

5. 由等年值 A 求现值 P

由等年值 A 求现值 P 的计算叫作等年值的现值计算。由式（1-8）知

$$P = \frac{F}{(1+i)^n} \qquad (1-12)$$

将式（1-10）代入式（1-12）可得

$$P = A\frac{(1+i)^n - 1}{i} \times \frac{1}{(1+i)^n} \qquad (1-13)$$

定义

$$PA(i,n) \overset{\triangle}{=\!=} \frac{(1+i)^n - 1}{i(1+i)^n} \qquad (1-14)$$

称为等年值的现值系数。

6. 由现值 P 求等年值 A

由现值 P 求等年值 A 的计算叫作资金收回计算。由式（1-13）可得

$$A = P\frac{i(1+i)^n}{(1+i)^n - 1} = P \cdot AP(i,n) \qquad (1-15)$$

式中

$$AP(i,n) = \frac{i(1+i)^n}{(1+i)^n - 1} \qquad (1-16)$$

$AP(i,n)$ 称为资金收回系数，是经济分析中的一个重要系数，它表达了已知现值 P（发生在第一年初）和 n 个等年值 A（发生在第 1，2，$\cdots$，n 年末）之间的等效关系。

1.12.3　常用的经济评价指标

1. 最小费用法

适用于比较效益相同或效益基本相同但难以具体估算的方案。三种不同表达方式：费用

现值比较法、计算期不同的现值费用比较法、年费用比较法。

（1）费用现值比较法（现值比较法）：将各方案基本建设期和生产运行期的全部支出费用均折算至计算期的第一年，现值低的方案是可取的方案。

（2）计算期不同的现值费用比较法：参加比较的方案计算期不同（如水、火电源方案比较），一般可按各方案中计算期最短的计算。

（3）年费用比较法：将参加比较的诸方案计算期的全部支出费用折算成等额年费用后进行比较，年费用低的方案为经济上优越方案。计算期不同的方案宜采用年费用法。

2. 净现值法

净现值法要求计算比较项目的投入与产出效益的全部费用，因而比较项目都需具备较准确的经济评价用原始参数，适用于项目决策的最后评估。

净现值（NPV）是用折现率将项目计算期内各年的净效益折算到工程建设初期的现值之和。

净现值率是反映该工程项目的单位投资取得效益的相对指标，它是净效益现值与投资值之比。

采用净现值法比较，如果诸方案投资相同，净现值大的方案为经济占优势方案；若诸方案投资不同，需进一步用净现值率来衡量。

当用净现值法对一个独立的工程投资方案进行经济评价时，若 $NPV \geqslant 0$，则认为该方案在经济上是可取的，反之则不可取（NPV 指净现值，也有书中记作 ENPV）。净现值法又分为经济净现值法和财务净现值法。

3. 内部收益率法

内部收益率法首先计算各比较方案的内部收益率，然后再相互比较，内部收益率大的方案为经济上占优势方案；但各比较方案的内部收益率均应大于电力工业投资基准收益率，因为低于电力工业投资基准收益率的方案，本身就是经济上不能成立的方案。内部收益率法又称投资回收法，关键是求出一个使工程方案的净现值为零的收益率。

4. 差额投资内部收益率法

差额投资内部收益率用试差法求得，但大于或等于电力工业投资基准收益率或社会折现率时，投资大的方案较优；小于电力工业投资基准收益率或社会折现率时，投资小的方案较优。

内部收益率是反映项目对国民经济贡献的相对指标，是使项目计算期内的经济或财务净现值累计等于零的折现率。方案比较时可用内部收益率法，也可用差额投资内部收益率法。

5. 等年值法

等年值法把工程项目使用期内的费用换算成等额的每年一笔的等值费用——等年值，然后用等年值进行方案比较。这是互斥方案经济评价常用的一种方法。

利用等年值法处理使用寿命不同的方案比较方便。无论各方案的使用寿命是否相同，只要将各方案现金流换算成等年值，就可以在共同的时段内直接进行比较。

6. 财务评价方法

财务评价以财务内部收益率、投资回收期和固定资产投资借款偿还期作为主要评价指标。

7. 国民经济评价方法

常用评价指标：经济内部收益率、经济净现值和经济净现值率。国民经济评价方法以经济内部收益率为主要评价指标。

8. 全寿命周期成本经济评价方法

全寿命周期成本（Life Cycle Cost，LCC）经济评价方法是在传统规划经济评价中，需要考虑系统设备全寿命周期成本、系统成本和环境成本。分析系统设备全寿命周期成本，有利于系统和设备的最小成本管理。

$$LCC = CI + CO + CM + CF + CD$$

式中：LCC 为全寿命周期成本；

CI 为投资成本；

CO 为运行成本；

CM 为维护成本；

CF 为故障成本；

CD 为废弃成本。

$$全网 LCC = 设备层 LCC + 系统层 LCC$$

在保障电力系统安全可靠运行的前提下，采用最小费用法，将待选电网规划方案的 LCC 统一到基准年并进行比较，认为 CC 低的规划方案全寿命周期内最经济。

习题

1. 下列关于电网规划中，输、变、配电比例适当描述不正确的是（   ）。
A. 要求电网在各种运行方式下都能满足将电力安全经济地输送到用户
B. 要求在电网规划中输、变电设备要留有适当的裕度
C. 要求在电网中允许部分设备能力闲置，以防止输变电设备超载，但不允许有输电薄弱的环节
D. 要求在电网规划中既没有输电薄弱的环节，也没有设备能力闲置，资金积压

2. 在电网规划中，单回线的送电容量不得超过受端容量的（   ）。
A. 35%～40%　　　B. 35%～50%　　　C. 30%～70%　　　D. 80%～90%

3. 在电网规划中对大容量、远距离输电应采用（   ）。
A. 双回线或多回线　　B. 电缆线路　　C. 单回线路　　D. 多股导线

4. 750kV 四分裂导线的自然功率为（   ）。
A. 90 万 kW　　　B. 100 万 kW　　　C. 200 万 kW　　　D. 300 万 kW

5. 并联电容补偿可以（   ）波阻抗。
A. 增大　　　B. 减小　　　C. 不改变　　　D. 以上均有可能

6. 一般在电力系统规划中先进行系统中（   ）电压网络的规划。
A. 最高一级　　　B. 最低一级　　　C. 中间一级　　　D. 所有等级

7. 电力负荷预测是（   ）预测。
A. 主动性　　　B. 被动性　　　C. 分散性　　　D. 集中性

8. 负荷预测的根基是（   ）。
A. 未来数据　　　B. 实测数据　　　C. 历史数据　　　D. 当前数据

9. 电源规划是一个（　　）问题。

A. 单目标　　　　　　B. 多目标　　　　　　C. 双目标　　　　　　D. 三目标

10. 电力负荷预测的含义不包括（　　）。

A. 用电设备　　　　　B. 电力　　　　　　　C. 电量　　　　　　　D. 电网

第2章

电力网络分析的一般方法

2.1 概　　述

电力系统计算首先需要建立电力系统的数学模型，对电力系统运行状态参数之间的相互关系和变化规律进行数学描述，对于电力系统的某个特定运行状态形成电力系统状态参数之间的代数方程组。例如，正常状态的潮流计算可以归结为一个非线性代数方程组的求解问题，在一定简化条件下，电力系统短路计算可以归结为线性代数方程组的求解问题，电力系统稳定计算则是在电力系统数学模型中增加了描述某些状态参数变化的微分方程。因此，电力系统计算需要求解线性方程组、非线性方程组、微分方程组以及它们的组合。

本章介绍电力系统计算的基础知识，包括图论的基本知识、电力网络方程的建立。

2.2 图 论 的 基 本 知 识

图论是组合和离散数学的一个分支，电网络理论是最早应用图论的学科之一，例如建立电网络方程、计算参数的拓扑公式、故障诊断等。电力系统分析即是以电网络理论为基础的。本节将介绍关于图论的一些基本概念。

2.2.1 图论的术语和定义

网络结构或网络几何称为网络拓扑。网络拓扑性质与构成支路的元件性质无关，可以用一个简单的线段来表示网络中的一个元件。这样得到的结构就是一个图。如图 2-1 所示，图 2-1（a）为一个示例电路，图 2-1（b）为该电路对应的图。

图：定义为点（称为节点）和边（称为支路）的集合，边连于两点。图 2-1（b）中，图 G 是点①、②、③、④和边 1、2、3、4 组成的集合。如果一条边所连的两点重合，则称该边为自环。如果一个点没有边与之相连，则称该点为孤点。

有向图：图 2-1（b）中，每条支路都有表示支路方向的箭头，这种规定了支路方向的图为有向图。与一个图相对应的网络，它的元件有电压变量也有电流变量，每个变量都有自己的参考方向。约定：一个元件的电压和电流具有标准的参考方向－电压的参考极性"正"在电流参考方向箭头的尾部。图的支路方向假设与有关的电压电流参考方向一致。

子图：子图是图的支路和节点的一个子集。假若子图所包括的支路和节点确实少于图的全部支路和节点，则称为真子图。

路径：一种特殊的子图，由有序的支路序列构成，并具有如下性质：

（1）除了两个节点之外，在称为内节点的全部节点上恰有子图的两条支路关联。

（2）在剩下的称为端节点的两节点中的每个节点上，恰有子图的一条支路关联。

（3）在具有相同的两个端节点时，该子图的真子图不具备性质（1）和性质（2）。

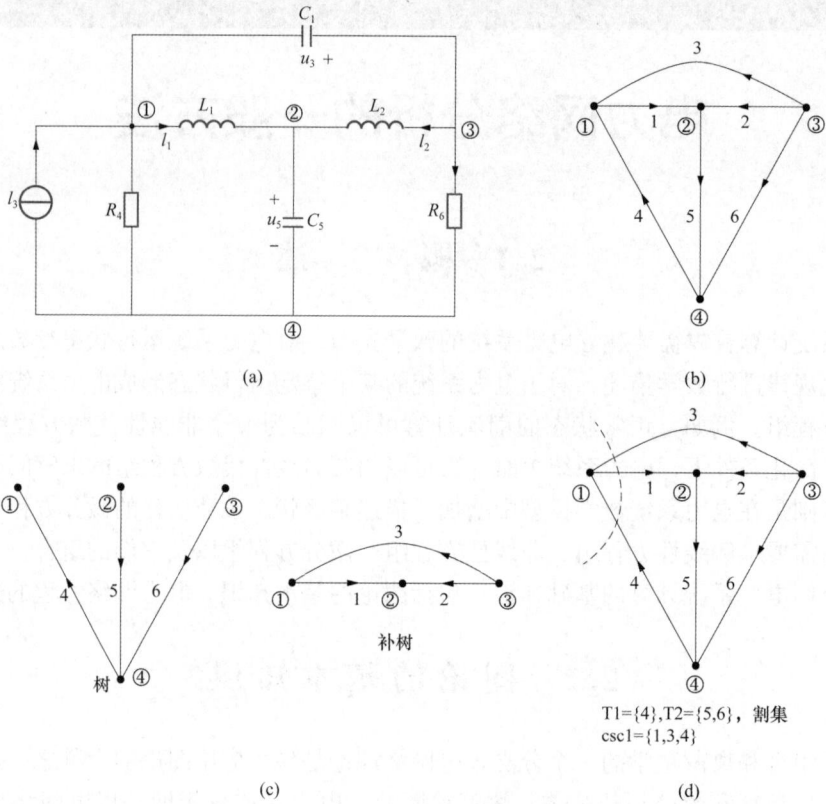

图 2-1　一个电路网络及其对应的图

连通图：假如在任意两个节点之间至少存在一条路径，那么这个图是连通的，称为连通图。

回路：是一个图的特殊连通子图，该子图的每一个节点上恰与该子图的两条支路关联。

树：是连通图的一个子图，具有如下三个性质：

（1）包含全部的节点。

（2）不包含回路。

（3）是连通的。

树的补图称为补树，树的支路称为树支，补树的支路称为连支。对于有 $n+1$ 个节点的连通图 G，它的任意一个树的树支数为 n。若图 G 支路数为 b，则连支数为 $l=b-n$。n 为图 G 的秩，l 为图 G 的环秩。

树的任意两个节点之间必有且仅有一条通路。若任意两个节点之间加上连支，则必存在一个唯一的单连支回路。这个单连支回路称为基本回路。图 G 有 l 条连支，就有 l 个基本回路。

例如，图 2-1（b）中，节点数为 4，支路数为 6，假设选取支路 4、5、6 为一棵树，图 2-1（c）为对应的树和补树，则树支数为 4-1=3，基本回路数为 6-（4-1）=3。

割集：割集是连通图 G 的部分支路集合，且满足如下两个条件：

（1）移走这些支路后，图 G 分为两个部分。

（2）少移走其中任一条支路，图仍然是连通的。

如果对图 2-1（b）所示的树作割集，使每一个割集仅有一条树支。移走某一树支后，树 T 变成两个分离的部分 T1、T2，跨接在 T1 和 T2 之间的连支和树支构成一个单树支割集，如图 2-1（d）所示。每个树支均有且仅有一个单树支割集，单树支割集也称为基本割集。

2.2.2　图的矩阵表示

1. 关联矩阵

表明支路与节点的关系的矩阵称为关联矩阵（或称为节点支路关联矩阵），用 A_a 表示。A_a 的行对应节点，列对应支路，则对于有 $n+1$ 个节点、b 条支路的图 G 来说，A_a 的阶数为 $(n+1) \times b$。A_a 的元素为

$$\alpha_{jk} = \begin{cases} 0, \text{支路 } k \text{ 不关联节点 } j \\ 1, \text{支路 } k \text{ 关联节点 } j, \text{且离开节点 } j \\ -1, \text{支路 } k \text{ 关联节点 } j, \text{且指向节点 } j \end{cases}$$

对于图 2-1（b）所示的图的关矩阵为

$$A_n = \begin{bmatrix} 1 & 0 & -1 & -1 & 0 & 0 \\ -1 & -1 & 0 & 0 & 1 & 0 \\ 0 & 1 & 1 & 0 & 0 & 1 \\ 0 & 0 & 0 & 1 & -1 & -1 \end{bmatrix}$$

因为每条支路连接两个节点，且一进一出，所以 A_a 的每一列仅有两个非零元素，一个为 1，另一个为 -1。A_a 的所有行相加之和为 0，亦即 A_a 的行不是线性独立的。可以划去任意一行，使行间线性独立，所形成的矩阵为降阶关联矩阵，用 A 表示。对于图 2-1（b）所示的图，以节点④为参考节点，划去关联矩阵的第 4 行，则

$$A = \begin{bmatrix} 1 & 0 & -1 & -1 & 0 & 0 \\ -1 & -1 & 0 & 0 & 1 & 0 \\ 0 & 1 & 1 & 0 & 0 & 1 \end{bmatrix}$$

在不引起混淆的情况下，A 也简称为关联矩阵。通过关联矩阵 A，可以唯一地画出图。

2. 回路矩阵

表明支路和全部回路关系的矩阵称为全回路矩阵，用 B_a 表示。B_a 的行对应回路，列对应支路，则 B_a 的列数为 b。B_a 的元素为

$$b_{jk} = \begin{cases} 0, \text{支路 } k \text{ 不包含在回路 } j \text{ 中} \\ 1, \text{支路 } k \text{ 包含在回路 } j \text{ 中,且方向与回路 } j \text{ 一致} \\ -1, \text{支路 } k \text{ 包含在回路 } j \text{ 中,且方向与回路 } j \text{ 相反} \end{cases}$$

对于图 2-1（b），可列出全回路矩阵为

$$B_a = \begin{bmatrix} 1 & -1 & 1 & 0 & 0 & 0 \\ 1 & -1 & 0 & 1 & 0 & 1 \\ 1 & 0 & -1 & 0 & 1 & -1 \\ 1 & 0 & 0 & 1 & 1 & 0 \\ 0 & 1 & 0 & 0 & 1 & -1 \\ 0 & 1 & -1 & 1 & 1 & 0 \\ 0 & 0 & 1 & -1 & 0 & 1 \end{bmatrix} \begin{matrix} 123 \\ 1246 \\ 1356 \\ 145 \\ 256 \\ 2345 \\ 346 \end{matrix} \tag{2-1}$$

式（2-1）中，第 1 行为支路 1、2、3 所形成的回路与各支路的关联关系，第 2 行为支路 1、2、4、6 所形成的回路与各支路的关联关系，下面各行的含义依次类推。从式中可看出 B_a 的行也不是线性独立的，第 7 行为第 1 行和第 2 行之差。

如果 B_a 的行对应基本回路，假设基本回路的方向与连支的方向一致，回路的序号和连支序号一致且顺次列写，并将 B_a 的列按照先连支后树支（也可以先树支后连支）的方式进行排列，可形成 $l \times b$ 阶矩阵 B_f。B_f 称为基本回路矩阵。对于图 2-1（b）所示的图，选取支路 4、5、6 为一棵树，则

$$B_f = \begin{bmatrix} 1 & 0 & 0 & 1 & 1 & 0 \\ 0 & 1 & 0 & 0 & 1 & -1 \\ 0 & 0 & 1 & -1 & 0 & -1 \end{bmatrix} \begin{matrix} 145 \\ 256 \\ 346 \end{matrix}$$

B_f 的行是线性独立的，且连支部分对应的子矩阵为 l 阶单位矩阵 E_l。假设树支部分对应的子矩阵记为 B_t，则

$$B_f = [E_l \vdots B_t] \tag{2-2}$$

在不引起混淆的情况下，B_f 也简称为回路矩阵，记为 B。通过回路矩阵 B，不一定能唯一地画出图。

3. 割集矩阵

表明支路和全部割集关系的矩阵称为全割集矩阵，用 Q_a 表示。Q_a 的行对应割集，列对应支路，Q_a 的元素为

$$q_{jk} = \begin{cases} 0, & \text{支路 } k \text{ 不在割集 } j \text{ 中} \\ 1, & \text{支路 } k \text{ 在割集 } j \text{ 中，且方向与割集 } j \text{ 一致} \\ -1, & \text{支路 } k \text{ 在割集 } j \text{ 中，且方向与割集 } j \text{ 相反} \end{cases}$$

对于图 2-1（b），可列出全割集矩阵为

$$Q_a = \begin{bmatrix} 1 & 1 & 0 & -1 & 0 & 1 \\ 0 & 1 & 1 & 0 & 0 & 1 \\ -1 & -1 & 0 & 0 & 1 & 0 \\ -1 & 0 & 1 & 1 & 0 & 0 \\ 0 & 0 & 0 & 1 & -1 & -1 \\ -1 & 0 & 1 & 0 & 0 & 1 \\ 0 & 1 & 1 & 1 & -1 & 0 \end{bmatrix} \begin{matrix} 1246 \\ 236 \\ 125 \\ 134 \\ 456 \\ 1356 \\ 2345 \end{matrix} \tag{2-3}$$

式（2-3）中，第 1 行为支路 1、2、4、6 所形成的割集与各支路的关联关系，第 2 行为支路 2、3、6 所形成的割集与各支路的关联关系，下面各行的含义依次类推。从式中可看

出，Q_a 的行也不是线性独立的，第 7 行为第 4 行减去第 3 行。

如果从 Q_a 中抽取出基本割集对应的行，树支和连支分别编号且顺次列写，形成 $n_t \times b$ 阶矩阵 Q_f，Q_f 称为基本割集矩阵。对于图 2-1（b），选取支路 4、5、6 为一棵树，基本割集方向与树支方向一致，则

$$Q_f = \begin{bmatrix} -1 & 0 & 1 & 1 & 0 & 0 \\ -1 & -1 & 0 & 0 & 1 & 0 \\ 0 & 1 & 1 & 0 & 0 & 1 \end{bmatrix} \begin{matrix} 134 \\ 125 \\ 236 \end{matrix}$$

对于图 2-1（b），如果与每个节点关联的支路构成一个割集，且割集方向为离开节点，如图 2-2 所示；则从该图的全割集矩阵中抽取出这 N−1 个割集对应的行，刚好是降阶关联矩阵 A。割集的方向定义只是使 A 中某些行的非零元素相差一个负号。

$$Q_f = \begin{bmatrix} 1 & 0 & -1 & -1 & 0 & 0 \\ -1 & -1 & 0 & 0 & 1 & 0 \\ 0 & 1 & 1 & 0 & 0 & 1 \end{bmatrix}$$

Q_f 的行是线性独立的，且树支部分对应的子阵为 n_t 阶单位矩阵 E_t。假设连支部分对应的子矩阵记为 Q_l，则

$$Q_f = [Q_l \vdots E_t] \tag{2-4}$$

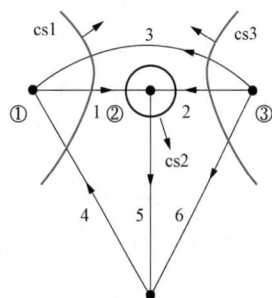

图 2-2　图 2-1（b）对应的割集

在不引起混淆的情况下，Q_f 也简称为割集矩阵，记为 Q。

4. 关联矩阵、回路矩阵和割集矩阵之间的关系

（1）回路矩阵和割集矩阵的互换。全回路矩阵和全割集矩阵存在恒等式

$$B_a Q_a^T = 0$$

根据乘法规则可知，若两矩阵相乘为零，则左边矩阵部分行组成的子阵和右边矩阵部分列构成的子阵相乘也为零。因此

$$B_f Q_f^T = 0$$

或

$$Q_f B_f^T = 0$$

将式（2-2）、式（2-4）代入，可得

$$B_f Q_f^T = [E \quad B_t][Q_t \quad E]^T = Q_l^T + B_l = 0$$

可得

$$Q_l = -B_t^T \ 或 \ B_t = -Q_l^T \tag{2-5}$$

式（2-5）表示由基本割集矩阵可以推出基本回路矩阵。反之亦可。

（2）用关联矩阵表示回路矩阵和割集矩阵。全关联矩阵与全回路矩阵之间存在如下关系：

$$A_a B_a^T = 0 \ 或 \ B_a A_a^T = 0$$

同样，根据乘法规则有

$$A B_f^T = 0 \ 或 \ B_f A^T = 0$$

将 A 矩阵树支对应子阵用 A_t 表示，连支部分对应子阵用 A_l 表示

$$A = [A_f \quad A_t] \tag{2-6}$$

将式（2-1）、式（2-4）代入 $A B_f^T = 0$，得

$$B_t^T = -A_t^{-1}A_l \qquad (2-7)$$

由 $Q_t = -B_t^T$ 可推出

$$Q_f = A_t^{-1}A \qquad (2-8)$$

2.2.3 矩阵形式的基尔霍夫定律

用 I_b、I_l、I_m 分别表示支路电流列向量、回路电流列向量、网孔电流列向量，用 U_b、U_n、U_t 分别表示支路电压列向量、节点电压列向量、树支电压列向量，下面介绍基尔霍夫定律的矩阵形式。

1. 基尔霍夫电流定律的矩阵形式

对于图 2-1 (b)，其关联矩阵 A（节点④为参考节点）与 I_b 的乘积为

$$AI_b = \begin{bmatrix} 1 & 0 & -1 & -1 & 0 & 0 \\ -1 & -1 & 0 & 0 & 1 & 0 \\ 0 & 1 & 1 & 0 & 0 & 1 \end{bmatrix} \begin{bmatrix} I_1 \\ I_2 \\ I_3 \\ I_4 \\ I_5 \\ I_6 \end{bmatrix} = \begin{bmatrix} I_1 - I_3 - I_4 \\ -I_1 - I_2 + I_5 \\ I_2 + I_3 + I_6 \end{bmatrix} = \begin{bmatrix} \sum\limits_{\text{节点}1} I \\ \sum\limits_{\text{节点}2} I \\ \sum\limits_{\text{节点}3} I \end{bmatrix} = 0$$

即向量 AI_b 的每一个元素为相应节点的电流代数和。由基尔霍夫电流定律 KCL 可知

$$AI_b = 0 \qquad (2-9)$$

同理，向量 Q_aI_b 的每一个元素为每一割集电流的代数和，因此有

$$Q_aI_b = 0 \qquad (2-10)$$

或

$$Q_fI_b = 0 \qquad (2-11)$$

式（2-9）～式（2-11）为矩阵形式的 KCL，其中因为 A 和 Q_f 为满秩矩阵，式（2-9）、式（2-11）是独立的方程组。

2. 基尔霍夫电压定律的矩阵形式

对于图 2-1 (b)，其回路矩阵 B_f 与 U_b 的乘积为

$$B_fU_b = \begin{bmatrix} 1 & 0 & 0 & 1 & 1 & 0 \\ 0 & 1 & 0 & 0 & 1 & -1 \\ 0 & 0 & 1 & -1 & 0 & -1 \end{bmatrix} \begin{bmatrix} U_1 \\ U_2 \\ U_3 \\ U_4 \\ U_5 \\ U_6 \end{bmatrix} = \begin{bmatrix} U_1 + U_4 + U_5 \\ U_2 + U_5 - U_6 \\ U_3 - U_4 - U_6 \end{bmatrix} = 0$$

即矩阵形式的基尔霍夫电压定律 KVL 为

$$B_fU_b = 0 \qquad (2-12)$$

或

$$B_aU_b = 0 \qquad (2-13)$$

B_f 是满秩的，因此式（2-12）是独立的方程组。

3. 各种电压的关系

任一支路电压可表示为支路两端节点电压之差，这种形式用矩阵可表示为

$$U_b = \begin{bmatrix} U_1 \\ U_2 \\ U_3 \\ U_4 \\ U_5 \\ U_6 \end{bmatrix} = \begin{bmatrix} U_{n1} - U_{n2} \\ U_{n3} - U_{n2} \\ U_{n3} - U_{n1} \\ -U_{n1} \\ U_{n2} \\ U_{n3} \end{bmatrix} = \begin{bmatrix} 1 & -1 & 0 \\ 0 & -1 & 1 \\ -1 & 0 & 1 \\ -1 & 0 & 0 \\ 0 & 1 & 0 \\ 0 & 0 & 1 \end{bmatrix} \begin{bmatrix} U_{n1} \\ U_{n2} \\ U_{n3} \end{bmatrix} = A^T U_a$$

因此，支路电压和节点电压之间关系的矩阵形式为

$$U_b = A^T U_n \tag{2-14}$$

式（2-14）是 KVL 的另外一种形式。A 是满秩的，因此式（2-14）是独立的方程组。支路电压可分为树支电压 U_t 和连支电压 U_l，树支电压 U_t 即割集电压。

$$U_b = \begin{bmatrix} U_l \\ \cdots \\ U_t \end{bmatrix}$$

将式（2-2）、式（2-4）代入式（2-12），得

$$B_f U_b = \begin{bmatrix} E_l & \vdots & B_t \end{bmatrix} \begin{bmatrix} U_l \\ U_t \end{bmatrix} = \begin{bmatrix} E_l & \vdots & -Q_l^T \end{bmatrix} \begin{bmatrix} U_l \\ U_t \end{bmatrix} = 0$$

得

$$U_l = -B_t U_t = Q_l^T U_t \tag{2-15}$$

因此

$$U_b = \begin{bmatrix} U_l \\ \cdots \\ U_t \end{bmatrix} = \begin{bmatrix} Q_l^T U_t \\ \cdots \\ U_t \end{bmatrix} = \begin{bmatrix} Q_l^T \\ \cdots \\ E_t \end{bmatrix} U_t$$

即

$$U_b = Q_f^T U_t \tag{2-16}$$

式（2-16）也是 KVL 的一种形式。

4. 各种电流的关系

支路电流可分为树支电流 I_t 和连支电流 I_l，连支电流 I_l 即回路电流。

$$I_b = \begin{bmatrix} I_l \\ \cdots \\ I_t \end{bmatrix}$$

将式（2-2）、式（2-4）代入式（2-11），得

$$Q_f I_b = \begin{bmatrix} Q_l & \vdots & E_t \end{bmatrix} \begin{bmatrix} I_l \\ \cdots \\ I_t \end{bmatrix} = \begin{bmatrix} -B_t^T & \vdots & E_t \end{bmatrix} \begin{bmatrix} I_l \\ \cdots \\ I_t \end{bmatrix} = 0$$

整理得

$$I_t = B_t^T I_l \tag{2-17}$$

因此

現代电力系统分析

$$I_b = \begin{bmatrix} I_l \\ \cdots \\ I_t \end{bmatrix} = \begin{bmatrix} I_l \\ \cdots \\ B_t^T I_l \end{bmatrix} = \begin{bmatrix} E_l \\ \cdots \\ B_t^T \end{bmatrix} I_l$$

即

$$I_b = B_f^T I_t \tag{2-18}$$

式（2-18）也是 KCL 的一种形式。

2.3 电力网络方程

2.3.1 节点电压方程和回路电流方程

分析交流电路常用的方法有节点电压法和回路电流法，所形成的网络方程分别为节点电压方程和回路电流方程。节点电压方程是以节点电压和节点注入电流为物理量建立的电力网络数学模型，回路电流方程则是以回路电压和回路电流为物理量建立的电力网络数学模型，这两个方法是通过一组联立方程式分别求解出节点电压和回路电流。研究电力系统问题时，普遍采用节点电压方程，回路电流方程有时作为分析的辅助工具。

1. 节点电压方程

对于一个有 $n+1$ 个节点、b 条支路的电力网络，它包含两类约束：

（1）一类是网络拓扑决定的与网络元件性质无关的网络关联约束，如 2.2.3 节所述的基尔霍夫电流定律和基尔霍夫电压定律。

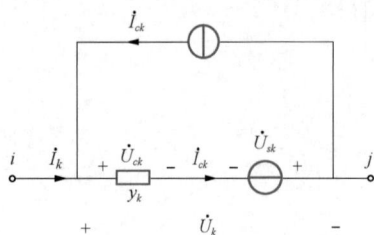

图 2-3 复合支路

（2）一类是元件特性约束，即支路的伏安特性。电网络分析中，如果假设不包含受控源，常使用图 2-3 所示的复合支路进行分析。复合支路 k 包括一个导纳 y_k、一个独立的电压源 U_{sk}，一个独立的电流源 I_{sk}，支路电流 I_k 和支路电压 U_k 的正方向与选定的支路方向一致，独立电压源和独立电流源的方向与选定的支路方向相反。对于支路 k 的导纳元件 y_k，其伏安特性为

$$\dot{I}_{ek} = y_k \dot{U}_{ek} \quad k = 1, 2, \cdots, b \tag{2-19}$$

将 b 条支路导纳元件的电流电压关系写成矩阵形式为

$$\dot{I}_e = Y_b \dot{U}_e \tag{2-20}$$

式中，I_e 为支路导纳元件电流列向量；$\dot{I}_e = \begin{bmatrix} \dot{I}_{e1} & \dot{I}_{e2} \cdots \dot{I}_{ek} \cdots \dot{I}_{eb} \end{bmatrix}^T$ 为支路导纳元件电压列向量；$\dot{U}_e = \begin{bmatrix} \dot{U}_{e1} & \dot{U}_{e2} \cdots \dot{U}_{ek} \cdots \dot{U}_{eb} \end{bmatrix}^T$；$Y_b$ 为支路导纳组成的对角阵，称为支路导纳矩阵，$Y_b = \text{diag} \begin{bmatrix} y_1 y_2 \cdots y_k \cdots y_b \end{bmatrix}$。

由图 2-3，可列出如下支路 k 的伏安关系方程式

$$\dot{I}_k = y_k (\dot{U}_k + \dot{U}_{sk}) - \dot{I}_{sk} \quad k = 1, 2, \cdots, b \tag{2-21}$$

写成矩阵形式为

$$\dot{I}_b = Y_b (\dot{U}_b + \dot{U}_s) - \dot{I}_s \tag{2-22}$$

式中，$\dot{I}_b$ 为支路电流列向量，$\dot{I}_b = \begin{bmatrix} \dot{I}_1 \dot{I}_2 \cdots \dot{I}_k \cdots \dot{I}_b \end{bmatrix}^T$；$\dot{U}_b$ 为支路电压列向量，$\dot{U}_b$

$= [\dot{U}_1 \dot{U}_2 \cdots \dot{U}_k \cdots \dot{U}_b]^T$；$U_s$ 为支路电压源向量，$\dot{U}_s = [\dot{U}_{s1} \dot{U}_{s2} \cdots \dot{U}_{sk} \cdots \dot{U}_{sb}]^T$；$I_s$ 为支路电流源向量，$I_s = [\dot{I}_{s1} \dot{I}_{s2} \cdots \dot{I}_{sk} \cdots \dot{I}_{sb}]^T$。式（2-22）即为电力网络的元件特性约束方程，表征了支路的伏安特性。

图 2-3 中的复合支路可退化为导纳元件仅与独立电流源并联、导纳元件仅与独立电压源串联、仅有导纳元件的几种类型支路。

假设 A 为电力网络的节点支路关联矩阵，$\dot{U}_n$ 为节点电压列向量。将式（2-9）的 KCL 约束代入式（2-22），得

$$A\dot{I}_b = AY_b(\dot{U}_b + \dot{U}_s) - A\dot{I}_s = 0 \tag{2-23}$$

再将式（2-14）的 KVL 约束代入式（2-23），整理得

$$AY_bA^T\dot{U}_n = A\dot{I}_s - AY_b\dot{U}_s \tag{2-24}$$

记 $\dot{I}_n = AI_s - AY_b\dot{U}_s$，称为节点注入电流列向量。令

$$Y = AY_bA^T \tag{2-25}$$

称 Y 为节点导纳矩阵，则式（2-24）可写为

$$Y\dot{U}_n = I_n \tag{2-26}$$

式（2-26）即为电力网络的节点电压方程。该方程基于网络的元件特性约束和拓扑约束推导而得，反映了电力网络节点电压和节点注入电流之间的关系。假设节点注入电流 $\dot{I}_n$ 已知，对式（2-26）进行求解，可得到各个节点的电压 $\dot{U}_n$，也随之可得出各支路的电流，从而整个电力网络的变量得以求解。

如果 Y 可逆，则式（2-26）的电力网络节点电压方程也可表示为

$$\dot{U}_n = Z\dot{I}_n \tag{2-27}$$

式中，Z 为节点阻抗矩阵，$Z = Y^{-1}$。

2. 回路电流方程

将支路阻抗矩阵 $Z_b = Y_b^{-1}$ 左乘式（2-22），得支路电压向量

$$Z_b\dot{I}_b = Z_b[Y_b(\dot{U}_b + \dot{U}_s) - \dot{I}_s] = \dot{U}_b + \dot{U}_s - Z_b\dot{I}_s \tag{2-28}$$

整理得

$$\dot{U}_b = Z_b\dot{I}_b - \dot{U}_s + \dot{Z}_b\dot{I}_s \tag{2-29}$$

根据式（2-12）的 KVL 约束，B_f 左乘式（2-29）得

$$B_f\dot{U}_b = \dot{B}_fZ_b\dot{I}_b - B_f\dot{U}_s + B_fZ_b\dot{I}_s = 0 \tag{2-30}$$

整理得

$$B_fZ_b\dot{I}_b = B_f\dot{U}_s - B_fZ_b\dot{I}_s \tag{2-31}$$

将式（2-18）代入式（2-31），得

$$B_fZ_bB_f^T\dot{I}_l = B_f\dot{U}_s - B_fZ_b\dot{I}_s \tag{2-32}$$

式中，I_l 为回路电流列向量，$\dot{I}_l = [\dot{I}_1 \dot{I}_2 \cdots \dot{I}_m]^T$。记 $Z_l = B_fZ_bB_f^T$，称 Z_l 为回路阻抗矩阵；记 $\dot{E}_l = B_f\dot{U}_s - B_fZ_b\dot{I}_s$，$\dot{E}_l$ 称为回路电压源列向量，$\dot{E}_l = [\dot{E}_1 \dot{E}_2 \cdots \dot{E}_m]^T$，阶数为 m，等于电力网络的基本回路数。则式（2-30）写为

$$Z_lI_l = E_l \tag{2-33}$$

式（2-33）即为回路电流方程。当 E_l 已知，求解式（2-33）可得到电力网络的回路电流 I_l，进而由式（2-18）可得到各支路的电流。

2.3.2 节点导纳矩阵

1. 节点导纳矩阵的物理意义

式（2-25）给出了节点导纳矩阵的表达形式，既包含了反映电力网络接线情况的关联矩阵 A，也包含了反映电力网络参数的 Y_b。因此，节点导纳矩阵物理意义清晰，既包含网络元件参数又包含网络元件的联结关系，还具有非常高的稀疏性，是电力系统网络计算中使用最为广泛的网络矩阵。

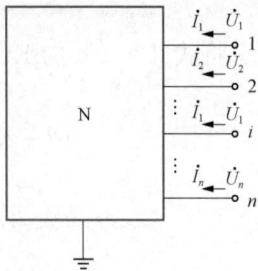

图 2-4 电力网络 N

对于图 2-4，第 $n+1$ 个节点为参考节点。式（2-25）的节点导纳矩阵写成如下形式

$$\begin{bmatrix} Y_{11} & Y_{12} & \cdots & Y_{1i} & \cdots & Y_{1n} \\ Y_{21} & Y_{22} & \cdots & Y_{2i} & \cdots & Y_{2n} \\ \vdots & \vdots & & \vdots & & \vdots \\ Y_{i1} & Y_{i2} & \cdots & Y_{ii} & \cdots & Y_{in} \\ \vdots & \vdots & & \vdots & & \vdots \\ Y_{n1} & Y_{n2} & \cdots & Y_{ni} & \cdots & Y_{nn} \end{bmatrix}$$

Y 的对角元素 Y_{ii} 称为节点 i 的自导纳，非对角元素 Y_{ij} 称为节点 i、j 之间的互导纳。则可将式（2-26）展开写成如下一般形式

$$\begin{cases} \dot{I}_1 = Y_{11}\dot{U}_1 + Y_{12}\dot{U}_2 + \cdots + Y_{1i}\dot{U}_i + \cdots + Y_{1s}\dot{U}_a \\ \dot{I}_2 = Y_{21}\dot{U}_1 + Y_{22}\dot{U}_2 + \cdots + Y_{2i}\dot{U}_i + \cdots + Y_{2s}\dot{U}_a \\ \quad\quad\quad\quad\quad\quad\quad\vdots \\ \dot{I}_i = Y_{i1}\dot{U}_1 + Y_{i2}\dot{U}_2 + \cdots + Y_{ii}\dot{U}_i + \cdots + Y_{ia}\dot{U}_a \\ \quad\quad\quad\quad\quad\quad\quad\vdots \\ \dot{I}_n = Y_{n1}\dot{U}_1 + Y_{n2}\dot{U}_2 + \cdots + Y_{ni}\dot{U}_i + \cdots + Y_{ni}\dot{U}_a \end{cases} \tag{2-34}$$

节点导纳矩阵元素表示了网络的短路参数。在网络 N 中节点 i 接一单位电压源，其余节点都短路接地，即

$$\dot{U}_i = 1, \dot{U}_j = 0 (j = 1, 2, \cdots, n, j \neq i)$$

则式（2-34）变成

$$\begin{cases} \dot{I}_1 = y_{1i} \\ \dot{I}_2 = Y_{2i} \\ \quad\vdots \\ \dot{I}_i = Y_{ii} \\ \quad\vdots \\ \dot{I}_n = Y_{ni} \end{cases}$$

即，此时流入节点 i 的电流数值为 Y_{ii}，流入节点 j 的电流数值为 Y_{ij}。注意只有和节点 i 有支路相连的节点才有电流，其余节点没有电流，因为其余节点的相邻节点都是零电位点。推广到一般情况，令 $\dot{U}_k \neq 0$，$\dot{U}_j = 0$（$j = 1, 2, \cdots, n, j \neq k$），可得

$$Y_{ik}\dot{U}_k = \dot{I}_i \quad (i = 1, 2, \cdots, n)$$

则

$$\dot{Y}_{ik} = \left.\frac{\dot{I}_f}{\dot{U}_k}\right|_{\dot{U}_j = 0, j \neq k} \qquad (2\text{-}35)$$

当 $k = i$ 时，式（2-35）表明，当网络中除节点 i 以外所有节点都接地时，从节点 i 注入网络的电流同施加于节点 i 的电压之比，即节点自导纳 Y_{ii}。自导纳 Y_{ii} 是节点 i 以外的所有节点都接地时节点 i 对地的总导纳。显然，应等于与节点 i 相接的各支路导纳之和。

当 $k \neq i$ 时，式（2-35）表明，当网络中除节点 k 以外所有节点都接地时，从节点 i 注入网络的电流同施加于节点 k 的电压之比，即节点互导纳 Y_{ik}。节点 i 的电流实际上是自网络流出并进入地中的电流，所以互导纳 Y_{ik} 应等于节点 i、k 间的支路导纳的负值。

2. 节点导纳矩阵的建立

由式（2-25）得

$$
\begin{aligned}
Y &= A Y_b A^T \\
&= M_1 y_1 M_1^T + M_2 y_2 M_2^T + \cdots + M_k y_k M_k^T + \cdots + M_b y_b M_b^T \\
&= \sum_{l=1}^{b} M_l y_l M_l^T
\end{aligned}
\qquad (2\text{-}36)
$$

式中，b 是支路数；M_k 为 A 的第 k 列矢量，是第 k 条支路的节点支路关联矢量（$k = 1, 2, \cdots, b$）。式（2-36）表明，节点导纳矩阵 Y 相当于 b 个单元的叠加，每个单元表示一条支路对节点导纳矩阵的贡献。假设第 k 条支路的关联节点为 i 和 j，则式（2-36）中的第 k 项为第 k 条支路对节点导纳矩阵的贡献（见图 2-5），即第 k 条支路使得节点导纳矩阵的元素 Y_{ii} 和 Y_{jj} 增加 y_k，使得 Y_{ij} 和 Y_{ji} 减去 y_k。

$$
\begin{array}{c}
\quad\; i \qquad\quad j \\
\begin{array}{c} i \\ j \end{array}
\left[
\begin{array}{cc}
y_k & -y_k \\
-y_k & y_k
\end{array}
\right]
\end{array}
$$

图 2-5　支路 k 对节点导纳矩阵的贡献

节点导纳矩阵的建立可以按支路扫描，累加每条支路对导纳矩阵的贡献，最后形成 Y 矩阵。电力网络由输电线路、变压器等元件组成，下面讨论输电网络中元件的等效电路及其对节点导纳矩阵的贡献。

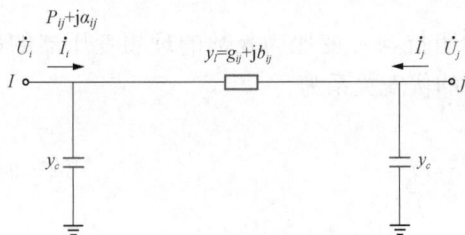

（1）输电线路。输电线路一般用 Ⅱ 形等效电路表示，如图 2-6 所示。对于输电线路支路，可列出伏安关系方程式：

$$
\begin{cases}
\dot{I}_i = y_l(\dot{U}_i - \dot{U}_j) + y_c \dot{U}_i = (y_l + y_c)\dot{U}_i - y_l \dot{U}_j \\
\dot{I}_j = y_l(\dot{U}_j - \dot{U}_i) + y_c \dot{U}_j = -y_l \dot{U}_i + (y_l + y_c)\dot{U}_j
\end{cases}
$$

则输电线路对节点导纳矩阵的贡献为

$$
\begin{cases}
Y_{ii} = Y_{jj} = y_l + y_c \\
Y_{ij} = Y_{ji} = -y_l
\end{cases}
\qquad (2\text{-}37)
$$

图 2-6　输电线路口形等效电路

可以看出，输电线路的接地电容支路只对所在节点的自导纳有贡献，其值为接地电容支路的导纳 y_c；输电线路的串联阻抗支路为非接地普通支路，对两端节点对应的自导纳和互导纳共 4 个元素有贡献，对自导纳的贡献为支路的导纳 y_l，对互导纳的贡献为支路导纳的负值 $-y_l$。

（2）变压器。如果将变压器的并联励磁支路单独处理时，变压器的其他性能可以用它的漏抗串联一个无损理想变压器来表示。对于图 2-7（a）可列出如下变压器支路伏安关系：

$$\begin{cases} \dot{I}_i + k\dot{I}_j = 0 \\ \dot{U}_i - \dfrac{\dot{I}_i}{y_T} = \dfrac{1}{k}\dot{U}_j \end{cases}$$

整理得

$$\begin{cases} \dot{I}_i = y_T\dot{U}_i - \dfrac{y_T}{k}\dot{U}_j \\ \dot{I}_j = -\dfrac{y_T}{k}\dot{U}_i + \dfrac{y_T}{k^2}\dot{U}_j \end{cases} \tag{2-38}$$

则变压器支路对节点导纳矩阵的贡献为

$$\begin{cases} Y_{ii} = y_T, Y_{jj} = \dfrac{y_T}{k^2} \\ Y_{ij} = Y_{ji} = -\dfrac{y_T}{k} \end{cases} \tag{2-39}$$

式（2-38）也可写为

$$\begin{cases} \dot{I}_i = \dfrac{(k-1)y_T}{k}\dot{U}_i + \dfrac{y_T}{k}(\dot{U}_i - \dot{U}_j) \\ \dot{I}_j = \dfrac{(1-k)y_T}{k^2}\dot{U}_j + \dfrac{y_T}{k}(\dot{U}_j - \dot{U}_i) \end{cases} \tag{2-40}$$

式（2-38）可用图 2-7（b）的等效电路来表示。

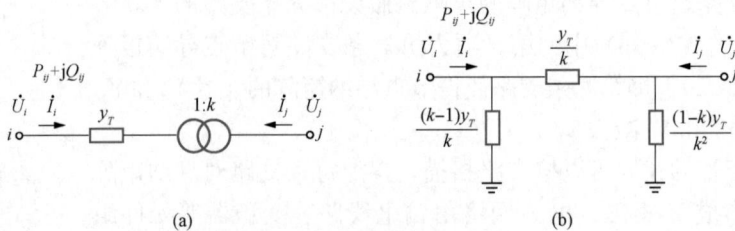

图 2-7　变压器的等效电路

（3）移相器。含有移相器的支路可表示为一个阻抗与一变比为复数的理想变压器的串联，假设变比为 k。由图 2-8（a）可得移相器支路的伏安关系为

$$\begin{cases} \dot{I}_i + \dot{I}'_j = 0 \\ \dot{U}_i - \dfrac{\dot{I}_i}{y_T} = \dot{U}'_j = \dfrac{\dot{U}_j}{k} \end{cases} \tag{2-41}$$

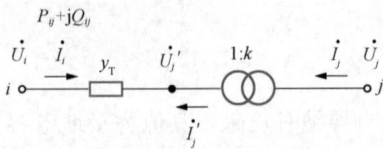

图 2-8　移相器的等效电路

由理想移相器两侧的功率守恒可得

$$\dot{U}'_j\hat{I}'_j = \dot{U}_j\hat{I}_j$$

式中，$\hat{I}'_j$、$\hat{I}_j$ 为 I'_j、I_j 的共轭。由上式可得为

$$\dot{I}'_j = \hat{k}\dot{I}_j$$

式中，$\hat{k}$ 为 $\dot{k}$ 的共轭。将上式代入式（2-41），得

$$\begin{cases} \dot{I}_i = y_T \dot{U}_i - \dfrac{y_T}{\dot{k}} \dot{U}_j \\[3mm] \dot{I}_j = -\dfrac{y_T}{\dot{k}} \dot{U}_i + \dfrac{y_T}{k^2} \dot{U}_j \end{cases} \tag{2-42}$$

移相器支路对节点导纳矩阵的贡献为

$$\begin{cases} Y_{ii} = y_T, Y_{jj} = \dfrac{y_T}{k^2} \\[3mm] Y_{ij} = -\dfrac{y_T}{\dot{k}}, Y_{ji} = \dfrac{y_T}{\dot{k}} \end{cases} \tag{2-43}$$

由于移相器变比为复数，$Y_{ij} \neq Y_{ji}$，则没有类似图 2-7（b）的等效电路。含有移相器的电力网络的节点导纳矩阵是不对称的。

（4）互感支路。具有互感的支路，应将互感支路组成一组，共同考虑它们对节点导纳矩阵的贡献。对于图 2-9 的互感支路组（l，k），可用支路阻抗矩阵列写出如下方程

$$\begin{bmatrix} \dot{U}_i - \dot{U}_j \\ \dot{U}_p - \dot{U}_q \end{bmatrix} = \begin{bmatrix} z_l & z_m \\ z_m & z_k \end{bmatrix} \begin{bmatrix} \dot{I}_i \\ \dot{I}_p \end{bmatrix} = Z_{lk} \begin{bmatrix} \dot{I}_i \\ \dot{I}_p \end{bmatrix} \tag{2-44}$$

以及

$$\dot{I}_j = -\dot{I}_i, \ \dot{I}_q = -\dot{I}_p \tag{2-45}$$

式中，Z_{lk} 为互感支路组阻抗矩阵。如下将互感支路组的支路阻抗矩阵变成支路导纳矩阵：

$$Y_{lk} = Z_{lk}^{-1} = \begin{bmatrix} z_l & z_m \\ z_m & z_k \end{bmatrix}^{-1} = \begin{bmatrix} y_l & y_m \\ y_m & y_k \end{bmatrix} \tag{2-46}$$

式中，Y_{ik} 为互感支路组的原始支路导纳矩阵。将式（2-46）代入式（2-44）、式（2-45），整理得

$$\begin{bmatrix} \vdots \\ \dot{I}_i \\ \vdots \\ \dot{I}_j \\ \vdots \\ \dot{I}_p \\ \vdots \\ \dot{I}_q \\ \vdots \end{bmatrix} \begin{matrix} & i & j & p & q \\ \begin{bmatrix} \vdots & \vdots & \vdots & \vdots \\ \cdots & y_l & \cdots & -y_l & \cdots & y_m & \cdots & -y_m & \cdots \\ \vdots & \vdots & \vdots & \vdots \\ \cdots & -y_l & \cdots & y_l & \cdots & -y_m & \cdots & y_m & \cdots \\ \vdots & \vdots & \vdots & \vdots \\ \cdots & y_m & \cdots & -y_m & \cdots & y_k & \cdots & -y_k & \cdots \\ \vdots & \vdots & \vdots & \vdots \\ \cdots & -y_m & \cdots & y_m & \cdots & -y_k & \cdots & y_k & \cdots \\ \vdots & \vdots & \vdots & \vdots \end{bmatrix} \end{matrix} \begin{bmatrix} \vdots \\ \dot{U}_i \\ \vdots \\ \dot{U}_j \\ \vdots \\ \dot{U}_p \\ \vdots \\ \dot{U}_q \\ \vdots \end{bmatrix} \tag{2-47}$$

从式（2-47）可知，互感支路组对节点导纳矩阵的贡献分别在 i，j，P，q 行和列对应的 16 个元素上，互感支路组对电力网络节点导纳矩阵的贡献不会改变节点导纳矩阵的对称性。如果用关联矢量列写互感支路组对节点导纳矩阵的贡献，则写为

$$\begin{bmatrix} M_l & M_k \end{bmatrix} \begin{bmatrix} y_l & y_m \\ y_m & y_k \end{bmatrix} \begin{bmatrix} M_l \\ M_k \end{bmatrix}^T = M_l y_l M_l^T + M_l y_m M_k^T + M_k y_m M_l^T + M_k y_k M_k^T \tag{2-48}$$

現代电力系统分析

图 2-9 互感支路

（5）节点导纳矩阵的修改。

1）支路移去和添加。当支路 l 从网络中移出，则导纳矩阵将变成 Y'。移去支路 l，相当于在支路 l 两端新增一条导纳为 $-y_l$ 的支路，根据式（2-36）有

$$Y' = Y - M_l y_l M_l^T \tag{2-49}$$

若移去的支路 l 是原网络的一个连支，Y' 的阶数不变且仍保持非奇异。当 l 是一孤立树支，即其一个端点出线度是 1 时，Y' 中将有一行一列的元素全为零，将元素全为零的一行一列划去，导纳矩阵的阶数减 1。当支路 l 是桥时，若支路 l 移去，由支路 l 连接的两个子网络解列。

对于支路 l 添加到网络中的情况，则有

$$Y' = Y + M_l y_l M_l^T \tag{2-50}$$

若增加的支路 l 是一连支，Y' 的阶数不变。当 l 是一孤立树支，即其一个端点出线度是 1 时，Y' 的阶数加 1。

2）节点合并。假设图 2-10 中电力网络的节点 p，q 合并，形成一个新节点 p'。节点合并后，网络 N 的节点数减少，此时有电流关系 $\dot{I}_p + \dot{I}_q = \dot{I}'_p$，相当于式（2-34）中将第 q 个方程加到第 p 个方程上，并划去第 q 个方程，原先的 p 节点记为 p' 节点。同时，$\dot{U}_p = \dot{U}_q = \dot{U}'_p$，即式（2-34）中每个方程右边的第 p 项和第 q 项也可以合并。即，原来 Y 的第 q 行加于第 p 行并划去第 q 行，第 q 列加于第 p 列并划去第 q 列，由此形成节点合并后的节点导纳矩阵。导纳矩阵的阶数减 1，奇异性不变。

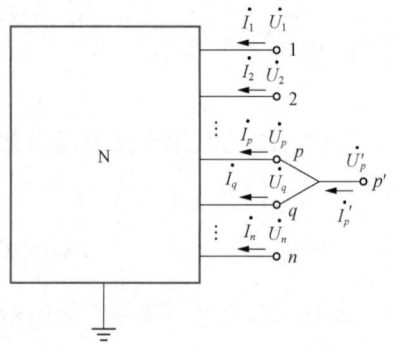

另外一个方法可以用在节点 p，q 之间追加一个大导纳支路来模拟，这种方法不改变导纳矩阵的阶次。

图 2-10 节点合并

3）节点消去。网络化简常需要消去某些节点，可将网络中的节点重新排列，使消去节点排在前面。将节点电压、节点注入电流和 Y 进行分块，待消去节点和保留节点对应的块分别用下标 1 和 2 表示，有

$$\begin{bmatrix} \dot{I}_1 \\ \dot{I}_2 \end{bmatrix} = \begin{bmatrix} Y_{11} & Y_{12} \\ Y_{21} & Y_{22} \end{bmatrix} = \begin{bmatrix} \dot{U}_1 \\ \dot{U}_2 \end{bmatrix} \tag{2-51}$$

其中

$$Y = \begin{bmatrix} Y_{11} & Y_{12} \\ Y_{21} & Y_{22} \end{bmatrix}$$

$\dot{U}_1$、$\dot{I}_1$ 分别为消去节点的电压、电流向量，$\dot{U}_2$、$\dot{I}_2$ 分别为剩余节点的电压、电流向量。

由式（2-51）得

$$\begin{cases} \dot{I}_1 = Y_{11}\dot{U}_1 + Y_{12}\dot{U}_2 \\ \dot{I}_2 = Y_{21}\dot{U}_1 + Y_{22}\dot{U}_2 \end{cases} \tag{2-52}$$

54

将分块 1 中的节点消去也就是使方程式中不再出现节点电压向量 $\dot{U}_1$。式（2-52）经变换后得

$$(Y_{22} - Y_{21}Y_{11}^{-1}Y_{12})\dot{U}_2 = Y'\dot{U}_2 = \dot{I}_2 - Y_{21}Y_{11}^{-1}\dot{I}_1 \qquad (2-53)$$

即，节点消去之后的网络节点导纳矩阵为

$$Y' = Y_{22} - Y_{21}Y_{11}^{-1}Y_{12} \qquad (2-54)$$

消去后，原先在分块 1 中节点上的注入电流以 $-Y_{21}Y_{11}^{-1}\dot{I}_1$ 移到相邻节点上。

以消去节点 p 为例，式（2-54）展开得消去 p 后的节点导纳矩阵的元素为

$$y'_{ij} = y_{ij} - \frac{y_{ip}y_{pj}}{y_{pp}} \qquad (2-55)$$

消去节点 p 只需对 Y 阵中与 p 有支路直接相连的节点之间的元素进行修正，其他节点之间的元素不用修正。消去节点不影响导纳矩阵的奇异性。

4）变压器变比发生变化的情况。当变压器变比发生变化时，节点导纳矩阵的结构不发生变化，只是和该变压器支路有关的几个非零元素的数值将发生变化。这种情况可采用先将原变压器支路从电网中移去，再将新变比下变压器支路添加进去的方法修改导纳矩阵。

5）一条支路导纳参数发生变化的情况。支路导纳发生变化，原来的节点导纳矩阵的结构不变，节点导纳矩阵中和该支路有关的 4 个元素的数值发生变化。这种情况可采用先将原支路从电网中移去，再将新支路添加进去的方法修改导纳矩阵。

6）移去和添加带互感支路的情况。这种情况同样可用 4）和 5）中采用的移去添加方法得到修改后的导纳矩阵。

3. 节点导纳矩阵的性质

由上述分析可知，节点导纳矩阵具有如下性质：

性质 1：当电力网络中无移相器时，Y 是 $n \times n$ 阶对称矩阵。

性质 2：Y 是稀疏矩阵。

性质 3：当存在接地支路或网络中至少有一条支路与参考节点相连时，Y 是非奇异的。Y 的每行元素之和等于该行所对应节点上的接地支路的导纳。这里非标准变比变压器支路用 Ⅱ 形等效模型表示。

性质 4：Y 是接近对角占优的。

2.4 无 源 网 络 参 数

2.4.1 二端口网络

二端口网络的定义，当一个电路与外部电路通过两个端口连接时称此电路为二端口网络。如图 2-11 所示电路具有四个对外引出端子，即两对满足端口条件的端口：从端子 1 流入的电流等于从端子 1′流出的电流，从端子 2 流入的电流等于从端子 2′流出的电流。

四端网络：向外伸出的 4 个端子上的电流不满足上述端口条件的限制。

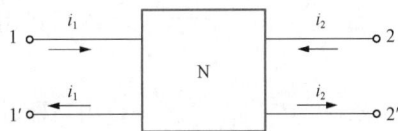

图 2-11 二端口网络

二端口一定是四端网络，四端网络不一定是二端口。

2.4.2 二端口网络的参数和方程

本章讨论的二端口是由线性电阻、电感、电容和线性受控源组成，不含任何独立电源。如图 2-12 所示为一线性二端口。

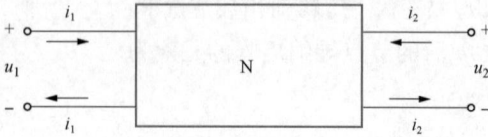

图 2-12 二端口模型

1. Y 参数方程

用 $\dot{U}_1$，$\dot{U}_2$ 表示 $\dot{I}_1$，$\dot{I}_2$ 的方程如式（2-56）。

$$\begin{cases} \dot{I}_1 = Y_{11}\dot{U}_1 + Y_{12}\dot{U}_2 \\ \dot{I}_2 = Y_{21}\dot{U}_1 + Y_{22}\dot{U}_2 \end{cases} \quad (2-56)$$

式（2-56）中：

$Y_{11} = \dfrac{\dot{I}_1}{\dot{U}_1}\bigg|_{\dot{U}_2=0}$ ————入口的驱动点导纳；

$Y_{21} = \dfrac{\dot{I}_2}{\dot{U}_1}\bigg|_{\dot{U}_2=0}$ ————出口与入口之间的转移导纳；

$Y_{12} = \dfrac{\dot{I}_1}{\dot{U}_2}\bigg|_{\dot{U}_1=0}$ ————入口与出口之间的转移导纳；

$Y_{22} = \dfrac{\dot{I}_2}{\dot{U}_2}\bigg|_{\dot{U}_1=0}$ ————出口的驱动点导纳。

由于以上参数是在入口和出口分别短路情况下的参数，所以称为短路参数。对于线性不包含独立电源，也不包含受控源的网络，$Y_{12}=Y_{21}$，只有三个独立参数，又称互易双口；又当 $Y_{11}=Y_{22}$ 时，称为对称双口，只有两个独立参数。

2. Z 参数方程

用 $\dot{I}_1$，$\dot{I}_2$ 表示 $\dot{U}_1$，$\dot{U}_2$ 的方程见式（2-57）。

$$\begin{cases} \dot{U}_1 = Z_{11}\dot{I}_1 + Z_{12}\dot{I}_2 \\ \dot{U}_2 = Z_{21}\dot{I}_1 + Z_{22}\dot{I}_2 \end{cases} \quad (2-57)$$

式（2-57）中：

$Z_{11} = \dfrac{\dot{U}_1}{\dot{I}_1}\bigg|_{\dot{I}_2=0}$ ————入口驱动点阻抗；

$Z_{21} = \dfrac{\dot{U}_2}{\dot{I}_1}\bigg|_{\dot{I}_2=0}$ ————出口对入口的转移阻抗；

$Z_{12} = \dfrac{\dot{U}_1}{\dot{I}_2}\bigg|_{\dot{I}_1=0}$ ————入口对出口的转移阻抗；

$Z_{22} = \dfrac{\dot{U}_2}{\dot{I}_2}\bigg|_{\dot{I}_1=0}$ ————出口驱动点阻抗。

对于互易双口，$Z_{12}=Z_{21}$，只有三个独立参数；

对于对称双口，$Z_{11}=Z_{22}$，只有两个独立参数。

由于 Z 参数是把入口、出口分别开路时得到的，所以又称为开路参数。

3. T 参数方程

用 $\dot{I}_2$，$\dot{U}_2$ 表示 $\dot{I}_1$，$\dot{U}_1$ 表示方程见式（2 - 58）。

$$\begin{cases} \dot{U}_1 = A\dot{U}_2 + B(-\dot{I}_2) \\ \dot{I}_1 = C\dot{U}_2 + D(-\dot{I}_2) \end{cases} \qquad (2 - 58)$$

式（2 - 58）中：

$A = \left. \dfrac{\dot{U}_1}{\dot{U}_2} \right|_{\dot{I}_2=0}$ ————入口对出口的电压比值；

$C = \left. \dfrac{\dot{I}_1}{\dot{U}_2} \right|_{\dot{I}_2=0}$ ————入口对出口的转移导纳；

$B = \left. \dfrac{\dot{U}_1}{-\dot{I}_2} \right|_{\dot{U}_2=0}$ ————入口对出口的转移阻抗；

$D = \left. \dfrac{\dot{I}_1}{-\dot{I}_2} \right|_{\dot{U}_2=0}$ ————入口对出口的电流比值。

于互易双口，$AD-BC=1$，只有三个独立参数；

对于对称双口，又有 $A=D$，只有两个独立参数。

4. H 参数方程

用 $\dot{U}_2$，$\dot{I}_1$ 表示 $\dot{U}_1$，$\dot{I}_2$ 表示方程见式（2 - 59）。

$$\begin{cases} \dot{U}_1 = H_{11}\dot{I}_1 + H_{12}\dot{U}_2 \\ \dot{I}_2 = H_{21}\dot{I}_1 + H_{22}\dot{U}_2 \end{cases} \qquad (2 - 59)$$

式（2 - 59）中：

$H_{11} = \left. \dfrac{\dot{U}_1}{\dot{I}_1} \right|_{\dot{U}_2=0}$ ————入口驱动点阻抗；

$H_{21} = \left. \dfrac{\dot{I}_2}{\dot{I}_1} \right|_{\dot{U}_2=0}$ ————出口对入口的电流比；

$H_{12} = \left. \dfrac{\dot{U}_1}{\dot{U}_2} \right|_{\dot{I}_1=0}$ ————入口对出口的电压比；

$H_{22} = \left. \dfrac{\dot{I}_1}{\dot{U}_2} \right|_{\dot{I}_1=0}$ ————入口对出口的转移导纳。

对于互易双口，$H_{12}=-H_{21}$，只有三个独立参数；

对于对称双口，$H_{11}H_{22}-H_{12}H_{21}=1$，只有两个独立参数。

2.4.3 二端口的连接

二端口有三种常见的联结方式，即串联、并联、级联。如图 2 - 13 所示 。

级联：　　　　　　　　　　　　$T=T_1 T_2$ 　　　　　　　　　　　（2 - 60）

串联：　　　　　　　　　　　　$Z=Z_1+Z_2$ 　　　　　　　　　　（2 - 61）

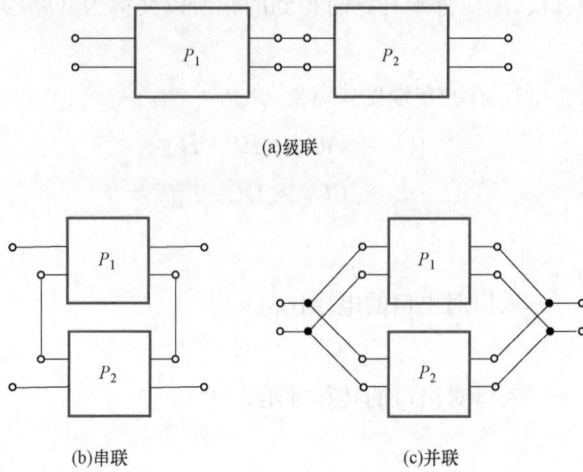

(a)级联

(b)串联   (c)并联

图 2-13 二端口的连接

并联：
$$Y = Y_1 + Y_2 \qquad\qquad (2-62)$$

习题

1. 在电力网络分析中，对于包含 N 个节点 b 条支路的连通图 G，基本回路的个数为（   ）。

A. $b-N+1$ B. $b-N$ C. $b-N-1$ D. b

2. 节点的度是指（   ）。

A. 节点数目 $+1$ B. 节点数目 $+2$

C. 节点数目 -1 D. 节点关联的支路数

3. 在图论中，连通图是指（   ）。

A. 任何一对顶点之间至少有一条路径的图

B. 任何一对顶点之间至少有两条路径的图

C. 任何一对顶点之间至少有三条路径的图

D. 以上说法均不对

4. 在图论中，有向图是指（   ）。

A. 任意一条支路都有规定的方向

B. 每一条支路都有规定的方向

C. 两条及以上的支路有规定的正方向

D. 以上均不对

5. 在节-支关联矩阵中，$a_{jk}=+1$ 表示（   ）。

A. 第 k 条支路与第 j 个节点相关联，且支路方向离开节点 j

B. 第 k 条支路与第 j 个节点相关联，且支路方向指向节点 j

C. 第 k 条支路与第 j 个节点无关

D. 以说法均不对

6. 在回-支关联矩阵中，$b_{ij}=+1$ 表示（   ）。

A. 第 j 条支路与第 i 个基本回路相关联，且支路方向与基本回路方向相同

B. 第 j 条支路与第 i 个基本回路相关联，且支路方向与基本回路方向相反

C. 第 j 条支路与第 i 个基本回路无关

D. 以上说法均不对

7. 割 - 支关联矩阵 $q_{jk} = -1$ 时，表示（　　）。

A. 支路 k 在基本割集 j 中，且方向相反

B. 支路 k 在基本割集 j 中，且方向相同

C. 支路 k 不在基本割集 j 中

D. 以上均不对

8. 无源网络参数中，传输参数 A，B，C，D 的关系为（　　）。

A. AB＋CD＝1　　　　B. AD－BC＝1　　　　C. AC－BD＝1　　　　D. BC－AD＝1

9. 如图所示双口网络的开路电阻参数为（　　）。

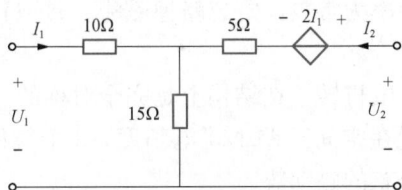

第 9 题图

A. $\begin{bmatrix} 25 & 15 \\ 17 & 20 \end{bmatrix}$　　　　B. $\begin{bmatrix} 25 & 20 \\ 17 & 20 \end{bmatrix}$　　　　C. $\begin{bmatrix} 25 & 17 \\ 17 & 15 \end{bmatrix}$　　　　D. $\begin{bmatrix} 15 & 25 \\ 17 & 20 \end{bmatrix}$

10. 如图所示双口网络的传输参数为（　　）。

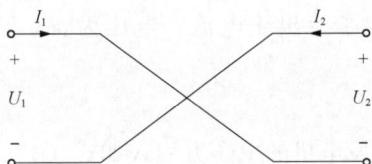

第 10 题图

A. $\begin{bmatrix} -1 & 0 \\ 0 & -1 \end{bmatrix}$　　　　B. $\begin{bmatrix} -1 & 1 \\ 0 & -1 \end{bmatrix}$　　　　C. $\begin{bmatrix} -1 & 1 \\ 1 & -1 \end{bmatrix}$　　　　D. $\begin{bmatrix} 1 & 1 \\ 10 & -1 \end{bmatrix}$

第3章

发电机组和负荷模型

3.1   同步电机数学模型

发电机组和负荷是电力系统的重要组成部分，要分析它们的动态特性必须建立相应的数学模型，其中发电机组的数学模型包括同步电机、励磁调节系统、原动机及调速系统的数学模型。

1. 理想电机的基本假设

（1）电机磁铁部分的磁导率为常数，既忽略掉磁滞、磁饱和的影响，也不计涡流及集肤效应等的影响。

（2）对纵轴及横轴而言，电机转子在结构上是完全对称的。

（3）定子3个绕组的位置在空间互差120°电角度，3个绕组在结构上完全相同。同时，它们均在气隙中产生正弦形分布的磁动势。

（4）定子及转子的槽及通风沟等不影响电机定子及转子的电感，即认为电机的定子及转子具有光滑的表面。

2. 同步发电机模型正方向的规定

凸极发电机的示意图如图3-1所示，磁链、电压、电流正方向的定义为：磁链正方向在绕组的轴线上，q轴超前d轴90°；定子正电流产生负磁链；转子正电流产生正磁链（转子方程符合右手螺旋定则）；定子流出正电流，电压为正；转子侧绕组流入正电流，电压为正。

3. 同步发电机的电压方程

如图3-2所示，列写同步发电机的电压方程式如式（3-1）所示。

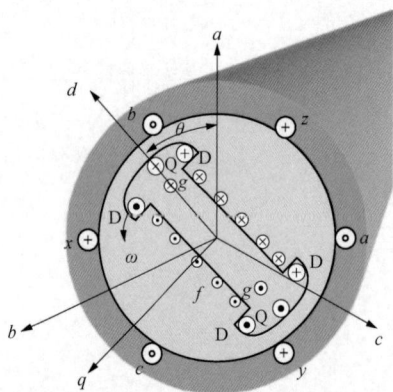

图3-1   凸极发电机的示意图

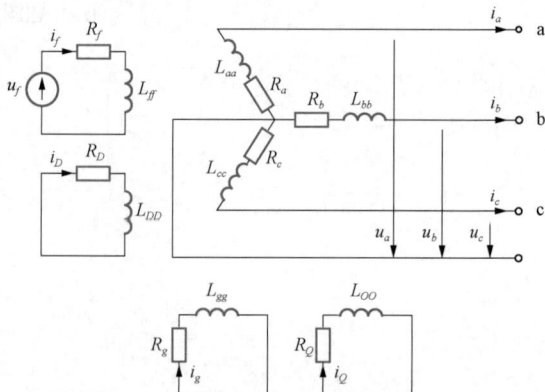

图3-2   发电机的绕组示意图

$$\begin{bmatrix} u_a \\ u_b \\ u_c \\ u_f \\ 0 \\ 0 \\ 0 \end{bmatrix} = \begin{bmatrix} r_a & 0 & 0 & 0 & 0 & 0 & 0 \\ 0 & r_b & 0 & 0 & 0 & 0 & 0 \\ 0 & 0 & r_c & 0 & 0 & 0 & 0 \\ 0 & 0 & 0 & R_f & 0 & 0 & 0 \\ 0 & 0 & 0 & 0 & R_D & 0 & 0 \\ 0 & 0 & 0 & 0 & 0 & R_g & 0 \\ 0 & 0 & 0 & 0 & 0 & 0 & R_Q \end{bmatrix} \begin{bmatrix} -i_a \\ -i_b \\ -i_c \\ i_f \\ i_D \\ i_g \\ i_Q \end{bmatrix} + \begin{bmatrix} p\psi_a \\ p\psi_b \\ p\psi_c \\ p\psi_f \\ p\psi_D \\ p\psi_g \\ p\psi_Q \end{bmatrix} \qquad (3-1)$$

式（3-1）中，r_a、r_b、r_c 为定子 a、b、c 绕组的电阻；R_f、R_D、R_g、R_Q 分别为励磁绕组的电阻、直轴阻尼绕组的电阻、交轴 g 绕组的电阻、交轴阻尼绕组的电阻；p 为微分算子，ψ_a、ψ_b、ψ_c 为定子 a，b，c 绕组的磁链；ψ_f、ψ_D、ψ_g、ψ_Q 为励磁绕组、直轴阻尼绕组、g 绕组、交轴阻尼绕组的磁链。

$$u = p\psi - ri \qquad (3-2)$$

4. 磁链方程

$$\begin{bmatrix} \psi_a \\ \psi_b \\ \psi_c \\ \psi_f \\ \psi_D \\ \psi_g \\ \psi_Q \end{bmatrix} = \begin{bmatrix} L_{aa} & L_{ab} & L_{ac} & L_{af} & L_{aD} & L_{ag} & L_{aQ} \\ L_{ba} & L_{bb} & L_{bc} & L_{bf} & L_{bD} & L_{bg} & L_{bQ} \\ L_{ca} & L_{cb} & L_{cc} & L_{cf} & L_{cD} & L_{cg} & L_{cQ} \\ L_{fa} & L_{fb} & L_{fc} & L_{ff} & L_{fD} & L_{fg} & L_{fQ} \\ L_{Da} & L_{Db} & L_{Dc} & L_{Df} & L_{DD} & L_{Dg} & L_{DQ} \\ L_{ga} & L_{gb} & L_{gc} & L_{gf} & L_{gD} & L_{gg} & L_{gQ} \\ L_{Qa} & L_{Qb} & L_{Qc} & L_{Qf} & L_{QD} & L_{Qg} & L_{QQ} \end{bmatrix} \begin{bmatrix} -i_a \\ -i_b \\ -i_c \\ i_f \\ i_D \\ i_g \\ i_Q \end{bmatrix} \qquad (3-3)$$

$$\boldsymbol{\Psi} = \boldsymbol{L}_{(7\times7)}\boldsymbol{i} \qquad (3-4)$$

5. 同步发电机的电感系数

如图 3-3 所示，取转子 d 轴与 a 相绕组磁轴之间的电角度 θ 为变量；假定定子电流所产生的磁动势以及定子绕组与转子绕组间的互磁通在空间均按正弦规律分布。

定子各相绕组的自感和绕组间的互感为

$$L_{aa} = L_0 + l_2\cos2\theta \qquad (3-5)$$
$$L_{bb} = L_0 + l_2\cos2(\theta-2\pi/3) \qquad (3-6)$$
$$L_{cc} = L_0 + l_2\cos2(\theta+2\pi/3) \qquad (3-7)$$
$$L_{ab} = -[m_0 + m_2\cos2(\theta+\pi/6)] \qquad (3-8)$$
$$L_{bc} = -[m_0 + m_2\cos2(\theta-\pi/2)] \qquad (3-9)$$
$$L_{ca} = -[m_0 + m_2\cos2(\theta+5\pi/6)] \qquad (3-10)$$

注意：在理想化假设条件下，可以证明：$l_2 = m_2$。对于隐极电机，上列自感和互感均为常数。

定子绕组与转子绕组间的互感，即

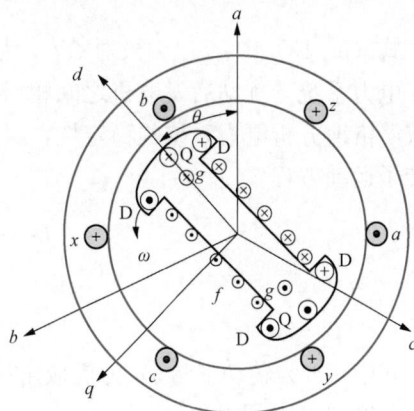

图 3-3　凸极发电机的定转子示意图

$$L_{af} = m_{af}\cos\theta \left.\begin{array}{c}\\\\\end{array}\right\} , \quad L_{aD} = m_{aD}\cos\theta \left.\begin{array}{c}\\\\\end{array}\right\}$$
$$L_{bf} = m_{af}\cos(\theta - 2\pi/3) \qquad L_{bD} = m_{aD}\cos(\theta - 2\pi/3)$$
$$L_{cf} = m_{af}(\theta + 2\pi/3) \qquad L_{cD} = m_{cD}\cos(\theta + 2\pi/3)$$

$$L_{ag} = -m_{ag}\sin\theta \left.\begin{array}{c}\\\\\end{array}\right\} , \quad L_{aQ} = -m_{aQ}\sin\theta \left.\begin{array}{c}\\\\\end{array}\right\}$$
$$L_{bg} = -m_{ag}\sin(\theta - 2\pi/3) \qquad L_{bQ} = -m_{aQ}\sin(\theta - 2\pi/3)$$
$$L_{cg} = -m_{ag}\sin(\theta + 2\pi/3) \qquad L_{cQ} = -m_{aQ}\sin(\theta + 2\pi/3)$$

由于转子各绕组与转子一起旋转，无论凸极或隐极电机，这些绕组的磁路情况都不因转子位置的改变而变化，因此这些绕组的自感和它们间的互感都是常数。

$$L_{ff} = L_f, \ L_{DD} = L_D, \ L_{gg} = L_g$$
$$L_{QQ} = L_Q, \ L_{fD} = M_{fD}, \ L_{gQ} = M_{gQ}$$
$$L_{fg} = L_{fQ} = L_{Dg} = L_{DQ} = 0$$

电感系数矩阵是对称矩阵，即

$$L(\theta) = \begin{bmatrix} L_{SS}(\theta) & L_{SR}(\theta) \\ L_{RS}(\theta) & L_{RR}(\theta) \end{bmatrix} \tag{3-11}$$

其中 $L_{SS}(\theta)$ 是时变的，周期为 π，是由发电机的凸极性引起的；$L_{SR}(\theta)$ 与 $L_{RS}(\theta)$ 是时变的，周期为 2π，是由发电机的定转子相对运动引起的；$L_{RR}(\theta)$ 是常数或 0。

上述磁链方程中，由于转子绕组相对于定子绕组旋转；转子仅对 d、q 轴对称，造成定、转子绕组间互感，定子自、互感周期性变化，仅有转子绕组自感和转子绕组间互感为常数。因此 abc 坐标下的同步发电机基本方程是时变系数微分方程，很难求解。

6. 发电机的功率、力矩及转子运动方程

定子绕组输出三相瞬时电功率为

$$P_{out} = u_a i_a + u_b i_b + u_c i_c \tag{3-12}$$

电磁转矩方程为：

$$T_e = -p_p \frac{1}{2} i^T \frac{\mathrm{d}[L(\theta)]}{\mathrm{d}\theta} i \tag{3-13}$$

式（3-13）中：p_p 为极对数；i 为电流；$L(\theta)$ 为电感系数。

电力系统受扰动后发电机之间相对运动的特性，表征电力系统稳定的性质。为了较准确和较严格地分析电力系统的稳定性，必须首先建立描述发电机转子运动的动态方程——发电机转子运动方程。

$$J\alpha = J\frac{\mathrm{d}\omega_m}{\mathrm{d}t} = T_m - T_e \tag{3-14}$$

$$\frac{\mathrm{d}\theta_m}{\mathrm{d}t} = \omega_m \tag{3-15}$$

式中：J 为转动惯量；α 为机械角加速度；ω_m 为机械角速度；θ_m 为机械角度；T_m 为机械转矩；T_e 为电磁转矩。

实际分析时一般取电角度 θ 和电角速度 ω 为变量，它们与机械角度 θ、机械角速度 ω_m 间的关系为：

$$\theta_m = \frac{\theta}{p_p} \quad \omega_m = \frac{\omega}{p_p} \tag{3-16}$$

$$\frac{1}{p_p} J \frac{d\omega}{dt} = T_m - T_e \tag{3-17}$$

$$\frac{d\theta}{dt} = \omega$$

$$M_B = \frac{S_B}{\omega_{mN}} \tag{3-18}$$

额定转速下的转子动能：$W_k = \frac{1}{2} J \omega_{mN}^2$，则：

$$J \frac{d\omega_m}{dt} = \frac{2W_k}{\omega_{mN}^2} \frac{d\omega_m}{dt} = T_m - T_e \tag{3-19}$$

$$\frac{\frac{2W_k}{\omega_{mN}^2}}{\frac{S_B}{\omega_{mN}}} \frac{d\omega_m}{dt} = \frac{2W_k}{S_B \omega_{mN}} \frac{d\omega_m}{dt} = \frac{2W_k}{S_B \omega_N} \frac{d\omega}{dt} = T_{m*} - T_{e*} \tag{3-20}$$

上式即为标幺值下的转子运动方程，取惯性时间常数为：

$$T_J = \frac{2W_k}{S_B} \tag{3-21}$$

则：

$$\frac{T_J}{\omega_N} \frac{d\omega}{dt} = T_{m*} - T_{e*} \tag{3-22}$$

计及

$$\frac{d\delta}{dt} = \omega - \omega_N$$

以同步旋转轴为参考轴，如图 3-4 所示。

$$\delta = \theta - \theta_N$$

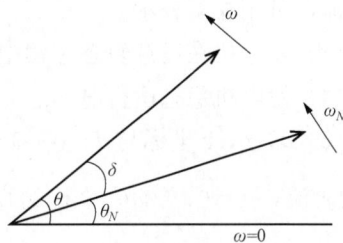

图 3-4　凸极发电机的转子示意图

标幺值下转子运动方程为：

$$\begin{cases} \dfrac{d\delta}{dt} = \omega - \omega_N \\[2mm] \dfrac{d\omega}{dt} = \dfrac{\omega_N}{T_J}(T_{m*} - T_{e*}) \end{cases} \quad \begin{cases} \dfrac{d\delta_*}{dt_*} = (\omega_* - 1) \\[2mm] \dfrac{d\omega_*}{dt_*} = \dfrac{1}{T_{J*}}(T_{m*} - T_{e*}) \end{cases} \tag{3-23}$$

3.2　派　克　变　换

3.2.1　同步发电机的原始电压方程

发电机定子电压方程为

$$\begin{cases} u = \dfrac{d\varphi}{dt} + Ri = \dfrac{dL(\theta)}{dt} i + L(\theta) \dfrac{di}{dt} + Ri \\[2mm] \varphi = L(\theta) i \end{cases} \tag{3-24}$$

式（3-24）是变系数的微分方程组。

常采用坐标变换方法，使之在新的坐标系下得出一组常系数方程式。1928 年美国工程师 Park 提出的 d、q、0 坐标系是这类坐标系中的一种，它将定子电流、电压和磁链

現代电力系统分析

的三相分量通过相同的坐标变换矩阵分别变换成 d、q、0 三个分量，其 d、q、0 坐标系统是 d、q 二相旋转坐标系统＋0 轴系统，仅对定子 abc 三相分量进行变换。这使得电机模型取得巨大的突破。

3.2.2 Park 变化后的同步发电机的电压方程

1. 经典变换矩阵

$$P = \frac{2}{3}\begin{bmatrix} \cos\theta & \cos(\theta-120°) & \cos(\theta+120°) \\ -\sin\theta & -\sin(\theta-120°) & -\sin(\theta+120°) \\ \frac{1}{2} & \frac{1}{2} & \frac{1}{2} \end{bmatrix} \tag{3-25}$$

即 $i_{dq0}=Pi_{abc}$，$u_{dq0}=Pu_{abc}$，$\psi_{dq0}=P\psi_{abc}$。

关于 Park 变换的几点说明：

（1）经 Park 变换后零轴分量，与三相电流瞬时值之和成正比，当发电机中性点绝缘时 i_0 总为 0。

（2）零轴电流不是零序电流，零轴电流对应的是瞬时值电流，零序电流对应的是基频周期电流，可用相量表示。

（3）发电机在任意暂态过程中时，i_d、i_q 不是常数。

（4）发电机稳态运行时，i_d、i_q 均为常数，i_0 为 0。

（5）a，b，c 坐标与 d，q，0 坐标交直流电流互换的规律：①abc 的正序基频交流对应 dq 的直流，$i_0=0$；②abc 坐标的直流对应 dq 坐标的基频交流，$i_0=\frac{1}{3}(i_a+i_b+i_c)$；③$abc$ 坐标的二倍频交流对应 dq 坐标的基频交流，$i_0=0$；④abc 坐标的负序基频分量对应 dq 坐标的二倍频交流，$i_0=0$。

（6）Park 变换前后，发电机气隙的电枢反应磁场不变。

（7）Park 变换是线性坐标变换。

2. Park 逆变换矩阵

$$P^{-1} = \begin{bmatrix} \cos\theta & -\sin\theta & 1 \\ \cos(\theta-120°) & -\sin(\theta-120°) & 1 \\ \cos(\theta+120°) & -\sin(\theta+120°) & 1 \end{bmatrix} \tag{3-26}$$

3. Park 正交变化矩阵

$$P = \sqrt{\frac{2}{3}}\begin{bmatrix} \cos\theta & \cos(\theta-120°) & \cos(\theta+120°) \\ -\sin\theta & -\sin(\theta-120°) & -\sin(\theta+120°) \\ \frac{1}{\sqrt{2}} & \frac{1}{\sqrt{2}} & \frac{1}{\sqrt{2}} \end{bmatrix} \tag{3-27}$$

4. Park 正交逆变化矩阵

$$P^{-1} = \sqrt{\frac{2}{3}}\begin{bmatrix} \cos\theta & -\sin\theta & 1 \\ \cos(\theta-120°) & -\sin(\theta-120°) & 1 \\ \cos(\theta+120°) & -\sin(\theta+120°) & 1 \end{bmatrix} \tag{3-28}$$

磁链方程的坐标变换为：

$$\begin{bmatrix} \boldsymbol{\Psi}_{abc} \\ \boldsymbol{\Psi}_{fDgQ} \end{bmatrix} = \begin{bmatrix} L_{SS} & L_{SR} \\ L_{RS} & L_{RR} \end{bmatrix} \begin{bmatrix} -i_{abc} \\ i_{fDgQ} \end{bmatrix}$$

$$\begin{bmatrix} \boldsymbol{\Psi}_{dq0} \\ \boldsymbol{\Psi}_{fDgQ} \end{bmatrix} = \begin{bmatrix} P & 0 \\ 0 & 1 \end{bmatrix} \begin{bmatrix} \boldsymbol{\Psi}_{abc} \\ \boldsymbol{\Psi}_{fDgQ} \end{bmatrix} = \begin{bmatrix} P & 0 \\ 0 & 1 \end{bmatrix} \begin{bmatrix} L_{SS} & L_{SR} \\ L_{RS} & L_{RR} \end{bmatrix} \begin{bmatrix} P^{-1} & 0 \\ 0 & 1 \end{bmatrix} \begin{bmatrix} P & 0 \\ 0 & 1 \end{bmatrix} \begin{bmatrix} -i_{abc} \\ i_{fDgQ} \end{bmatrix}$$

$$= \begin{bmatrix} PL_{SS}\,P^{-1} & PL_{SR} \\ L_{SR}P^{-1} & L_{RR} \end{bmatrix} \begin{bmatrix} -i_{dq0} \\ i_{fDgQ} \end{bmatrix} \tag{3-29}$$

Park 变换后的磁链方程为:

$$\begin{bmatrix} \psi_d \\ \psi_q \\ \psi_0 \\ \psi_f \\ \psi_D \\ \psi_g \\ \psi_Q \end{bmatrix} \begin{bmatrix} L_d & 0 & 0 & m_{af} & m_{aD} & 0 & 0 \\ 0 & L_q & 0 & 0 & 0 & m_{ag} & m_{aQ} \\ 0 & 0 & L_0 & 0 & 0 & 0 & 0 \\ \frac{3}{2}m_{af} & 0 & 0 & L_f & M_{fD} & 0 & 0 \\ \frac{3}{2}m_{aD} & 0 & 0 & M_{fD} & L_D & 0 & 0 \\ 0 & 0 & \frac{3}{2}m_{ag} & 0 & 0 & L_g & M_{gQ} \\ 0 & 0 & \frac{3}{2}m_{aQ} & 0 & 0 & L_{gQ} & M_Q \end{bmatrix} \begin{bmatrix} -i_d \\ -i_q \\ -i_0 \\ -i_f \\ -i_D \\ -i_g \\ -i_Q \end{bmatrix} \tag{3-30}$$

式中:

$$L_d = l_0 + m_0 + \frac{3}{2}l_2 \tag{3-31}$$

$$L_q = l_0 + m_0 - \frac{3}{2}l_2 \tag{3-32}$$

$$L_0 = l_0 - 2m_0 \tag{3-33}$$

L_d、L_q 和 L_0 分别为 d 绕组、q 绕组和 0 绕组的自感;X_d、X_q、X_0 分别为 d 轴同步电抗、q 轴同步电抗和零轴电抗。

派克变换后磁链方程的电感系数均为常数,L_d 和 L_q 是直输和交轴等效绕组 dd 和 qq 的自感系数,即定子每相绕组的直轴和交轴同步电抗 x_d 和 x_q 的电感系数,L_0 为定子三相绕组通过的零轴电流时,任意一相的电感系数。与之对应的电抗 x_0 称为同步发电机的零序电抗。

采用正交变换,可使磁链方程的电感系数矩阵对称:

$$\begin{bmatrix} \psi_d \\ \psi_q \\ \psi_0 \\ \psi_f \\ \psi_D \\ \psi_g \\ \psi_Q \end{bmatrix} \begin{bmatrix} L_d & 0 & 0 & \sqrt{\frac{3}{2}}m_{af} & \sqrt{\frac{3}{2}}m_{aD} & 0 & 0 \\ 0 & L_q & 0 & 0 & 0 & \sqrt{\frac{3}{2}}m_{ag} & \sqrt{\frac{3}{2}}m_{aQ} \\ 0 & 0 & L_0 & 0 & 0 & 0 & 0 \\ \sqrt{\frac{3}{2}}m_{af} & 0 & 0 & L_f & M_{fD} & 0 & 0 \\ \sqrt{\frac{3}{2}}m_{aD} & 0 & 0 & M_{fD} & L_D & 0 & 0 \\ 0 & 0 & \sqrt{\frac{3}{2}}m_{ag} & 0 & 0 & L_g & M_{gQ} \\ 0 & 0 & \sqrt{\frac{3}{2}}m_{aQ} & 0 & 0 & L_{gQ} & M_Q \end{bmatrix} \begin{bmatrix} -i_d \\ -i_q \\ -i_0 \\ -i_f \\ -i_D \\ -i_g \\ -i_Q \end{bmatrix} \tag{3-34}$$

在标幺值中，磁链方程为：

$$\begin{bmatrix} \psi_d \\ \psi_q \\ \psi_0 \\ \hdashline \psi_f \\ \psi_D \\ \psi_Q \end{bmatrix} = \begin{bmatrix} x_d & 0 & 0 & x_{af} & x_{aD} & 0 \\ 0 & x_q & 0 & 0 & 0 & x_{aQ} \\ 0 & 0 & x_0 & 0 & 0 & 0 \\ \hdashline x_{af} & 0 & 0 & x_f & x_{fD} & 0 \\ x_{aD} & 0 & 0 & x_{Df} & x_D & 0 \\ 0 & x_{aQ} & 0 & 0 & 0 & x_Q \end{bmatrix} \begin{bmatrix} -i_d \\ -i_q \\ -i_0 \\ \hdashline i_f \\ i_D \\ i_Q \end{bmatrix} \tag{3-35}$$

发电机电压方程的 Park 变换为：

$$\begin{bmatrix} u_{abc} \\ u_{fDgQ} \end{bmatrix} = \begin{bmatrix} r_S & 0 \\ 0 & r_R \end{bmatrix} \begin{bmatrix} -i_{abc} \\ i_{fDgQ} \end{bmatrix} + \begin{bmatrix} p\psi_{abc} \\ p\psi_{fDgQ} \end{bmatrix} \tag{3-36}$$

若只对定子电压方程进行 Park 变换，则：

$$Pu_{abc} = -Pr_s(P^{-1}i_{dq0}) + P(P^{-1}\psi_{dq0})'$$

$$\Downarrow$$

$$u_{dq0} = -r_s i_{dq0} PP^{-1} \frac{\mathrm{d}\psi_{dq0}}{\mathrm{d}t} + P\frac{\mathrm{d}P^{-1}}{\mathrm{d}t}\psi_{dq0} \tag{3-37}$$

$$\Downarrow$$

$$u_{dq0} = -r_s i_{dq0} + p\psi_{dq0} + \boxed{P\frac{\mathrm{d}P^{-1}}{\mathrm{d}t}}\psi_{dq0}$$

经运算的 Park 电压方程：

旋转电势

$$\begin{bmatrix} u_d \\ u_q \\ u_0 \\ u_f \\ 0 \\ 0 \\ 0 \end{bmatrix} \begin{bmatrix} r & & & & & & \\ & r & & & & & \\ & & r & & & & \\ & & & R_f & & & \\ & & & & R_D & & \\ & & & & & R_g & \\ & & & & & & R_Q \end{bmatrix} \begin{bmatrix} -i_d \\ -i_q \\ -i_0 \\ -i_f \\ -i_D \\ -i_g \\ -i_Q \end{bmatrix} \begin{bmatrix} p\psi_d \\ p\psi_q \\ p\psi_0 \\ p\psi_f \\ p\psi_D \\ p\psi_g \\ p\psi_Q \end{bmatrix} + \begin{bmatrix} -\omega\psi_q \\ \omega\psi_d \\ 0 \\ 0 \\ 0 \\ 0 \\ 0 \end{bmatrix} \tag{3-38}$$

变压器电势

电压方程特点：多出切割电势项！

由（3-38）可以看出，经 Park 变换以后，发电机电压方程为常系数微分方程，包括三部分：即电阻上的电动势 ri、变压器电动势 $p\psi$ 和旋转电动势与发电机转速成正比又称发电机电动势。

一般，在数值上发电机电动势远大于变压器电动势；派克变换后磁链方程的电感系数矩阵（有名值）不对称，经正交变换后电感系数矩阵变为对称矩阵，如式（3-34）。

3.2.3 标幺值表示的同步电机方程

在实际应用中，同步发电机的方程常用标幺值表示。在标幺值中表示时，时间也采用标

幺值表示，取

$$t_B = 1/\omega_N$$

$$\omega_B = \omega_N = 1/t_B$$

式中：ω_N 为同步角频率，取为角频率和转子电角速度的基准值。

在定子侧，一般可选发电机额定相电压和额定相电流幅值作为基准电压 U_B 和基准电流 I_B，以消除（3 - 30）中定子与转子互感系数的不可逆，得到定转子互感系数可逆的标幺值磁链方程见式（3 - 35）。由此可得出三相功率、阻抗和磁链的基准值为

$$S_B = 3\frac{U_B}{\sqrt{2}}\frac{I_B}{\sqrt{2}} = \frac{3}{2}U_B I_B$$

$$Z_B = U_B/I_B, \Psi_B = U_B t_B = Z_B I_B t_B$$

对转子而言，认为各绕组基准容量与定子基准容量相等，即

$$S_B = \frac{3}{2}U_B I_B = U_{fB} I_{fB} = U_{DB} I_{DB} = U_{gB} I_{gB} = U_{QB} I_{QB}$$

从原理上来讲，对于每一个绕组，基准电压和基准电流满足上式的条件可以任意选定，一般采用"单位励磁电压/单位定子电压"基值系统。

标幺制下的同步电机方程与有名制下的同步电机方程具有相同的形式。但标幺制下的磁链方程的系数矩阵是对称的，即转子与定子之间的互感在用标幺值表示时是可逆的。另外，注意到标幺制下，通过选择合适的电感基准值，总可以使电抗的标幺值与电感的标幺值相等。因此，磁链方程的系数矩阵也可以用电抗的标幺值来表示。

3.3　同步发电机实用数学模型

以上得到的同步电机模型一共有 18 个参数（R_a、R_f、R_D、R_g、R_Q、X_d、X_q、X_0、X_f、X_D、X_g、X_Q、X_{af}、X_{aD}、X_{fD}、X_{ag}、X_{aQ}、X_{gQ}），称之为原始参数，但大部分都很难直接获得。工程上通常将其转换为 12 个由稳态、暂态和次暂态参数组成的电机参数表示同步电机方程。

定子绕组的电阻、电抗：R_a、X_a。

直轴、交轴同步电抗：X_d、X_q。

直轴、交轴暂态电抗：X_d'、X_q'。

直轴、交轴次暂态电抗：X_d'、X_q'。

4 个时间常数：T_{d0}'、T_{q0}'、T_{d0}''、T_{q0}''。

用上述 12 个电机参数不可能唯一确定 18 个原始参数，因此，转换时需要采用一些假设，并导出相应的方程。由于定子绕组中的零轴分量电流 i_0 在空间产生的磁场为零，故对转子的电气量不产生影响，所以忽略零轴分量的方程和参数 X_0，得到同步电机方程：

$$\begin{bmatrix} u_d \\ u_f \\ 0 \end{bmatrix} = \begin{bmatrix} R_a & 0 & 0 \\ 0 & R_f & 0 \\ 0 & 0 & R_D \end{bmatrix} \begin{bmatrix} -i_d \\ i_f \\ i_D \end{bmatrix} + \begin{bmatrix} \dot{\Psi}_d \\ \dot{\Psi}_f \\ \dot{\Psi}_D \end{bmatrix} - \begin{bmatrix} \omega\,\Psi_q \\ 0 \\ 0 \end{bmatrix} \tag{3 - 39}$$

$$\begin{bmatrix} u_q \\ 0 \\ 0 \end{bmatrix} = \begin{bmatrix} R_a & 0 & 0 \\ 0 & R_f & 0 \\ 0 & 0 & R_D \end{bmatrix} \begin{bmatrix} -i_q \\ i_g \\ i_Q \end{bmatrix} + \begin{bmatrix} \dot{\Psi}_q \\ \dot{\Psi}_g \\ \dot{\Psi}_Q \end{bmatrix} + \begin{bmatrix} \omega\,\Psi_d \\ 0 \\ 0 \end{bmatrix} \qquad (3-40)$$

磁链方程为：

$$\begin{bmatrix} \Psi_d \\ \Psi_f \\ \Psi_D \end{bmatrix} = \begin{bmatrix} X_d & X_{af} & X_{aD} \\ X_{af} & X_f & X_{fD} \\ X_{aD} & X_{Df} & X_D \end{bmatrix} \begin{bmatrix} -i_d \\ i_f \\ i_D \end{bmatrix} \qquad (3-41)$$

$$\begin{bmatrix} \Psi_q \\ \Psi_g \\ \Psi_Q \end{bmatrix} = \begin{bmatrix} X_q & X_{ag} & X_{aQ} \\ X_{ag} & X_g & X_{gQ} \\ X_{aQ} & X_{gQ} & X_Q \end{bmatrix} \begin{bmatrix} -i_q \\ i_g \\ i_Q \end{bmatrix} \qquad (3-42)$$

3.3.1 同步电机的转子运动方程

1. 将转子看成是一个刚体，且不计发电机阻尼作用时：

$$\left.\begin{aligned} \frac{\mathrm{d}\delta}{\mathrm{d}t} &= (\omega - 1)\omega_s \\ T_J\,\frac{\mathrm{d}\omega}{\mathrm{d}t} &= T_m - T_e \end{aligned}\right\} \qquad (3-43)$$

2. 计及发电机阻尼作用，并认为转矩的标幺值和功率的标幺值相等时：

$$\left.\begin{aligned} \frac{\mathrm{d}\delta}{\mathrm{d}t} &= \omega - 1 \\ T_J\,\frac{\mathrm{d}\omega}{\mathrm{d}t} &= P_m - D\omega - P_e \end{aligned}\right\} \qquad (3-44)$$

转子运动方程是一个二阶非线性微分方程。

3.3.2 同步电机的实用模型

1. 二阶模型

（1）E'恒定模型。该模型又称为二阶经典模型，忽略了凸极效应，在电力系统分析中得到了广泛应用。

$$\left.\begin{aligned} p\delta &= \omega - 1 \\ T_J p\omega &= T_m - T_e - D\omega = P_m - P_e - D\omega \\ \dot{V}_t &= \dot{E}' - (R_a + \mathrm{j}X_d')\dot{I}_t \end{aligned}\right\} \qquad (3-45)$$

（2）E_q'恒定模型。该模型计及了凸极效应，计算精度有所改善，但同步电机与网络的接口计算较复杂。

$$\left.\begin{aligned} p\delta &= \omega - 1 \\ T_J p\omega &= T_m - T_e - D\omega = P_m - P_e - D\omega \\ v_d &= X_q i_q - R_a i_d, \ v_q = E_q' - X_d' i_d - R_a i_q \end{aligned}\right\} \qquad (3-46)$$

二阶模型考虑了转子动态特性，其状态变量为 (δ, ω)。

2. 三阶模型

三阶模型一般应用于精度要求不十分高，但需要计及励磁系统动态（即考虑 E'_q 的动态方程）的电力系统动态分析，该模型①忽略定子 d 绕组和 g 绕组的暂态；②近似认为转速在 1p. u. 附件变化不大；③忽略阻尼绕组 D、g、Q，其作用可在运动方程中增加阻尼项近似考虑。

$$\left.\begin{array}{l} p\delta = \omega - 1 \\ T_J p\omega = T_m - T_e - D\omega = P_m - P_e - D\omega \\ T'_{d0} pE'_q = E_{fq} - E'_q - (X_d - X'_d)i_d \\ v_d = X_q i_q - R_a i_d, v_q = E'_q - X'_d i_d - R_a i_q \end{array}\right\} \tag{3-47}$$

三阶模型考虑了励磁绕组动态过程以及转子动态特性。三阶模型的状态变量为 $(E'_q、\delta、\omega)$。

3. 四阶模型

在三阶模型的基础上，考虑 q 轴上的阻尼绕组 g 绕组的暂态过程，即增加 E'_d 的动态方程并修改 d 轴电压平衡方程。

$$\left.\begin{array}{l} p\delta = \omega - 1 \\ T_J p\omega = T_m - T_e - D\omega = P_m - P_e - D\omega \\ T'_{d0} pE'_q = E_{fq} - E'_q - (X_d - X'_d)i_d \\ T'_{q0} pE'_d = E'_d + (X_q - X'_q)i_q \\ v_d = E'_d + X'_q i_q - R_a i_d, v_q = E'_q - X'_d i_d - R_a i_q \end{array}\right\} \tag{3-48}$$

四阶模型考虑了绕组 f、g 的动态过程及转子运动方程。四阶模型的状态变量为 $(E'_q、E'_d、\delta、\omega)$。

4. 五阶和六阶模型

当精度要求较高时，可采用忽略定子电磁暂态，但计及转子侧 f、D、Q 绕组的电磁暂态及转子运动的机电暂态过程（在三阶模型的基础上考虑 D、Q 绕组）。五阶模型的状态变量为 $(E'_q、E''_q、E''_d、\delta、\omega)$。

$$\left.\begin{array}{l} p\delta = \omega - 1 \\ T_J p\omega = T_m - T_e - D\omega = P_m - P_e - D\omega \\ T'_{d0} pE'_q = E_{fq} - E'_q - (X_d - X'_d)i_d \\ T'_{d0} pE''_q = -E''_q + E'_q - (X'_d - X''_q)i_d \\ T'_{q0} pE''_d = -E''_d + (X_q - X''_q)i_q \\ v_d = E''_d + X''_q i_q - R_a i_d, v_q = E''_q - X''_d i_d - R_a i_q \end{array}\right\} \tag{3-49}$$

与三阶模型类似，当计及 q 轴 g 绕组暂态时，五阶模型升为六阶模型。六阶模型的状态变量为 $(E'_q、E'_d、E''_q、E''_d、\delta、\omega)$。

一般五阶模型适用于水轮机，而六阶模型更有利于描写实心转子的汽轮机。发电机各阶

模型比较见表 3-1

表 3-1   **发电机各阶模型比较**

模型名称	模型描述
二阶模型	状态变量为 (δ, ω)，且 E'、E'_q 恒定。近似计及励磁系统的作用，并能在暂态过程中维持 E' 恒定
三阶模型	状态变量为 (E'_q, δ, ω)，忽略定子绕组暂态、阻尼绕组作用，只计及励磁绕组暂态和转子动态
四阶模型	状态变量为 $(E'_q, E'_d, \delta, \omega)$ 考虑 q 轴 g 绕组，励磁 f 绕组及转子动态，忽略与超瞬态过程对应的 D、Q 绕组
五阶模型	状态变量为 $(E'_q, E''_q, E''_d, \delta, \omega)$，忽略定子绕组暂态，计及阻尼绕组 D、Q 以及励磁绕组暂态和转子动态
六阶模型	状态变量为 $(E'_q, E''_q, E''_d, \delta, \omega)$，在五阶模型的基础上，计及转子 q 轴 g 绕组暂态
七阶模型	单独考虑与 d 绕组、q 绕组相独立的 0 轴绕组，计及 d、q、f、D、Q 五个绕组的电磁过渡过程（以绕组磁链或电流为状态量）和转子的机械过渡过程（以 δ, ω 为状态量）

3.4   发电机励磁系统的数学模型

1. 发电机励磁系统

发电机励磁系统的基本功能是给发电机的励磁绕组提供合适的直流电流，以在发电机定子空间产生磁场，且起着调节电压、保持发电机端电压或枢纽点电压恒定的作用，控制并列运行发电机的无功功率分配。

随着自动控制理论和计算机控制技术的发展，励磁系统的调节功能从单一的发电机机端电压控制发展到多功能的励磁控制；控制器的反馈信号从单一的机端电压偏差发展到以电压偏差为主，附加发电机电磁功率、发电机电角速度、系统频率、发电机定子电流、励磁电流或励磁电压的偏差或者它们的组合；控制策略从简单的比例反馈调节发展到比例—积分—微分调节，从线性励磁调节发展到自校正励磁调节、自适应励磁控制、模糊励磁控制等非线性励磁调节；在实现手段上，从早期的机电式或电磁式发展到晶体管式或集成电路式等模拟调节器，以及基于微处理器或微型计算机的数字式励磁控制器。

2. 发电机励磁系统的组成

励磁系统主要由主励磁系统和自动励磁调节系统两部分组成，前者用来提供发电机的励磁电流，后者用于对励磁电流进行调节和控制，如图 3-5 所示。

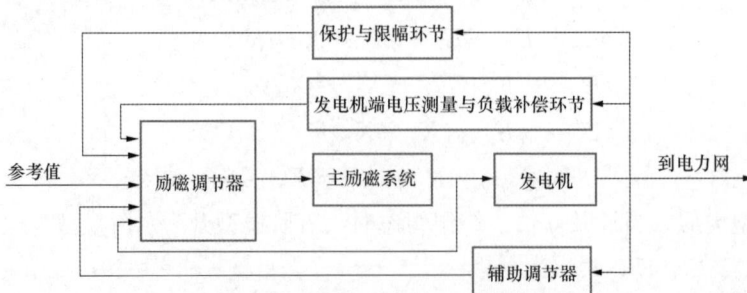

图 3-5   发电机励磁系统的组成

3. 励磁系统的分类

根据产生励磁电流方式的不同，励磁系统可分为直流励磁机励磁系统、交流励磁机励磁系统和静止励磁系统三类。

直流励磁系统通过直流励磁机供给发电机励磁电流，可分为自励式和他励式。直流励磁机运行维护成本过大，已不用于新建的大容量发电机组。

交流励磁系统通过交流励磁机和半导体可控或不可控整流供给发电机励磁电流。

静止励磁系统是从机端或电网经变压器取得励磁电流，再经可控整流供给发电机励磁电流，其形式通常为自并励或自复励。

4. 主励磁系统的数学模型

(1) 直流励磁。同时考虑自励和他励，直流励磁机的电路图如图 3-6 所示。

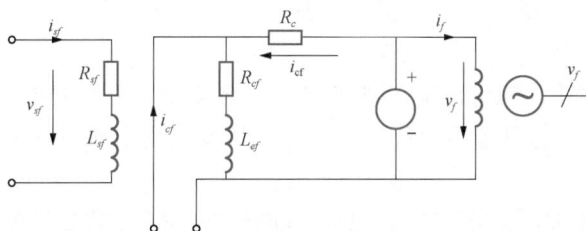

图 3-6 直流励磁机电路图

v_f、v_{sf} 分别为励磁机输出电压和他励绕组的输入电压；i_{ef}、i_{sf}、i_{cf} 分别为励磁机的自励电流、他励电流和复励电流。励磁机数学模型是根据励磁机的基本方程，导出励磁输出电压、他励绕组输入电压及复励电流的函数关系：

$$v_f = f(v_{sf}, i_{cf}) \tag{3-50}$$

推导上述函数需要考虑饱和非线性特性，并最终得到标幺值表示的传递函数：

$$\frac{v_f}{v_{sf} + k_{cf} i_{cf}} = \frac{1}{S_E + k_E + T_E p} \tag{3-51}$$

式中：k_{cf} 为励磁机的复励增益系数；S_E 为饱和系数；k_E 为励磁机的自励系数；T_E 为励磁机的等值时间常数；p 为微分算子。

①只有自励绕组和复励电流时，$R_{sf} = \infty$，$T_{sf} = 0$，$v_{sf} = 0$，$T_E = T_{ef}$。传递函数变为：

$$\frac{v_f}{k_{cf} i_{cf}} = \frac{1}{S_E + k_E + T_E p} \tag{3-52}$$

②只有他励绕组，$R_{ef} + R_c = \infty$，$T_{ef} = 0$，$i_{cf} = 0$，$T_E = T_{sf}$，$k_E = 1$。传递函数为：

$$\frac{v_f}{v_{sf}} = \frac{1}{S_E + 1 + T_E p} \tag{3-53}$$

(2) 交流励磁。交流励磁机通常采用同步发电机。忽略发电机转子电流的自由分量对励磁机电枢反应压降的影响，励磁机的负载是恒定值，其整流输出电压近似地与输入的励磁电压成正比。这样，计入励磁回路的时间常数后，可以把交流励磁机当作一个简单的惯性环节来处理。实际上，就是把它与他励直流励磁机同样看待。

(3) 静止励磁。在静止励磁系统中，发电机的励磁电源取自发电机自身的端电压或端电压和端电流。前者称为自并励系统，后者称为自复励系统。

在自并励系统中，发电机电压经励磁变压器降压后，再经可控整流器供给发电机励磁电流。可控整流器的触发角由励磁调节器控制。在自并励系统中，由于励磁电源是发电机本身，因而励磁系统输出电压的上下限与发电机电压有关。

在自复励系统中，可控整流器的电源由励磁变压器和励磁变流器同时供给，它们可以在整流前或整流后串联或并联相加，其类型较多。

（4）功率整流器的数学模型。用交流励磁机供给发电机励磁时，通常所用的整流器为三相桥式可控或不控整流电路。整流器的输入为交流励磁机的定子电压，其输出电压和电流分别为同步发电机的励磁电压和励磁电流。

交流励磁机经可控整流器供发电机励磁时，交流励磁机自身多采用自励方式。励磁机自身的电压控制器通过控制励磁机自身的整流器的触发角可以保持励磁机的输出电压近似为常数，这样，励磁机的数学模型得以简化。另外，在这种情况下，交流励磁机的端电压通常设计得较高，所以可控换流桥的换相压降相对较小。

5. 电压测量与负载补偿环节

自动电压调节器的作用是控制发电机的端电压为理想值。电压测量环节把发电机的端电压 U_t 经降压、整流和滤波等环节后处理成一个直流信号，整个测量环节通常用一个一阶惯性环节来描述。

负载补偿环节的功能是对发电机负载电流 I_t 进行补偿以使稳态时负载发生变化仍能保持电压控制点的电压基本不变。阻抗 $R_c + jX_c$ 模拟了所控制的电压点到发电机机端之间的阻抗。R_c 和 X_c 为正值时，电压控制点在发电机内部；反之，电压控制点在发电机之外。

R_c 经常被忽略而令其为零，这时 X_c 大于零则为正调差，即控制结果为负载电流越大，机端电压越高；反之，X_c 小于零则为负调差，即机端电压随负载增大而降低。

6. 限幅环节

在励磁系统的数学模型中，由于功能上的需要或者实际存在的饱和特性，有一些环节的输出幅值受到限制。限幅环节分为两种，即终端限制型和非终端限制型。限幅环节经常在积分环节，一阶惯性环节和超前 - 滞后环节中遇到。

7. 辅助调节器—电力系统稳定器的数学模型

电力系统稳定器是广泛用于励磁控制的辅助调节器，其功能是抑制电力系统的低频振荡或增加系统阻尼。其基本原理是通过对励调节器提供一个辅助的控制信号而使发电机产生一个与转子电角速度偏差同相位的电磁转矩分量。

PSS 的输入信号通常为发电机电角速度、端电压、电磁功率、系统频率或者是它们的组合。输出信号作为励磁调节器的一个附加输入信号。

8. 励磁调节器的数学模型

励磁调节器的作用是处理和放大输入的控制信号从而生成合适的励磁控制信号，励磁调节器中通常包括功率放大环节、励磁系统稳定环节和幅值限制环节。

（1）直流励磁机励磁系统。根据调节器的不同类型，分为可控相复励调节器、复式励磁加负载补偿和带晶闸管调节器的直流机励磁系统等三种，前两种系统大多用于 100MW 及以下的小型机组目前已逐渐淘汰。

（2）交流励磁机励磁系统。交流励磁机励磁系统目前广泛应用于 100MW 以上的发电机组中。交流励磁机采用不控功率整流器的励磁系统类型较多，大类分为静止整流与旋转整流。

（3）静止励磁系统。静止励磁的情况，电源取自发电机机端，故上下限限值与发电机机端电压有关。这种励磁系统可以有很高的强励电压，为了防止发电机转子和整流器过负载，对发电机励磁电流给予限制。

9．励磁调节器的组成

励磁调节器的作用是处理和放大输入的控制信号，从而生成合适的励磁控制信号。励磁调节器中通常包括功率放大环节、励磁系统稳定环节和幅值限制环节。

3.5　原动机及调速系统的数学模型

1．基本概念

转子运动方程中的 P_m 即为原动机的机械输出功率，其大小与原动机的运行工况有关且受调速系统的控制。除光伏、风力、潮汐发电外，大规模电能生产的原动机分为水轮机和汽轮机两种。

水轮机是把水能转换成原动机的旋转动能，发电机则把原动机的旋转动能转换成电能，转换功率的大小与水轮机导水叶开度有关。汽轮机是把水蒸气的热能转换成汽轮机的旋转动能，转换功率的大小与汽轮机进气门开度的大小有关。调节开度大小将起到调节原动机输出功率进而调节发电机转速的作用。

调节开度大小的主控制信号是发电机的转速。系统受到扰动打破转子上电磁功率与机械功率的平衡，则引起发电机转速变化，转速的变化又引起调速系统的动作去调节水轮机导水叶或汽轮机进气门的开度，进而调节原动机机械功率。扰动的发生使系统进入了复杂的机械与电磁互相作用的暂态过程。故当计及调速系统的作用时，不能认为 P_m 是常数。

2．水轮机及其调速系统的数学模型

（1）水轮机的数学模型。水轮机的动态行为与其给水压力管道中的水流动态特性密切相关。压力管道中的水流特性涉及水流的惯性、水体的可压缩性以及压力水管管壁的径向弹性等诸多因素。

忽略水流的波效应（压力水管无弹性、水体是不可压缩），同时认为水轮机是理想的，有以下水力学方程（标幺值下）：

$$\left. \begin{array}{l} U = \mu \sqrt{H} \\ P_m = HU \\ \dfrac{\mathrm{d}U}{\mathrm{d}t} = -\dfrac{1}{T_w}(H-1) \end{array} \right\} \tag{3-54}$$

式中：U 为水的流速；H 为水轮机的净水头；μ 为导水叶开度；T_w 为等值水锤效应时间常数，其物理意义为，水头 H_0 将压力水管中的水从静止状态加速到流速为 U_0 所需要的时间，这个时间常数的大小与 U_0 有关，即与水轮机的负载有关，负载越大则时间常数越大，通常满载情况下，设计制造使 T_w 的值在 $0.5 \sim 4\mathrm{s}$ 之间。

假定在初始稳态运行点，由于负载的小扰动而使水轮机的运行点发生偏移，将以上水力学方程在其稳态初始点线性化并取拉普拉斯变换，经过处理后得到水轮机的经典模型：

$$\Delta P_m = \frac{1 - T_w s}{1 + 0.5 T_w s} \Delta \mu \tag{3-55}$$

现代电力系统分析

上述经典模型广泛用于电力系统的稳定分析中，但该模型适用于负载变化不大的情况，若负载变化范围较大时，可能带来较大的计算误差。

若考虑水轮机的机械功率损耗及由此引起的水轮机死区，导水叶在从关闭到打开的最初一段时间内需克服水轮机的静摩擦力而并不能使水轮机旋转起来，即理想开度 μ 与实际开度 γ 存在关系为 $\mu = A_t \gamma$。进一步推导得到水轮机的非线性数学模型：

$$\frac{\mathrm{d}U}{\mathrm{d}t} = -\frac{1}{T_\omega}\left[\left(\frac{U}{A_t\gamma}\right)^2 - H_0\right] \tag{3-56}$$

$$P_m = P_r(U - U_{NL})\left(\frac{U}{A_t\gamma}\right)^2 \tag{3-57}$$

式中，U_{NL} 为水轮机由静止到旋转时的临界水流流速，其物理意义为：当导水叶实际开度为 γ_{NL} 时，水流的加速度为零。

（2）水轮机调速系统的数学模型。水轮机调速器主要有机械液压式和电气液压式两种类型，现代机组大多采用电气液压式调速器。这两种调速器的实现方法不同，但作用原理相似，如图 3-7 所示。

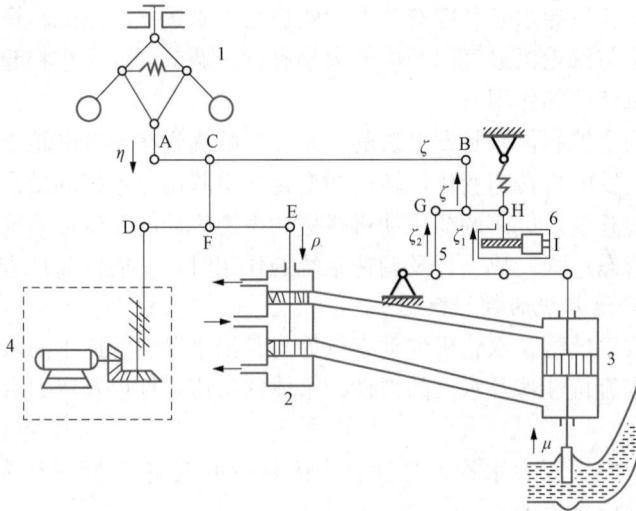

图 3-7　离心飞摆式调速系统原理结构示意图

①离心飞摆方程：$\eta = k_\delta(\omega_0 - \omega)$。

②错油门活塞方程：$\rho = \eta - \zeta$。

③油动机活塞方程：$T_S p\mu = \rho$。

④反馈方程：$\zeta = \zeta_1 + \zeta_2 = \dfrac{k_\beta T_i p}{T_i p + 1}\mu + k_\delta\mu$。

3. 汽轮机及其调速系统的数学模型

（1）汽轮机的数学模型。汽轮机的动态行为主要与蒸汽容积有关。由于气门与喷嘴之间存在一定的容积，当汽轮机改变气门开度 μ，进汽流量突然增大（或减小）时，容器内的蒸汽压力不能随之立刻增大（或减小），因而出汽流量不能立刻增大（或减小），汽轮机的输出功率 P_m 也不能立即随之改变。因此，P_m 的变化将滞后于 μ 的变化，这种现象称为蒸汽容积效应。该效应一般可用惯性环节模拟，即：

$$P_m = \frac{1}{T_{CH}p+1}\mu \tag{3-58}$$

式中：T_{CH} 为高压蒸汽容积的时间常数，容器的体积越大，容积效应时间常数越大。

汽轮机在结构上有多种形式。现代大型汽轮机组都是由多个汽缸同时驱动一台发电机，按工作蒸汽的额定压力的大小分别称为高压缸（HP）、中压缸（IP）和低压缸（LP）。中、小型机组汽轮机可以只有一个汽缸。为了提高热效率，现代汽轮机还有中间再热环节（RH）。

在计及蒸汽容积效应时，汽轮机常采用的动态模型有：①只计及高压蒸汽容积效应的一阶模型；②计及高压蒸汽和中间再热蒸汽容积效应的二阶模型；③计及高压蒸汽、中间再热蒸汽及低压蒸汽容积效应的三阶模型。T_{CH}、T_{RH} 和 T_{CO} 分别为高压缸汽室、中间再热管及低压蒸汽管道的蒸汽容积时间常数，其典型值一般为 $T_{CH}=0.1\sim0.4\text{s}$，$T_{RH}=4\sim11\text{s}$，$T_{CO}=0.3\sim0.5\text{s}$；$\alpha$ 代表高压缸输出蒸汽功率占总功率的比重，典型值约为 0.3；f_1、f_2 和 f_3 分别为高、中、低压缸稳态输出功率占总输出功率的百分比，通常 f_1：f_2：f_3 约为 0.3：0.4：0.3。

（2）汽轮机调速系统的数学模型。汽轮机调速系统的基本功能包括正常的一次调频和二次调频、过速控制、过速切机以及正常情况下的开停机控制和辅助的蒸汽压力控制。汽轮机正常的一、二次调频与水轮机相似。一次调频使机组产生 $4\%\sim5\%$ 的调差系数，使并列运行的机组间能够稳定地分配负荷，二次调频通过整定负荷参考值完成。一次调频和二次调频都只调整汽轮机的主气门。

汽轮机调速器有机械液压调速器、电气液压调速器和功率频率电气液压调速器三种类型。常用的机械液压调速器有旋转阻尼液压调速器和高速弹簧片液压调速器两种，其主要区别在于所用的测速部件结构不同，前者使用液压式，后者使用机械式，而两种调速器的动作原理基本相同，因此可用相同的数学模型。这两种调速器与离心飞摆式调速器基本相同，只有反馈系统不同。在汽轮机调速系统中没有软反馈，只有硬反馈且放大系数为 1。

电气液压式调速器与机械液压式调速器的主要区别是将调速系统中从转速测量到油动机前的机械部分用电气元件代替。另外，在调速系统中还引入了蒸汽流量 q_{HP}（或高压缸第一段的蒸汽压力）和油动机位置的反馈回路，使之具有更好的线性响应特性。

为了适应中间再热式汽轮机的调节特点，功频电液压调速器在液压调速系统的基础上引入测量功率单元，进行输出功率反馈，以改善功频调节特性；同时，将发电机的频率和功率与给定值比较后进行综合放大，再经过 PID 调节器得出电信号，这样既克服中间再热蒸汽容积效应的影响，又有利于保证必要的静特性。

3.6　负荷的数学模型

1. 电力系统中的负荷

负荷是电力系统的重要组成部分。电力系统中每一个变电站（变电所）供电的众多用户常用一个等值负荷表示，称为综合负荷。

一个综合负荷包含有种类繁多的负荷，如照明设备、电动机、电力电子设备、电热设备及电网损耗等。不同综合负荷包含的各种负荷所占的比例可能差异很大，而在不同时刻、不同季节及在不同气象条件下，同一个综合负荷的各种负荷成分的比例也是变化的。

2. 负荷的分类

按用户性质分为工业负荷、农业负荷、商业负荷、城镇居民负荷等；按用电设备类型分为感应电动机、同步电机、整流设备、照明、电热及空调设备等；按负荷对供电可靠性的要求不同分为一类负荷、二类负荷和三类负荷。

3. 负荷数学模型的建立

建立某一种具体的用电设备的数学模型相对来说并不十分困难，但是在电力系统分析中没有必要也不可能对成千上万个具体负荷逐个地进行描述。因而通常建立的负荷模型是指接在一个节点上的所有电气设备，即除了最末端的各种用电设备外，还可能包括带有载调压分接头的降压变压器、输配电线路、各种无功补偿、调压装置，甚至一些容量很小的发电机等，这些设备通过这个节点从系统中取用的有功和无功功率与该节点的电压及系统频率的关系式即称为该节点负荷的数学模型。

（1）负荷静态模型：描述负荷的有功与无功功率在系统频率和电压缓慢变化时相应的变化特性，可用代数方程（或曲线）表示。

（2）负荷动态模型：描述电力系统综合负荷在系统频率和电压快速变化时的变特性，可用微分方程表示。

3.6.1 负荷静态特性

（1）用多项式表示的负荷电压静特性和频率静特性；不计频率变化时负荷吸收的功率与节点电压的关系为：

$$\begin{cases} P = P_N \left[a_P \left(\dfrac{U}{U_N} \right)^2 + b_P \left(\dfrac{U}{U_N} \right) + c_P \right] \\ Q = Q_N \left[a_Q \left(\dfrac{U}{U_N} \right)^2 + b_Q \left(\dfrac{U}{U_N} \right) + c_Q \right] \end{cases} \tag{3-59}$$

显然，这种模型实际上相当于认为负荷由三部分组成。系数 a，b 和 c 分别表示了恒定阻抗（Z）、恒定电流（I）和恒定功率（P）部分在节点总负荷中所占的比例。因此这种负荷模型也称为负荷的 ZIP 模型。

恒功率模型和恒阻抗模型在一些计算或简化问题上应用比较多，比如恒功率模型常用在潮流计算等稳态分析中，恒阻抗模型常用于短路计算。

由于暂态过程中系统频率的变化不大，所以负荷的频率静特性可用直线表示：

$$\begin{cases} P = P_N (1 + k_P \Delta f) \\ Q = Q_N (1 + k_Q \Delta f) \end{cases} \tag{3-60}$$

同时计及电压与频率的变化，综合负荷静态模型表示为：

$$\begin{cases} P = P_N [a_P (V/V_N)^2 + b_P (V/V_N) + c_P](1 + k_P \Delta f) \\ Q = Q_N [a_Q (V/V_N)^2 + b_Q (V/V_N) + c_Q](1 + k_Q \Delta f) \end{cases} \tag{3-61}$$

需指出，在负荷电压偏移额定值较小的场合，电压静态特性也可以用直线近似。

（2）用指数形式表示的负荷电压静特性和频率静特性。不计频率变化时负荷静态电压的关系用指数形式表示为：

$$\begin{cases} P = P_N \left(\dfrac{V}{V_N} \right)^{\alpha} \\[3mm] Q = Q_N \left(\dfrac{V}{V_N} \right)^{\beta} \end{cases} \tag{3-62}$$

对于综合负荷，其中指数 a 的取值通常在 $0.5 \sim 1.8$；指数 β 的值随节点不同变化很大，典型值约为 $1.5 \sim 6$。

当同时计及电压与频率的变化时：

$$\begin{cases} P = P_N (V/V_N)^{\alpha} (1 + k_P \Delta f) \\ Q = Q_N (V/V_N)^{\beta} (1 + k_Q \Delta f) \end{cases} \tag{3-63}$$

尽管负荷的静态模型由于其形式简单而在通常的电力系统稳定性计算中得到了广泛的应用，但是当所涉及的节点电压幅值变化范围较大时，采用静态模型将使计算的误差过大。例如，由于照明负荷在商业负荷中约占 20% 以上，当电压标幺值低至 0.7 时灯将熄灭，功率为零。有些感应电动机还设有低电压保护，当电压低到某个定值时电动机将从电网中切除。另外，电压过高时变压器饱和现象使得无功功率对节点电压的变化十分敏感。

3.6.2　负荷动态特性

当电压以较快的速度大范围变化时，采用静态负荷模型将带来较大的计算误差。尤其是对电压稳定性问题（亦称负荷稳定性问题）的研究，对负荷模型的精度很高。对那些对负荷模型敏感的节点，必须采用动态模型。

负荷的动态特性主要由负荷中的感应电动机的暂态行为决定。按感应电动机数学模型的详细程度可分为计及机电暂态过程和只计及机械暂态过程两种模型。容量大的与容量小的感应电机有明显不同的动态特性，容量小的只计机械暂态过程即可。

1. 考虑感应电动机机械暂态过程的负荷动态特性模型

考虑感应电动机机械暂态过程的负荷动态模型忽略感应电动机电磁暂态过程，只考虑机械暂态过程中转差变化对其等值阻抗的影响，如图 3-8 所示。

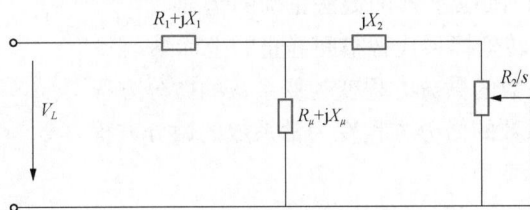

图 3-8　感应电动机等值电路

若已知某时刻转差 s，即可得到感应电动机的等值阻抗：

$$Z_M(t) = R_1 + \mathrm{j}X_1 + \frac{(R_\mu + \mathrm{j}X_\mu)\left(\dfrac{R_2}{s} + \mathrm{j}X_2 \right)}{(R_\mu + \mathrm{j}X_\mu) + \left(\dfrac{R_2}{s} + \mathrm{j}X_2 \right)} \tag{3-64}$$

在机端电压变化导致电磁转矩 T_{eM} 发生变化，转子上转矩不平衡，转速随之变化，则要

现代电力系统分析

考虑转差率的变化：

$$T_{JM} \frac{\mathrm{d}s}{\mathrm{d}t} = T_{mM} - T_{eM} \tag{3-65}$$

再结合电磁转矩和机械转矩的计算公式联立求解便可得到任一时刻下的等值阻抗。

$$T_{em} = \frac{2T_{em,\max}}{\frac{s}{s_{cr}} + \frac{s_{cr}}{s}} \left(\frac{V_L}{V_{LN}} \right)^2 \tag{3-66}$$

$$T_{mM} = k \left[\alpha + (1-\alpha)(1-s)^{p_m} \right]$$

2. 考虑感应电动机机电暂态过程的负荷动态特性模型

该模型进一步考虑了感应电机转子绕组中的电磁暂态过程。与同步电机一样，由于定子绕组中的暂态过程十分迅速，感应电机也不计定子绕组的电磁暂态过程。

感应电动机可以看作是同步电机励磁电压恒为零的特例，即 dq 轴完全对称，参数相等，转速为非同步速。忽略定子绕组暂态时，可根据同步电机四阶实用方程导出同步旋转坐标系下感应电动机的方程式。

$$\dot{U}_L = (1-s)\dot{E}'_M - [R_1 + j(1-s)X']\dot{I}_M \tag{3-67}$$

$$T'_{d0} p\dot{E}'_M = -(1+jsT'_{d0})\dot{E}'_M - j(X-X')\dot{I}_M \tag{3-68}$$

上式再与转差计算、电磁转矩和机械转矩计算公式一起组成考虑机电暂态过程的典型感应电动机数学模型。

以上两种负荷动态模型主要用于电力系统的暂态稳定分析。

习题

1. 在同步发电机正方向的规定中，定子正电流产生（   ）磁通。

A. 正　　　　　　　　B. 负　　　　　　　　C. 零　　　　　　　　D. 不产生

2. 同步发电机的电压方程是（   ）方程组。

A. 变系数微分　　　B. 常系数微分　　　C. 代数　　　　　　D. 物理

3. （多选）以下关于 Park 变换的说法正确的是（   ）。

A. Park 变换是用旋转坐标系代替空间静止的坐标系

B. Park 变换将常系数的微分方程变为变系数的微分方程

C. Park 变换将变系数的微分方程变为常系数的微分方程

D. Park 变换是坐标变换

4. 同步电机四阶模型的状态变量是（   ）。

A. δ，ω 　　　　　　　　　　　　　　B. E'_q，δ，ω

C. E'_q，E'_d，δ，ω 　　　　　　　　D. E'_q，E''_q，E''_d，δ

5. 负荷的 ZIP 模型中，一次项代表（   ）模型。

A. 恒阻抗　　　　　B. 恒功率　　　　　C. 恒电流　　　　　D. 恒电压

6. 在 abc 坐标下的发电机磁链方程中，定子绕组的自感系数和定子绕组之间的互感系数为常数，则该发电机为（   ）。

A. 凸极机　　　　　B. 隐极机　　　　　C. 电动机　　　　　D. 均有可能

7. 某系统发电机为隐极机，其运行功率等于功率极限值的一半，则功角等于（   ）。

A. $0°$　　　　　　B. $30°$　　　　　　C. $60°$　　　　　　D. $90°$

8. E' 恒定的二阶发电机模型比 E'_q 恒定的二阶发电机模型精确。（　　）

A. 正确　　　　　　B. 错误

9. 用标幺值表示的同步发电机方程，在定子侧选发电机额定线电压和额定线电流为基准电压和基准电流。（　　）

A. 正确　　　　　　B. 错误

10. 凸极同步发电机，定子绕组之间的互感系数变化周期为（　　）。

A. $0°$　　　　　　B. $90°$　　　　　　C. $180°$　　　　　　D. $360°$

第4章

电力系统最优潮流的数学模型及算法

4.1 潮流计算概述

作为研究电力系统稳态运行情况的一种基本电气计算，电力系统常规潮流计算的任务是根据给定的网络结构及运行条件，求出整个网络的运行状态，其中包括各母线的电压、网络中的功率分布以及功率损耗等等。

潮流计算的结果，无论是对于现有系统运行方式的分析研究，还是对规划中供电方案的分析比较，都是必不可少的。它为判别这些运行方式及规划设计方案的合理性、安全可靠性及经济性提供了定量分析的依据。

此外，在进行电力系统的静态及暂态稳定计算时，要利用潮流计算的结果作为其计算的基础；一些故障分析以及优化计算也需要有相应的潮流计算作配合；潮流计算往往成为上述计算程序的一个组成部分。以上这些，主要是在系统规划设计及运行方式分析安排中的应用，属于离线计算的范畴。

随着现代化的调度控制中心的建立，为了对电力系统进行实时安全监控，需要根据实时数据库所提供的信息，随时判断系统当前的运行状态并对预想事故进行安全分析，这就需要进行广泛的潮流计算，并且对计算速度等还提出了更高的要求，从而产生了潮流的在线计算。

由上可见，潮流计算是电力系统中应用最为广泛、最基本和最重要的一种电气计算。潮流计算问题在数学上一般是属于多元非线性代数方程组的求解问题，必须采用迭代计算方法。

自从 20 世纪 50 年代中期开始利用电子计算机进行潮流计算以来，潮流计算是电力系统各种问题中投入研究力量最多的领域之一，出现了大量的研究成果。这些成果除了开拓了各种特殊性质的潮流计算问题之外，更多的是属于为了提高计算性能而陆续提出的各种具体算法。

电力系统的常规潮流计算：根据给定的网络结构及运行条件，求出整个网络的运行状态。运行状态包括：母线的电压、网络中的功率分布及功率损耗等。

潮流计算分为离线计算和在线计算。离线计算应用于：①规划设计；②运行方式分析；③其他计算的配合。在线计算应用于：①安全监控；②安全分析。

一个潮流算法的基本要求可归纳成以下四个方面：

（1）计算速度；

（2）计算机内存占用量；

（3）算法的收敛可靠性；

（4）程序设计的方便性以及算法扩充移植等的通用灵活性。

以上四个方面是评价各种潮流算法所依据的主要标准。本章在对潮流计算问题的数学模型进行简单的回顾以后，将首先转入三种最基本的潮流算法：高斯—塞德尔法、牛顿法和快速解耦法的讨论。

4.2　潮流计算问题的数学模型

4.2.1　潮流计算方程

电力系统是由发电机、变压器、输电线路及负荷等组成，其中发电机和负荷是非线性元件，但在进行潮流计算时，一般可用接在相应节点上的一个电流注入量来代表。因此潮流计算所用的电力网络系由变压器、输电线路、电容器、电抗器等静止线性元件所构成，并用集中参数表示的串联或并联等值支路来模拟。结合电力系统的特点，对这样的线性网络进行分析，普遍采用的是节点法描述节点电压与节点电流之间的关系：

$$\dot{I} = Y\dot{U} \tag{4-1}$$

或

$$\dot{U} = Z\dot{I} \tag{4-2}$$

其展开式分别为

$$I_i = \sum_{j=1}^{n} Y_{ij}\dot{U}_j \quad (i = 1,2,3,\cdots,n) \tag{4-3}$$

$$U_i = \sum_{j=1}^{n} Z_{ij}\dot{I}_j \quad (i = 1,2,3,\cdots,n) \tag{4-4}$$

式（4-1）～式（4-4）中：Y、Z、Y_{ij}、Z_{ij} 分别为节点导纳矩阵、节点阻抗矩阵及其相应的元素；n 为电力系统节点数。

但是在工程实际中，已知的节点注入量往往不是节点电流而是节点功率，为此必须应用联系节点电流和节点功率的关系式

$$\dot{I}_i = \frac{P_i - jQ_i}{\overset{*}{U}_i} \quad (i = 1,2,3,\cdots,n) \tag{4-5}$$

将式（4-5）代入式（4-3）、式（4-4）得到

$$\frac{P_i - jQ_i}{\overset{*}{U}_i} = \sum_{j=1}^{n} Y_{ij}\overset{*}{U}_j \quad (i = 1,2,3,\cdots,n) \tag{4-6}$$

或

$$U_i = \sum_{j=1}^{n} Z_{ij}\frac{P_j - jQ_j}{\overset{*}{U}_j} \quad (i = 1,2,3,\cdots,n) \tag{4-7}$$

这就是潮流计算问题最基本的方程式，是一个以节点电压 $\dot{U}$ 变量的非线性代数方程组。由此可见，采用节点功率作为节点注入量是造成方程组呈非线性的根本原因。由于方程组为非线性的，因此必须采用数值计算方法迭代求解。在计算中对这个方程组的不同应用和处理，就形成了不同的潮流算法。

对于电力系统中的每个节点，要确定其运行状态，需要有四个变量：有功注入 P、无功注入 Q、电压幅值 U 及电压相角 θ。n 个节点总共有 $4n$ 个运行变量。再观察式（4-6）或式（4-7），总共包括 n 个复数方程，如果将实部与虚部分开，则形成 $2n$ 个实数方程式，由此仅可以解得 $2n$ 个未知运行变量。为此在计算潮流以前，必须将另外 $2n$ 个变量作为已知量而预先给以指定。也即对每个节点，要给定其两个变量的值作为已知条件，而另两个变量作

为待求量。

按照电力系统的实际运行条件，根据预先给定的变量的不同，电力系统中的节点 θ 又可分成 PQ 节点、PV 节点及 $V\theta$ 节点或平衡节点三种类型。对应于这些节点，分别对其注入的有功、无功功率及电压幅值和相角加以指定；并且对平衡节点来说，其电压相角一般作为系统电压相角的基准（$\theta=0°$）。

交流电力系统中的复数电压变量可以用两种坐标形式表示

$$\dot{U}_i = U_i e^{j\theta} \tag{4-8}$$

或

$$\dot{U}_i = e_i + jf_i \tag{4-9}$$

而复数导纳为

$$Y_{ij} = G_{ij} + jB_{ij} \tag{4-10}$$

将式（4-8）、式（4-9）以及式（4-10）代入以导纳矩阵为基础的式（4-6），并将实部与虚部分开，可得到以下两种形式的潮流方程。

潮流方程的直角坐标形式为

$$P_i = e_i \sum_{j \in i}(G_{ij}e_j - B_{ij}f_j) + f_i \sum_{j \in i}(G_{ij}f_j + B_{ij}e_j)(i=1,2,3,\cdots,n) \tag{4-11}$$

$$Q_i = f_i \sum_{j \in i}(G_{ij}e_j - B_{ij}f_j) - e_i \sum_{j \in i}(G_{ij}f_j + B_{ij}e_j)(i=1,2,3,\cdots,n) \tag{4-12}$$

潮流方程的极坐标形式为

$$P_i = U_i \sum_{j \in i} U_j(G_{ij}\cos\theta_{ij} + B_{ij}\sin\theta_{ij})(i=1,2,3,\cdots,n) \tag{4-13}$$

$$Q_i = U_i \sum_{j \in i} U_j(G_{ij}\sin\theta_{ij} - B_{ij}\cos\theta_{ij})(i=1,2,3,\cdots,n) \tag{4-14}$$

式中，$j \in i$ 表示 Σ 号后的标号为 j 的节点必须直接和节点 i 相连，并包括 $j=i$ 的情况，$\theta_{ij}=\theta_i - \theta_j$。这两种形式的潮流方程通称为节点功率方程，是牛顿—拉夫逊法等潮流算法所采用的主要数学模型。

对于以上潮流方程中的有关运行变量，还可以按其性质的不同再加以分类，这对于进行例如灵敏度分析以及最优潮流的研究等，都是比较方便的。

每个节点的注入功率是该节点的电源输入功率 P_{Gi}、Q_{Gi} 和负荷需求功率 P_{Li}、Q_{Li} 的代数和。负荷需求的功率取决于用户，是无法控制的，所以称之为不可控变量或扰动变量。而某个电源所发的有功、无功功率则是可以由运行人员控制或改变的变量，是控制变量。至于各个节点的电压幅值和相角则是随控制变量的改变而变化的因变量或状态变量；当系统中各个节点的电压幅值和相角都知道以后，则整个系统的运行状态也就完全确定了。若以 p、u、x分别表示扰动变量、控制变量、状态变量，则潮流方程可以用更简洁的方式表示为

$$f(x,u,p) = 0 \tag{4-15}$$

根据式（4-15），潮流计算的含义就是针对某个扰动变量 p，根据给定的控制变量 u，求出相应的状态变量 x。

4.2.2 潮流计算中的节点分类

（1）PQ 节点：给出运行参数 (P, Q)，待求 (U, θ)。通常有变电站母线，某些出力 P、Q 给定的发电厂。

（2）PV 节点：给出 (P, U)，待求 (Q, θ)。必须有可调节无功电源，用于维持电压

值。通常选有一定无功功率储备的发电厂母线。或有无功补偿设备的变电站。PV 节点的无功越限时，PV 节点转换为 PQ 节点。

（3）$V\theta$ 节点或平衡节点：系统中一般只设一个，待求 P，Q。通常选调频发电厂母线，也可以为提高收敛性而选择出线最多的发电厂母线为平衡节点。

平衡节点设置的目的：①电压计算需要参考节点；②在潮流计算结果出来之前，需要一个节点的功率不可给定，用以平衡全网的功率损耗。

平衡节点的选择会影响潮流计算的收敛性，平衡节点一般选择承担系统频率调节任务的发电厂母线。

4.3　潮流计算的几种基本方法

4.3.1　高斯 - 赛德尔法

以导纳矩阵为基础，并应用高斯 - 塞德尔迭代的算法是在电力系统中最早得到应用的潮流计算方法。首先研究算法的基本构成，并讨论最简单的情况，即电力系统中除平衡节点外，其余都属于 PQ 节点。

$$\dot{U}_i = \frac{1}{Y_{ii}} \left[\frac{P_i^s - jQ_i^s}{\dot{U}_i^*} - \sum_{\substack{j=1 \\ j \neq i}}^{n} Y_{ij} \dot{U}_j \right] \quad (i = 2,3,\cdots,n) \tag{4-16}$$

式（4-16）中，P_i^s、Q_i^s 为 U_i^s 节点给定的注入有功、无功功率。

假定节点 1 为平衡节点，其给定电压为 U_i^s。平衡节点不参加迭代。于是对应于这种情况的高斯 - 塞德尔迭代格式为

$$\dot{U}_i^{(k+1)} = \frac{1}{Y_{ii}} \left[\frac{P_i^s - jQ_i^s}{\dot{U}_i^{*(k)}} - Y_{i1}^s \dot{U}_1^s - \left(\sum_{j=2}^{i-1} Y_{ij} U_j^{(k+1)} + \sum_{j=i+1}^{n} Y_{ij} \dot{U}_j^{(k+1)} \right) \right] \tag{4-17}$$

式（4-17）是该算法最基本的迭代式。从一组假定的 $\dot{U}_i$ 初值出发，依次进行迭代计算，迭代收敛的判据是

$$\max | \dot{U}_i^{(k+1)} - \dot{U}_i^{(k)} | < \varepsilon \tag{4-18}$$

本算法的突出优点是原理简单，程序设计十分容易，对初值不敏感。导纳矩阵是一个对称且高度稀疏的矩阵，因此占用内存非常节省。

根据式（4-17），可以对这个算法每次迭代所需的计算量加以估计。由于一般电力网络每个节点都平均只和 2～4 个相邻节点相连，相应的节点导纳矩阵每行的非零非对角元个数也是如此，于是式（4-17）中圆括号内所包括的累加项数目也只有 2～4 项，因而计算量很小。就每次迭代所需的计算量而言，该方法是各种潮流算法中计算量最小的，并且和网络所包含的节点数量成正比关系。

本算法的主要缺点是收敛速度很慢。因为根据上述迭代计算公式，各节点电压在数学上是松散耦合的，也即经过一次迭代，每个节点电压值的改进只能影响到和这个节点直接相连的少数几个节点电压的修正，所以节点电压向最后收敛点的接近非常缓慢。另外应值得注意的是，算法达到收敛所需的迭代次数与所计算网络的节点数目有密切的关系，迭代次数将随着计算网络节点数目的增加而直接上升，从而导致了计算量的急剧增加。因此在用于较大规模电力系统的潮流计算时，速度显得非常缓慢。

采用高斯－塞德尔迭代算法的另一个重要限制是对于某些具有下述所谓病态条件的系统，计算往往会发生收敛困难：

（1）节点间相位角差很大的重负荷系统；

（2）包含有负电抗支路（如某些三绕组变压器或线路串联电容等）的系统；

（3）具有较长的辐射形线路的系统；

（4）长线路与短线路接在同一节点上，而且长短线路的长度比值又很大的系统。

此外，平衡节点所在位置的不同选择也会影响收敛性能。

为了克服基于节点导纳矩阵的高斯－塞德尔迭代法的这些缺点，60年代初提出了基于节点阻抗矩阵的高斯－塞德尔迭代法。这里为了对其计算性能进行讨论，仅列出系统中除平衡节点（设为节点1）外，其余都属 PQ 节点的最简单情况的迭代公式。上述最简单情况的迭代公式为

$$I_j^{(k)} = \frac{P_j^s - jQ_j^s}{U_j^{*(k)}} \ (j = 2, 3, \cdots, n) \tag{4-19}$$

$$\dot{U}_i^{(k)} = \sum_{j=1}^{i-1} Z_{ij} \dot{I}_j^{(k)} + \sum_{j=1}^{n} Z_{ij} \dot{I}_j^{(k-1)} \ (j = 2, 3, \cdots, n) \tag{4-20}$$

式中，平衡节点的电流不能用式（4-19）进行计算。

由于节点阻抗矩阵是一个满阵，在迭代式（4-20）中，每个节点电压与网络中所有节点的电流都有关联，在迭代过程中，某个节点的电压的改进会对所有节点的电压改进做出贡献，因而这种算法的收敛速度比较快，其达到收敛所需的迭代次数与所计算网络的节点数关系不大，并且对上述的病态条件也并不那么敏感。这种算法的主要缺点是阻抗矩阵所占用的内存量大，而且阻抗法每迭代一次都要顺次取出阻抗矩阵中的每一个元素进行运算，因此每次迭代的计算量很大，随着系统规模的扩大，这些缺点就更加突出。故在牛顿法潮流出现后，该方法很少再被使用。

目前基于节点导纳矩阵的高斯－塞德尔法在一定的场合下仍在使用，例如所计算的网络规模很小而可用的计算机内存又非常小的情况；另外，有一些算法如牛顿法等对于待求量的迭代初始估计值要求比较高，在本算法不发散的情况下可以作为提供较好初值的一个手段，一般只需迭代1~2次就可以满足要求。

【例4-1】已知方程组

$$\begin{cases} 3x_1 + 2x_1 x_2 - 1 = 0 \\ 3x_2 - x_1 x_2 + 2 = 0 \end{cases}$$

用高斯－塞德尔求解（$\varepsilon < 0.01$）。

解：（1）将方程组改写为：

$$x_1 = -\frac{2}{3} x_1 x_2 + \frac{1}{3}, \ x_2 = -\frac{1}{3} x_1 x_2 - \frac{2}{3}$$

（2）高斯塞德尔法的迭代式为：

$$x_1^{(k+1)} = -\frac{2}{3} x_1^{(k)} x_2^{(k)} + \frac{1}{3}, \ x_2^{(k+1)} = -\frac{1}{3} x_1^{(k+1)} x_2^{(k)} - \frac{2}{3}$$

（3）设初值 $x_1^{(0)} = x_2^{(0)} = 0$，代入上述迭代式得到第一次迭代解：

$$x_1^{(1)} = -\frac{2}{3} x_1^{(0)} x_2^{(0)} + \frac{1}{3} = 0.333 \, 3$$

$$x_2^{(1)} = -\frac{1}{3} x_1^{(1)} x_2^{(0)} - \frac{2}{3} = -0.666\,7$$

由于不满足收敛条件，则进行第二次迭代。

$$x_1^{(2)} = -\frac{2}{3} x_1^{(1)} x_2^{(1)} + \frac{1}{3} = 0.4815$$

$$x_2^{(2)} = -\frac{1}{3} x_1^{(2)} x_2^{(1)} - \frac{2}{3} = -0.7737$$

以此类推，直到满足 $\max|x_2^{(k+1)} - x_2^{(k)}| \leqslant \varepsilon$ 且 $\max|x_1^{(k+1)} - x_1^{(k)}| \leqslant \varepsilon$ 为止。

1. 高斯 - 塞德尔算法的优点

(1) 原理简单，程序设计十分容易。线性非线性方程组均适用。

(2) 导纳矩阵是一个对称且高度稀疏的矩阵，因此占用内存非常节省。

(3) 每次迭代的计算量也小，是各种潮流算法中最小的。

2. 高斯 - 塞德尔算法的缺点

(1) 收敛速度很慢。(松散耦合)

(2) 迭代次数将随所计算网络节点数的增加而直线上升。

(3) 病态条件的系统，计算往往会发生收敛困难。

为提高算法收敛速度，常用的方法是在迭代过程中加入加速因子 α，取

$$\dot{U}_i^{(k+1)} = \dot{U}_i^{(k)} + \alpha(\dot{U}'^{(k+1)}_i - \dot{U}_i^{(k)})$$

式中：$U'^{(k+1)}_i$ 是通过式（4 - 16）求得节点 i 电压的第（$k+1$）次迭代值，a 为加速因子，一般取 $1 < a < 2$。

1）基于节点阻抗矩阵的高斯 - 赛德尔法优点：

算法的收敛速度比较快（紧密耦合）了，达到收敛所需迭代次数与网络规模关系不大。

2）基于节点阻抗矩阵的高斯—赛德尔法主要缺点为：

阻抗矩阵所占用的内存量大；每次迭代的计算量也很大。

目前基于节点导纳矩阵的高斯 - 塞德尔法主要为牛顿法等对于待求量的选代初值要求比较高的算法提供初值，一般只需迭代 $1\sim2$ 次就可以满足要求。

4.3.2　牛顿 - 拉夫逊法

1. 牛顿 - 拉夫逊法的一般概念

牛顿 - 拉夫逊法（简称牛顿法）在数学上是求解非线性代数方程式的有效方法。其要点是把非线性方程式的求解过程变成反复地对相应的线性方程式进行求解的过程，即通常所称的逐次线性化过程。

对于非线性代数方程组

$$f(x) = 0 \tag{4 - 21}$$

即

$$f_i(x_1, x_2, \cdots, x_n) = 0 (i = 1, 2, \cdots, n) \tag{4 - 22}$$

在待求量 x 的某一个初始估计值 $x^{(0)}$ 附近，将式（4 - 22）泰勒级数展开并略去二阶及以上的高阶项，得到如下的线性化的方程组：

$$f(x^{(0)}) + f'(x^{(0)})\Delta x^{(0)} = 0 \tag{4 - 23}$$

式（4 - 23）称之为牛顿法的修正方程式。由此可以求得第一次迭代的修正量：

$$\Delta x^{(0)} = -[f(x^{(0)})]^{-1} f(x^{(0)}) \tag{4 - 24}$$

将 $\Delta x^{(0)}$ 和 $x^{(0)}$ 相加，得到变量的第一次改进值 $x^{(1)}$。接着就从 $x^{(1)}$ 出发，重复上述计算过程。因此从一定的初值 $x^{(0)}$ 出发，应用牛顿法求解的迭代格式为

$$f'(x^{(k)})\Delta x^{(k)} = -f(x^{(k)}) \tag{4-25}$$

$$x^{(k+1)} = x^{(k)} + \Delta x^{(k)} \tag{4-26}$$

由式（4-25）和式（4-26）可见，牛顿法的核心便是反复形成并求解修正方程式。牛顿法当初始估计值 $x^{(0)}$ 和方程的精确解足够接近时，收敛速度非常快，具有平方收敛特性。

2. 牛顿潮流算法的修正方程式

将牛顿法用于求解电力系统潮流计算问题时，由于所采用 $f(x)$ 的数学表达式以及复数电压变量采用的坐标形式不同，可以形成牛顿潮流算法的不同形式。

以下讨论用得最为广泛的 $f(x)$ 采用功率方程式模型，而电压变量则分别采用极坐标和直角坐标的两种形式。

（1）极坐标形式。令 $\dot{U}_i = U_i \angle \theta_i$，则采用极坐标形式的潮流方程是：

对每个 PQ 节点及 PV 节点，根据式（4-13）有：

$$P_i^s - U_i \sum_{j \in i} U_j (G_{ij}\cos\delta_{ij} + B_{ij}\sin\delta_{ij}) = \Delta P_i = 0 \tag{4-27}$$

对每个 PQ 节点，根据式（4-14）有：

$$Q_i^s - U_i \sum_{j \in i} U_j (G_{ij}\sin\delta_{ij} - B_{ij}\cos\delta_{ij}) = \Delta Q_i = 0 \tag{4-28}$$

将上述方程式在某个近似解附近用泰勒级数展开，并略去二阶及以上的高阶项后，得到以矩阵形式表示的修正方程式为

$$\begin{array}{c} n-1 \\ n-m-1 \end{array} \begin{bmatrix} \Delta P \\ \Delta Q \end{bmatrix} = - \begin{bmatrix} H & N \\ M & L \end{bmatrix} \begin{bmatrix} \Delta\theta \\ \Delta U/U \end{bmatrix} \begin{array}{c} n-1 \\ n-m-1 \end{array} \tag{4-29}$$

式中：n 为节点总数；m 为 PV 节点数。雅可比矩阵是 $(2n-m-2)$ 阶非奇异方阵。

雅可比矩阵各元素的表示式如下

$$H_{ij} = \frac{\partial \Delta P_i}{\partial \theta_j} = \begin{cases} -U_i U_j (G_{ij}\sin\theta_{ij} - B_{ij}\cos\theta_{ij}) & (j \neq i) \\ U_i^2 B_{ii} + Q_i & (j = i) \end{cases} \tag{4-30}$$

$$N_{ij} = \frac{\partial \Delta P_i}{\partial U_j}U_j = \begin{cases} -U_i U_j (G_{ij}\cos\theta_{ij} + B_{ij}\sin\theta_{ij}) & (j \neq i) \\ -U_i^2 G_{ii} - P_i & (j = i) \end{cases} \tag{4-31}$$

$$M_{ij} = \frac{\partial \Delta Q_i}{\partial \theta_j} = \begin{cases} U_i U_j (G_{ij}\cos\theta_{ij} + B_{ij}\sin\theta_{ij}) & (j \neq i) \\ U_i^2 G_{ii} - P_i & (j = i) \end{cases} \tag{4-32}$$

$$L_{ij} = \frac{\partial \Delta Q_i}{\partial U_j}U_j = \begin{cases} -U_i U_j (G_{ij}\sin\theta_{ij} - B_{ij}\cos\theta_{ij}) & (j \neq i) \\ U_i^2 B_{ii} - Q_i & (j = i) \end{cases} \tag{4-33}$$

（2）直角坐标形式。令 $\dot{U}_i = e_i + jf_i$，潮流方程的组成与极坐标形式不同。对每个节点都有两个方程式，因此在不计入平衡节点方程式的情况下，总共有 $2(n-1)$ 个方程式。

对每个 PQ 节点，根据式（4-11）和式（4-12）有

$$P_i^s - \sum_{j \in i} [e_i (G_{ij}e_j - B_{ij}f_j) + f_i (G_{ij}f_j + B_{ij}e_j)] = \Delta P_i = 0 \tag{4-34}$$

$$Q_i^s - \sum_{j \in i} [f_i (G_{ij}e_j - B_{ij}f_j) - e_i (G_{ij}f_j + B_{ij}e_j)] = \Delta Q_i = 0 \tag{4-35}$$

对每个 PV 节点，除了有与式（4-34）相同的有功功率方程式之外，还有

$$(U_i^s)^2 - (e_i^2 + f_i^2) = \Delta U_i^2 = 0 \tag{4-36}$$

采用直角坐标形式的修正方程式为

$$\begin{matrix} n-1 \\ n-m-1 \\ m \end{matrix} \begin{bmatrix} \Delta P \\ \Delta Q \\ \Delta U_i^2 \end{bmatrix} = - \begin{bmatrix} H & N \\ M & L \\ R & S \end{bmatrix} \begin{bmatrix} \Delta e \\ \Delta f \end{bmatrix} \begin{matrix} n-1 \\ n-1 \end{matrix} \tag{4-37}$$

雅可比矩阵各元素的表示式如下

$$H_{ij} = \frac{\partial \Delta P_i}{\partial e_j} = \begin{cases} -(G_{ij}e_i + B_{ij}f_i) & (j \neq i) \\ -\sum_{j \in i}(G_{ij}e_j - B_{ij}f_j) - G_{ii}e_i - B_{ii}f_i & (j = i) \end{cases} \tag{4-38}$$

$$N_{ij} = \frac{\partial \Delta P_i}{\partial f_j} = \begin{cases} B_{ij}e_i - G_{ij}f_i & (j \neq i) \\ -\sum_{j \in i}(G_{ij}f_j + B_{ij}e_j) + B_{ii}e_i - G_{ii}f_i & (j = i) \end{cases} \tag{4-39}$$

$$M_{ij} = \frac{\partial \Delta Q_i}{\partial e_j} = \begin{cases} B_{ij}e_i - G_{ij}f_i & (j \neq i) \\ \sum_{j \in i}(G_{ij}f_j - B_{ij}e_j) + B_{ii}e_i - G_{ii}f_i & (j = i) \end{cases} \tag{4-40}$$

$$L_{ij} = \frac{\partial \Delta Q_i}{\partial f_j} = \begin{cases} G_{ij}e_i + B_{ij}f_i & (j \neq i) \\ -\sum_{j \in i}(G_{ij}e_j - B_{ij}f_j) + G_{ii}e_i + B_{ii}f_i & (j = i) \end{cases} \tag{4-41}$$

$$R_{ij} = \frac{\partial \Delta U_i^2}{\partial e_j} = \begin{cases} 0 & (j \neq i) \\ -2e_i & (j = i) \end{cases} \tag{4-42}$$

$$S_{ij} = \frac{\partial \Delta U_i^2}{\partial e_j} = \begin{cases} 0 & (j \neq i) \\ -2f_i & (j = i) \end{cases} \tag{4-43}$$

仔细分析以上两种类型的修正方程式，可以看出两者具有以下共同特点：

（1）修正方程式的数目分别为 $2(n-1)-m$ 和 $2(n-1)$ 个，在 PV 节点所占比例不大时，两者的方程式数目基本接近 $2(n-1)$ 个。

（2）雅可比矩阵的元素都是节点电压的函数，每次迭代，雅可比矩阵都需要重新形成。

（3）分析雅可比矩阵的非对角元素的表示式可见，某个非对角元素是否为零决定于相应的节点导纳矩阵元素 Y_{ij} 是否为零。因此如将修正方程式按节点号的次序排列，并将雅可比矩阵分块，把每个 2×2 阶子阵，如 $\begin{bmatrix} H_{ij} & N_{ij} \\ M_{ij} & L_{ij} \end{bmatrix} \begin{bmatrix} H_{ij} & N_{ij} \\ R_{ij} & S_{ij} \end{bmatrix}$ 等作为分块矩阵的元素，则按节点号顺序而构成的分块雅可比矩阵将和节点导纳矩阵具有同样的稀疏结构，是一个高度稀疏的矩阵。

（4）和节点导纳矩阵具有相同稀疏结构的分块雅可比矩阵在位置上对称，但由于 $H_{ij} \neq H_{ji}$、$N_{ij} \neq N_{ji}$、$M_{ij} \neq M_{ji}$、$L_{ij} \neq L_{ji}$ 等，所以雅可比矩阵不是对称阵。

3. 修正方程式的处理和求解

牛顿法的核心是反复形成并求解修正方程式，有效地处理修正方程式是提高牛顿法潮流程序计算速度并降低内存需求量的关键。

结合修正方程式的求解，目前实用的牛顿法潮流程序的程序特点主要有以下三个方面，这些程序特点对牛顿法潮流程序性能的提高起着决定性的作用。

（1）对于稀疏矩阵，在计算机中只储存其非零元素，且只有非零元素才参加运算。

（2）修正方程式的求解过程，采用对包括修正方程常数项的增广矩阵以按行消去的方式进行消元运算。

（3）节点编号优化。经过消元运算得到的上三角矩阵一般仍为稀疏矩阵，但由于消元过程中有新的非零元素注入，使得它的稀疏度比原雅可比矩阵有所降低。分析表明，新增非零元素的多少和消元的顺序或节点编号有关。

节点编号优化的作用即在于找到一种网络节点的重新编号方案，使得按此构成的节点导纳矩阵以及和它相应的雅可比矩阵在高斯消元或三角分解过程中新增的非零元素数目能尽量减少。

4. 节点编号优化通常有三种方法

（1）静态法：按各节点静态连接支路数的多少顺序编号。由少到多编号；（效果最差，计算量小）

（2）半动态法：按各节点动态连接支路数的多少顺序编号。（最常用）

（3）动态法：按各节点动态增加支路数的多少顺序编号。（效果最好，计算量最大）

5. 牛顿潮流算法的性能特点

（1）其优点是收敛速度快，若选择到一个较好的初值，算法将具有平方收敛特性，一般迭代 4～5 次便可以收敛到非常精确的解，而且其迭代次数与所计算网络的规模基本无关。

（2）牛顿法也具有良好的收敛可靠性，对于对以节点导纳矩阵为基础的高斯—塞德尔法呈病态的系统，牛顿法均能可靠收敛。

（3）牛顿法所需的内存量及每次迭代所需时间均较前述的高斯—塞德尔法多并与程序设计技巧有密切关系。

（4）初值对牛顿法的收敛性影响很大。若初值选择不当，算法有可能根本不收敛或收敛到一个无法运行的解点上。解决的办法可以先用高斯—塞德尔法迭代 1～2 次以此迭代结果作为牛顿法的初值。也可以先用直流法潮流求解一次求得一个较好的角度初值，然后转入牛顿法迭代。

4.3.3　快速解耦法（P-Q 分解法）

快速解耦法来源于极坐标形式的牛顿法，快速解耦法在内存占用量以及计算速度方面，都比牛顿法有了较大的改进。

1. P-Q 分解法基本原理

交流高压电网的特点如下。

（1）在交流高压电网中，输电线路的电抗比电阻大得多

$$R \ll X, G_{ij} \ll B_{ij}, G_{ii} \ll B_{ii}$$

（2）一般线路两端电压的相角差不大

$$\theta_{ij} < 10° \sim 20°$$

则：$\cos\theta_{ij} \approx 1$，$G_{ij} \sin\theta_{ij} \ll B_{ij}$

（3）有功功率的变化主要决定于电压相位角的变化；

（4）无功功率的变化主要决定于电压幅值的变化；

（5）反映 N 和 M 两个子块元素的数值相对于 H、L 两个子块的元素要小得多。

因此雅可比矩阵元素可以简化为：

$$H_{ij} = \frac{\partial \Delta P_i}{\partial \theta_j} = -U_i U_j (G_{ij} \sin \theta_{ij} - B_{ij} \cos \theta_{ij})$$

$$N_{ij} = U_j \frac{\partial \Delta P_i}{\partial U_j} = -U_i U_j (G_{ij} \cos \theta_{ij} + B_{ij} \sin \theta_{ij})$$

$$M_{ij} = \frac{\partial \Delta Q_i}{\partial \theta_j} = U_i U_j (G_{ij} \cos \theta_{ij} + B_{ij} \sin \theta_{ij})$$

$$L_{ij} = U_j \frac{\partial \Delta Q_i}{\partial U_j} = -U_i U_j (G_{ij} \sin \theta_{ij} - B_{ij} \cos \theta_{ij})$$

$P\text{-}Q$ 分解法简化第一步：

$$\begin{matrix} n-1 \\ n-m-1 \end{matrix} \begin{bmatrix} \Delta P \\ \Delta Q \end{bmatrix} = - \begin{bmatrix} H & N \\ M & L \end{bmatrix} \begin{bmatrix} \Delta\theta \\ \Delta U/U \end{bmatrix} \begin{matrix} n-1 \\ n-m-1 \end{matrix}$$

将 N 和 M 略去不计，得到如下两个已经解耦的方程组

$$\Delta P = -H\Delta\theta, \quad \Delta Q = -L(\Delta U/U)$$

这一步简化将原来 $2n-m-2$ 阶的方程组化为一个 $n-1$ 及一个 $n-m-1$ 阶的较小的方程组。但 H 和 L 元素仍然是节点电压函数且不对称。

作进一步简化：

假设 1：线路两端的相角差不大（10°～20°），而且 $|G_{ij}| \ll |B_{ij}|$，于是可认为 $\cos\theta_{ij} \approx 1$，$G_{ij} \sin\theta_{ij} \ll B_{ij}$；

假设 2：与节点无功功率相对应的导纳 Q_i/U_i^2 通常远小于节点的自导纳 B_{ii}，也即

$$Q_i \ll B_{ii}U_i^2$$

计及以上两个假设后，H 及 L 各元素的表示式可简化为

$$H_{ij} = U_i U_j B_{ij}, \quad L_{ij} = U_i U_j B_{ij}$$

于是 H 及 L 可表示为

$$H = UB'U, \quad H = UB''U$$

式中：U 是各节点电压赋值组成的对角阵。B' 和 B'' 的阶数不同，分别为 $n-1$ 及 $n-m-1$ 阶。

整理得

$$\Delta P/U = -B'(U\Delta\theta)$$

$$\Delta Q/U = -B''\Delta U$$

其中，B' 及 B'' 是节点导纳矩阵的虚部，是常数且对称。

2. B' 及 B'' 构成——标准型（XB 法）

为了加速收敛速度，B' 和 B'' 的构成作下列进一步修改：

（1）在形成 B' 时略去那些主要影响无功功率和电压幅值，而对有功功率及电压角度关系很少的因素，主要包括输电线路的充电电容以及变压器的非标准变比；

（2）为了减少在迭代过程中无功功率和节点电压幅值对有功功率迭代的影响，在 $\Delta P/U = -B'(U\Delta\theta)$ 中将电压的标幺值均置为 1，即将 U 作为单位阵；

（3）在计算 B' 时，略去串联元件的电阻。

于是，快速解耦潮流算法的修正方程式可写为

$$\Delta P/U = B'\Delta\theta$$

现代电力系统分析

$$\Delta Q/U = B''\Delta U$$

B' 与 B'' 的具体计算公式为

$$B'_{ij} \cong -\frac{1}{x_{ij}}, \ B'_{ii} \cong -\sum_{j \in i} B'_{ij} \cong \sum_{j \in i}\frac{1}{x_{ij}}$$

$$B''_{ij} = -\frac{x_{ij}}{r_{ij}^2 + x_{ij}^2} = -B_{ij} = b_{ij}, \ B''_{ii} = -B_{i0} + \sum_{j \in i}\frac{x_{ij}}{r_{ij}^2 + x_{ij}^2} = -b_{i0} - \sum_{j \in i} b_{ij} = -B_{ii}$$

式中：B_{ij} 及 B_{ii} 分别为节点导纳矩阵相应元素；B_{i0} 为节点 i 的总并联对地电纳；R_{ij} 及 X_{ij} 为相应网络元件的电阻及电抗；$j \in i$ 表示 $\sum$ 号后标号为 j 的节点必须和节点 i 直接相连，但不包括 $i=j$ 的情况。

标准型 B' 与 B'' 的具体公式为：

$$B'_{ij} \cong -\frac{1}{x_{ij}}, \ B'_{ii} \cong -\sum_{j \in i} B'_{ij} = \sum_{j \in i}\frac{1}{x_{ij}}$$

$$B''_{ij} = -\frac{x_{ij}}{r_{ij}^2 + x_{ij}^2} = -B_{ij} = b_{ij}, \ B''_{ii} = -B_{i0} + \sum_{j \in i}\frac{x_{ij}}{r_{ij}^2 + x_{ij}^2} = -b_{i0} - \sum_{j \in i} b_{ij} = -B_{ii}$$

3. B' 及 B'' 构成—通用型（BX 法）

B' 与 B'' 的具体计算式为：

$$B'_{ij} = -\frac{x_{ij}}{r_{ij}^2 + x_{ij}^2} = -B_{ij} = b_{ij}, \ B'_{ii} = \sum_{j \in i}\frac{x_{ij}}{r_{ij}^2 + x_{ij}^2} = -\sum_{j \in i} b_{ij}$$

$$B''_{ij} \cong -\frac{1}{x_{ij}}, \ B''_{ii} \cong \sum_{j \in i}\frac{1}{x_{ij}} - b_{i0}$$

通用型对 $R>X$ 的绝大部分电力系统具有良好的收敛特性。

BX 与 XB 法收敛性的比较如表 4-1 所示。

表 4-1　　　　　　　　　　　**BX 与 XB 法收敛性的比较**

节点数	牛顿法	BX法	XB法
5	4	10	10
30	3	5	5
57	3	6	6
118	3	6	7

4. 快速解耦法特点和性能

（1）用解两个阶数几乎减半的方程组（一个 $n-1$ 及一个 $n-m-1$）代替牛顿法解一个 $2n-m-2$ 阶方程组，显著地减少了内存需求量及计算量；牛拉法的收敛速度快于 $P\text{-}Q$ 分解法，牛拉法是平方收敛的，$P\text{-}Q$ 分解法近似线性收敛。

（2）牛拉法每次迭代要重新形成雅可比矩阵并进行三角分解，而 $P\text{-}Q$ 分解法的系数矩阵 B' 与 B'' 是两个常数阵，为此只需在迭代循环前一次形成并进行三角分解组成因子表，在迭代过程中反复应用，大大缩短了每次迭代所需时间。

（3）牛拉法的雅可比矩阵不对称，而 B' 与 B'' 都是对称阵，为此只要形成并储存因子表的上三角或下三角部分，减少了三角分解的计算量并节约了内存。

（4）$P\text{-}Q$ 分解法也称等斜率法，几乎是按同一速度收敛的。

（5）$P\text{-}Q$ 分解法迭代次数比牛顿法多，但每次迭代所需时间远比牛顿法少，所以总的计算速度比牛顿法通常可以快几倍。

（6）$P\text{-}Q$ 分解法是目前最快的交流潮流计算方法。

（7）具有较好的收敛可靠性。另外，快速解耦法的程序设计较牛顿法简单。

（8）$P\text{-}Q$ 分解法所需的内存量约为牛顿法的 60%，而每次迭代所需时间约为牛顿法的 $1/5$。

（9）$P\text{-}Q$ 分解法的应用：规划设计等离线计算的场合；安全分析等在线计算的场合。

5. 元件 R/X 过大的病态问题

从牛顿法到快速解耦法的演化是在元件的 $R\ll X$ 以及线路两端相角差比较小等简化假设的基础上进行的，因此当系统存在不符合这些假设的因素时，就会出现迭代次数大大增加或甚至不收敛的情况。而其中又以出现元件大 R/X 比值的机会最多，例如低电压网络，某些电缆线路，三绕组变压器的等值电路以及通过某些等值方法所得到的等值网络等均会出现部分或个别支路 R/X 比值偏高的问题。大 R/X 比值病态问题已成为快速解耦法应用中的一个最大障碍。

目前，解决这个问题的途径主要有以下两种分别为参数补偿法和改进算法。

（1）对大 R/X 比值支路的参数加以补偿。对大 R/X 比值支路的参数加以补偿，又可以分成串联补偿法及并联补偿法两种。

1）串联补偿法。这种方法的原理如图 4-1 所示，其中 m 为增加的虚构节点，$-\mathrm{j}X_C$ 为新增的补偿电容。X_C 数值的选择应满足 $i-m$ 支路 $(X+X_C)\gg R$ 的条件。这种方法的缺点是如果原来支路的 R/X 比值非常大，从而使 X_C 的值选得过大时，新增节点 m 的电压值有可能偏离节点 i 及 j 的电压很多，从而这种不正常的电压本身将导致潮流计算收敛缓慢，甚至不能收敛。

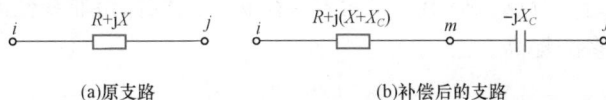

图 4-1　对大 R/X 比值支路的串联补偿

2）并联补偿法。如图 4-2 所示，经过补偿的支路 $i-j$ 等值导纳如下。

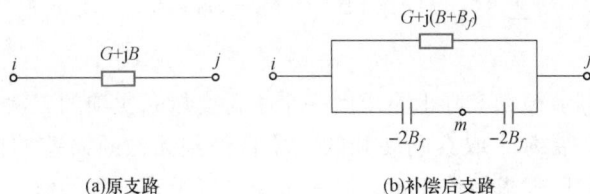

图 4-2　对大 R/X 比值支路的并联补偿

$$Y_{ij}=G+\mathrm{j}(B+B_f)+\cfrac{1}{\left(\cfrac{1}{-2\mathrm{j}B_f}-\cfrac{1}{-2\mathrm{j}B_f}\right)}=G+\mathrm{j}B$$

即仍等于原来支路 $i-j$ 的导纳值。

并联补偿新增节点 m 的电压 $\dot U_m$ 不论 B_f 的取值大小都始终介于支路 $i-j$ 两端点的电压

之间，不会产生病态的电压现象，从而克服了串联补偿法的缺点。

（2）改进算法。改进算法基本上保留了原来 $P\text{-}Q$ 分解法的框架，但对修正方程式及其系数矩阵的构成作出各种不同的修改。

常用的算法改进是在构成 B' 的元素时不计串联元件的电阻，仅用其电抗值（X），而在形成 B'' 的元素时则仍用精确的电纳值（B），称之为 XB 方案。与此相对应，组成 $P\text{-}Q$ 分解法还可以有 BX、BB、XX 方案。在不同的试验网络上进行的大量计算实践表明，处理大 R/X 值问题上的能力以方案 BB 最差，方案 XX 次之，方案 BX 最好。

（3）参数补偿和算法改进比较。为解决 R/X 大比值病态问题，参数补偿和改进算法这两种途径各有利弊。

使用补偿法要增加一个节点，当网络中 R/X 大比值的元件数目很多时将使计算网络的节点数增加很多。

采用改进算法不存在节点数增加很多的问题。但目前已提出的一些改进算法并不完全免除对元件 R/X 大比值的敏感性。当某个元件的比值特别高时，算法所需的迭代次数仍将急剧上升或甚至发散。

4.3.4　保留非线性快速潮流算法

牛顿法求解非线性潮流方程时采用了逐次线性化的方法，如果采用更加精确的数学模型，将泰勒级数的高阶项或非线性项也考虑进来，便产生了一类称为保留非线性的潮流算法。因为其中大部分算法主要包括了泰勒级数的前 3 项，即取到泰勒级数的二阶项，所以也称为二阶潮流算法。在极坐标形式的牛顿法修正方程式中增加泰勒级数的二阶项，所得到的算法对收敛性能略有改善，但计算速度无显著提高。后来，根据直角坐标形式的潮流方程是一个二次代数方程组这一特点，提出了采用直角坐标形式的保留非线性的快速潮流算法，在速度上比牛顿法有较多的提高。

1. 数学模型

采用直角坐标形式的潮流方程为

$$P_i = \sum_{j\in i}(G_{ij}e_ie_j - B_{ij}e_if_j + G_{ij}f_if_j + B_{ij}f_ie_j)$$

$$Q_i = \sum_{j\in i}(G_{ij}f_ie_j - B_{ij}f_if_j - G_{ij}e_if_j - B_{ij}e_ie_j)$$

$$U_i^2 = e_i^2 + f_i^2$$

直角坐标表示的潮流模型实际上是求解一个不含变量一次项的二次代数方程组。泰勒展开的二阶项系数已经是常数，取泰勒展开的三项将得到无截断误差的精确展开式，从理论上，取初值后如能从展开式求解修正量，则一步便可以求得方程的解。

2. 齐次二次方程表示的潮流方程

定义如下：

n 维未知变量向量：$x=[x_1,\ x_2,\ \cdots,\ x_n]^T$；

n 维函数向量：$y=[y_1\ (x),\ y_2\ (x),\ \cdots,\ y_n\ (x)]^T$；

n 维函数给定值向量：$y^s=[y_1^s,\ y_2^s,\ \cdots,\ y_n^s]^T$；

一个具有 n 个变量的齐次二次代数方程式的普遍形式为

$$y_i(x) = [(a_{11})_i x_1 x_1 + (a_{12})_i x_1 x_2 + \cdots + (a_{1n})_i x_1 x_n]$$

$$+[(a_{21})_i x_2 x_1+(a_{22})_i x_2 x_2+\cdots+(a_{2n})_i x_2 x_n] \quad (4-44)$$

$$+\cdots+[(a_{n1})_i x_n x_1+(a_{n2})_i x_2 x_2+\cdots+(a_{nn})_i x_n x_n]$$

于是潮流方程组就可以写成如下的矩阵形式

$$y^s=y(x)=A\begin{bmatrix} x_1 x \\ \cdots \\ x_2 x \\ \cdots \\ \vdots \\ \cdots \\ x_n x \end{bmatrix} \quad (4-45)$$

或

$$f(x)=y(x)-y^s=0$$

系数矩阵为

$$A=\begin{bmatrix} (a_{11})_1 & (a_{12})_1 & \cdots & (a_{1n})_1 & (a_{21})_1 & (a_{22})_1 & \cdots & (a_{2n})_1 & \cdots & (a_{n1})_1 & \cdots & (a_{nn})_1 \\ (a_{11})_2 & (a_{12})_{12} & \cdots & (a_{1n})_2 & (a_{21})_2 & (a_{22})_2 & \cdots & (a_{2n})_2 & \cdots & (a_{n1})_2 & \cdots & (a_{nn})_2 \\ & \cdots & \cdots & \cdots & \cdots & \cdots & \cdots & \cdots & \cdots & \cdots & \cdots \\ (a_{11})_n & (a_{12})_n & \cdots & (a_{1n})_n & (a_{21})_n & (a_{22})_n & \cdots & (a_{2n})_n & \cdots & (a_{n1})_n & \cdots & (a_{nn})_n \end{bmatrix}$$

3. 泰勒级数展开式

将式（4-44）在 $x^{(0)}$ 附近展开，可得如下没有截断误差的精确展开式

$$y_i(x)=y_i(x^{(0)})+\sum_{j=1}^n \frac{\partial y_i}{\partial x_j}\big|_{x=x^{(0)}}\Delta x_j+\frac{1}{2!}\sum_{j=1}^n\sum_{k=1}^n \frac{\partial^2 y_i}{\partial x_j \partial x_k}\big|_{x=x^{(0)}}\Delta x_j \Delta x_j$$

于与式（4-45）对应的精确的泰勒展开式为

$$y^s=y(x^{(0)})+J\Delta x+\frac{1}{2}H\begin{bmatrix} \Delta x_1 \Delta x \\ \Delta x_2 \Delta x \\ \vdots \\ \Delta x_n \Delta x \end{bmatrix} \quad (4-46)$$

式中：$\Delta x=[x-x^{(0)}]=[\Delta x_1,\ \Delta x_2,\ \cdots,\ \Delta x_n]^T$ 为修正量向量。

$$J=\begin{bmatrix} \dfrac{\partial y_1}{\partial x_1} & \dfrac{\partial y_1}{\partial x_2} & \cdots & \dfrac{\partial y_1}{\partial x_n} \\ \dfrac{\partial y_2}{\partial x_1} & \dfrac{\partial y_2}{\partial x_1} & \cdots & \dfrac{\partial y_2}{\partial x_1} \\ \vdots & \vdots & \cdots & \vdots \\ \dfrac{\partial y_2}{\partial x_1} & \dfrac{\partial y_2}{\partial x_1} & \cdots & \dfrac{\partial y_2}{\partial x_1} \end{bmatrix}_{x=x^{(0)}}$$

J 即雅可比矩阵。

H 是一个常数矩阵，其阶数很高，但高度稀疏。

$$H = \begin{bmatrix} \dfrac{\partial^2 y_1}{\partial x_1 \partial x_1} & \dfrac{\partial^2 y_1}{\partial x_1 \partial x_2} & \cdots & \dfrac{\partial^2 y_1}{\partial x_1 \partial x_n} & \dfrac{\partial^2 y_1}{\partial x_2 \partial x_1} & \dfrac{\partial^2 y_1}{\partial x_2 \partial x_2} & \cdots & \dfrac{\partial^2 y_1}{\partial x_2 \partial x_n} & \cdots & \dfrac{\partial^2 y_1}{\partial x_n \partial x_1} & \dfrac{\partial^2 y_1}{\partial x_n \partial x_2} & \cdots & \dfrac{\partial^2 y_1}{\partial x_n \partial x_n} \\[4mm] \dfrac{\partial^2 y_2}{\partial x_1 \partial x_1} & \dfrac{\partial^2 y_2}{\partial x_1 \partial x_2} & \cdots & \dfrac{\partial^2 y_2}{\partial x_1 \partial x_n} & \dfrac{\partial^2 y_2}{\partial x_2 \partial x_1} & \dfrac{\partial^2 y_2}{\partial x_1 \partial x_2} & \cdots & \dfrac{\partial^2 y_2}{\partial x_2 \partial x_n} & \cdots & \dfrac{\partial^2 y_2}{\partial x_n \partial x_1} & \dfrac{\partial^2 y_2}{\partial x_n \partial x_2} & \cdots & \dfrac{\partial^2 y_2}{\partial x_n \partial x_n} \\ & & & & & \vdots & & & & & & & \\ \dfrac{\partial^2 y_n}{\partial x_1 \partial x_1} & \dfrac{\partial^2 y_n}{\partial x_1 \partial x_2} & \cdots & \dfrac{\partial^2 y_n}{\partial x_1 \partial x_n} & \dfrac{\partial^2 y_n}{\partial x_2 \partial x_1} & \dfrac{\partial^2 y_n}{\partial x_2 \partial x_2} & \cdots & \dfrac{\partial^2 y_n}{\partial x_2 \partial x_n} & \cdots & \dfrac{\partial^2 y_n}{\partial x_n \partial x_1} & \dfrac{\partial^2 y_n}{\partial x_n \partial x_2} & \cdots & \dfrac{\partial^2 y_n}{\partial x_n \partial x_n} \end{bmatrix}$$

式（4-46）略去第三项，就成通常的牛顿法展开式。

将式（4-46）写成

$$y^s = y(x^{(0)}) + J\Delta x + y(\Delta x) \tag{4-47}$$

4. 数值计算迭代公式

式（4-47）是一个以 Δx 作为变量的二次代数方程组，求解满足该式的 Δx 仍要采用迭代的方法。

$$\Delta x = -J^{-1}[y(x^{(0)}) - y^s + y(\Delta x)] \tag{4-48}$$

于是算法的具体迭代式为

$$\Delta x^{(k+1)} = -J^{-1}\{y[x^{(0)} - y^s + y(\Delta x^{(k)})]\} \tag{4-49}$$

式中：k 表示迭代次数；J 为按 $x = x^{(0)}$ 估计而得。

算法的收敛判据为 $\max|\Delta x_i^{(k+1)} - \Delta x_i^{(k)}| < \varepsilon$

也可采用相继两次迭代的二阶项之差作为收敛判据（更合理）

$$\max|y_i(\Delta x^{(k+1)}) - y_i(\Delta x^{(k)})| < \varepsilon$$

5. 算法特点及性能估计

牛顿法的迭代式为：

$$\Delta x^{(k)} = -[J(x^{(k)})]^{-1}[y(x^{(k)}) - y^s]$$
$$x^{(k+1)} = x^{(k)} + \Delta x^{(k)}$$

保留非线性算法的迭代式为：

$$\Delta x^{(k+1)} = -[J(x^{(0)})]^{-1}\{y[x^{(0)} - y^s + y(\Delta x^{(k)})]\}$$
$$x^{(k+1)} = x^{(0)} + \Delta x^{(k+1)}$$

保留非线性：（二阶收敛）恒定雅可比矩阵，只需一次形成并由三角分解构成因子表；$\Delta x^{(k)}$ 是相对于始终不变的初始估计值 $x^{(0)}$ 的修正量；达到收敛所需迭代次数多，收敛特性为直线但总计算速度较快；

牛顿法：（平方收敛），每次重新形成因子表；$\Delta x^{(k)}$ 是相对于上一次迭代所得到的迭代点 $x^{(k)}$ 的修正量。

保留非线性快速潮流算法采用的是用初值 $x^{(0)}$ 计算而得到的恒定雅可比矩阵，整个计算过程只需形成一次，并三角分解构成因子表。

保留非线性快速潮流算法与牛顿法计算式完全相同，仅变量不同，所以这部分的计算量是相同的，但由于保留非线性快速潮流算法不需重新形成雅可比矩阵并三角分解，所以每次迭代所需的时间可以大大节省。

保留非线性快速潮流算法达到收敛所需的迭代次数比牛顿法要多，在半对数坐标纸上其收敛特性近似为一条直线，但由于每次迭代所需的计算量比牛顿法节省很多，所以总的计算速度比牛顿法提高很多。

由于不具对称性质的雅可比矩阵经三角分解后，其上下三角元素都需要保存，和牛顿法的一种方案（修正方程式经过处理）仅需保存上三角元素相比，此算法所需的矩阵存储量将比要牛顿法增加 $35\%\sim40\%$。

由于利用以初始值计算得到的恒定雅可比矩阵进行迭代，因此初始值的选择对保留非线性快速潮流算法的收敛特性有很大影响。

保留非线性潮流算法与 P-Q 分解法相比，计算速度稍慢，内存使用远大于 P-Q 分解法。

4.3.5　最小化潮流算法 （非线性规划潮流算法）

潮流计算问题归结为求解一个非线性代数方程组，通过与电力系统物理特性相结合，提出了多种求解该方程组的有效算法。但实际上，对一些病态系统往往会出现计算过程振荡甚至不收敛的现象。在这种情况下，人们往往很难判定出现这些现象究竟是潮流算法本身不够完善而导致计算失败，还是从一定的初值出发，在给定的运行条件下，从数学上来讲，非线性的潮流方程组本来就是无解的，最小化潮流算法能给潮流有解与无解给出一个明确的结论。该方法的显著特点是从原理上保证了计算过程永远不会发散。

只要在给定条件下潮流问题有解，则上述的目标函数最小值就迅速趋近于零；如果从某一个初值出发，潮流问题无解，则目标函数就先是逐渐减小，但最后却停留在某一个不为零的正值上。

将数学规划原理和牛顿潮流算法的有机结合起来，形成一种新的潮流计算方法—带有最优乘子的牛顿算法，简称最优乘子法。有效地解决了病态电力系统的潮流计算问题。

1. 最小化潮流算法的数学模型

潮流计算问题概括为求解如下非线性代数方程组

$$f_i(x) = g_i(x) - b_i = 0 \tag{4-50}$$

或

$$f(x) = 0 \tag{4-51}$$

构造标量函数

$$F(x) = \sum_{i=1}^{n} f_i(x)^2 = \sum_{i=1}^{n} (g_i(x) - b_i)^2 \tag{4-52}$$

或

$$F(x) = [f(x)]^T f(x) \tag{4-53}$$

若非线性代数方程组的解存在，则以平方和形式出现的标量函数 $F(x)$ 的最小值应该成为零。若此最小值不能变为 0，则说明不存在能满足原方程组（4-50）的解。

这样，就把原来的解代数方程组的问题转化为求 x^*，从而使 $F(x^*) = \min$ 的问题。这里使 $F(x) = \min$ 的 x 为 x^*。

从而可将潮流计算问题归为如下非线性规划问题

$$\min F(x^*)$$

这里没有附加约束条件，于是潮流计算问题归为无约束非线性规划问题。

最小化潮流算法的收敛判据：$F(x^{(k+1)}) < \varepsilon$ 成立，$x^{(k+1)}$ 就是要求的解，若不成立再次迭代，直至满足条件。

对最小化潮流算法的评价：最小化潮流算法可以采用最优步长因子寻优，但应用这些技术的非线性规划潮流算法由于所需的内存量和计算速度都不能和牛顿法等常规潮流计算方法相比，因此作为一种潮流算法，并没有被普遍采用。但非线性规划的计算过程能对收敛过程加以控制，迭代过程总是使目标函数下降，永远不会发散，而这些特点却是牛顿法等常规潮流算法所没有的。

2. 带最优乘子的牛顿潮流算法

为了改进上述的非线性规划潮流算法，首先在决定搜索方向 $\Delta x^{(k)}$ 的问题上，利用常规牛顿潮流算法每次迭代所求出的修正量向量

$$\Delta x^{(k)} = -J(x^{(k)})^{-1} f(x^{(k)}) \tag{4-54}$$

作为搜索方向，并称之为目标函数在 $x^{(k)}$ 处的牛顿方向。由于牛顿法的雅可比矩阵高度稀疏并且已有了一套行之有效的求解修正方程式的方法，因此在决定 $\Delta x^{(k)}$ 时可以充分利用原来牛顿潮流算法在内存和计算速度方面的优势。

确定最优步长因子 $\mu^{*(k)}$

对一定的 $\Delta x^{(k)}$，目标函数 $F^{(k+1)}$ 是步长因子 $\mu^{(k)}$ 的一个一元函数

$$F^{(k+1)} = F(x^{(k)} + \mu^{(k)} \Delta x^{(k)}) = \Phi(\mu^{(k)}) \tag{4-55}$$

对式（4-55）求导即可确定 $\mu^{(k)}$。

带有最优乘子的牛顿潮流算法是从搜索方向和最优步长因子两个方面对上述的非线性规划潮流算法进行了改进，从而达到减小计算量的目的。该方法实质上是常规的牛顿潮流算法和计算最优乘子算法的结合。对于现有的采用直角坐标的牛顿法潮流程序，只需增加计算最优乘子的部分，就可以改变成为上述应用非线性规划原理的算法，使得潮流计算的收敛过程能有效地得到控制，具体可以分为以下三种情况。

（1）从一定的初值出发，原来的潮流问题有解。当用带有最优乘子的牛顿潮流算法求解时，目标函数将下降为零，乘子 $\mu^{(k)}$ 在经过几次迭代以后，稳定在 1.0 附近。

（2）从一定的初值出发，原来的潮流问题无解。这种情况下当用这种算法求解时，目标函数开始时也能逐渐减小，但迭代到一定的次数以后即停滞在某一个不为零的正值上，不能继续下降。$\mu^{(k)}$ 的值则逐渐减小，最后趋近于零。$\mu^{(k)}$ 趋近于零是所给的潮流问题无解的一个标志。

（3）若 $\mu^{(k)}$ 的值始终在 1.0 附近摆动，但目标函数却不断波动，不能降为零。$\mu^{(k)}$ 的值能趋近于 1.0 说明了解的存在，而目标函数产生波动或不能继续下降可能是由于计算精度不够所致，这时若改用双精度计算往往可能解决问题。

由上可见，采用带有最优乘子的牛顿潮流算法以后，潮流计算永远不会发散，即从算法上保证了计算过程的收敛性，从而有效地解决了病态潮流的计算问题。而 $\mu^{(k)}$ 的数值，即是在给定的运算条件下，潮流问题是否有解的一个判断标志。

4.3.6　直流潮流

前面介绍的潮流计算都属于精确的交流潮流计算所采用的数学模型和得到的计算结果都是精确的，但其计算量较大、耗费的时间也比较多。在有些场合如系统规划设计时，原始数据本身就并不很精确，而规划方案却很众多；再如在实时安全分析中，要进行大量的预想事故筛选等。这些场合对计算速度的要求比对计算精度的要求更高，因此就产生了采用近似模型的直流法潮流计算，其计算速度是所有潮流算法中最快的。

1. 直流潮流计算的假设

（1）高压输电线路的电阻远小于电抗，即 $r_{ij} \ll x_{ij}$，于是 $g_{ij} \approx 0$。

（2）输电线路两端电压相角差不大，可以认为 $\cos\theta_{ij} \approx 1$，$\sin\theta_{ij} \approx \theta_{ij}$。

（3）假定系统中各节点电压标幺值都等于 1，即 $U_i \approx U_j = 1.0$。

（4）不计接地支路的影响。

2. 直流潮流计算的模型

图 4-3 为直流法支路等值图。

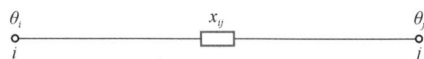

根据以上的假设条件，直流潮流的潮流计算方

程为

图 4-3　直流法支路等值图

$$P_{ij} = -b_{ij}(\theta_i - \theta_j) = \frac{\theta_i - \theta_j}{x_{ij}} \tag{4-56}$$

$$Q_{ij} = 0 \tag{4-57}$$

式中：θ_i，θ_j 为支路 i，j 节点电压的相角；x_{ij} 为支路 i，j 上的电抗；P_{ij} 为支路 i，j 上的有功功率。

除平衡节点外，n 个节点的电力系统的直流潮流数学模型为

$$P = B'_0 \theta \tag{4-58}$$

式中：P 和 θ 分别为 $n-1$ 阶节点有功注入和电压相角向量，其中不包括作为角度参考点的平衡节点的有关量；B'_0 构成和快速解耦法有功迭代方程式的系数矩阵 B' 完全相同。

4.3.7　随机潮流

前面所讲述的潮流均为确定性潮流计算。因为所给的网络参数及节点数据都认为是确定的值，从而计算得到的节点电压及支路潮流等也认为是确定的。但实际上，节点注入功率的预测会有误差，在运行中也会有随机波动；网络元件也会发生偶然事故而退出运行；特别是现代电力系统接入了越来越多的风电、光伏等可再生能源，具有较强的间歇性和波动性，给电力系统的运行带来很大的影响。这些因素造成了原始计算数据的随机性，从而使得计算结果也具有不确定性。为了估计这些不确定因素对系统带来的影响，若采用确定性的潮流计算方法，就需要根据各种可能的变动情况组成众多方案进行大量计算，耗时极多，且难以全面反映系统的实际情况。因此，研究能计及不确定因素影响的随机潮流计算方法是非常必要的。

随机潮流也称为概率潮流。随机潮流作为电力系统稳态运行情况的一种宏观统计方法，可以考虑系统运行的各种随机因素，得到系统运行情况的统计信息，因此比一般潮流更能揭示电力系统运行的特性。随机潮流是把潮流计算的已知量和待求量都作为随机变量来处理的一种潮流计算方法。输入的原始数据给出的是 PQ 及 PV 节点相应的节点注入功率或节点电压的期望值、方差和概率密度函数等，而计算结果所提供的也是节点电压及支路潮流等的概率统计特性（如期望值、方差、概率分布函数等），所以只要通过一次计算就为电力系统运行和规划提供了更全面的信息。例如通过概率分布曲线，可以知道线路过负荷的概率有多大，线路最经常出现的潮流值是多少；根据所提供的信息，还可以更恰当地确定输电线及无功补偿设备的容量及系统的备用容量等，所以随机潮流计算是很有实用价值的。

随机潮流问题最初提出时采用的是直流模型，后逐步发展为线性化的交流模型，此外还

有采用最小二乘法及保留非线性的交流模型等。目前，这个问题的研究方法及应用领域正在不断深入发展。

4.3.8 三相潮流

以上所提到的各种潮流计算都是针对三相对称系统而言的，系统各元件的参数及各节点的注入功率都是三相对称的，为此可用单线图来表示三相系统并在此基础上建立归结为一相的计算模型，因此往往也称为单相潮流计算。但在有些场合，例如系统中含有未经换位的超高压输电线路以及有很大的单相负载等，这就破坏了三相对称条件并产生了建立完整的三相模型和研究三相潮流计算方法的必要。从单相潮流到三相潮流，原来的一个节点将变成 a、b、c 三相 3 个节点，原来的一条支路也变成 3 条支路，所以无论是已知量或待求量均以 3 倍数增加。鉴于在系统中的超高压输电线（严格地讲还有某些变压器）各相间存在有不对称的耦合，用对称分量法进行分析已失去了各序网相互独立的特点，所以研究三相潮流，目前较多的是直接采用 abc 三相坐标系而不是 120 对称分量坐标系。

在建立了三相潮流计算的数学模型以后，可采用类似于单相潮流的方法来求解，如牛顿法或 P-Q 分解法。

4.3.9 含柔性元件的电力系统潮流计算

对含有柔性输电元件的电力系统，必须根据柔性输电元件的数学模型，建立系统的潮流方程及研究相应的求解方法。含柔性输电元件的电力系统潮流控制及潮流计算问题基本上可以分为以下两大类：①（由潮流计算控制参数）是根据具体的柔性输电元件的功能和系统运行的需要给出潮流控制目标，通过计算获得电力系统的潮流和柔性输电元件的控制参数；②（由控制参数计算潮流）是给定柔性输电元件的控制参数，通过计算获得系统的潮流。

当柔性输电元件被用于直接控制其安装地点的运行参数，如节点电压的幅值、线路的有功/无功功率时，采用第一类；在优化系统运行状态时，柔性输电元件可以间接地控制非安装地点的运行参数，这时采用第二类。

第二类问题多用于数学优化问题中，即通过对柔性输电元件参数的一系列调整使系统的运行状态满足一定的要求。与直流输电系统介入电力系统一样，柔性输电元件介入电力系统后也不改变潮流方程的数学性质，即描述系统的方程仍然是一组非线性代数方程。

因此，在计算方法上也仍然以牛顿法为基础，与交直流混合系统的潮流计算相类似，迭代也大致分为两种，即统一迭代法和交替迭代法。

柔性输电元件的种类很多，针对不同元件提出的潮流计算方法也很多。但通常都是按其具体的数学模型导出其对应节点的注入功率表达式，然后补充相应的控制方程从而形成含柔性输电元件的电力系统潮流方程。

（1）含并联型装置 SVC 和 STATCOM 的潮流计算。SVC 和 STATCOM 都属于并联型装置，在潮流计算中可以将它们看作一个并联在节点上的电容或电抗，向系统注入或从系统吸收无功功率。因此，在潮流计算中，将装有 SVC 或 STATCOM 的节点作为 PV 节点即可。SVC 或 STATCOM 的控制目标即是支撑该节点的电压幅值为 U_s。若装置在系统给定运行方式下不能维持节点电压幅值 U_s，这时可将 SVC 或 STATCOM 的控制目标改为定无功功率输出，从而将装有该装置的节点设为 PQ 节点，重新计算潮流。

（2）含 UPFC 的潮流计算。UPFC 可以同时控制节点电压和线路输送的有功及无功功率，含 UPFC 的电力系统潮流计算的任务是：对于系统的某运行方式和 UPFC 的控制目标，计算系统所有节点电压的幅值与相角和 UPFC 的控制参数。

4.3.10　连续潮流

连续潮流，又称为延拓潮流，是电力系统电压稳定性分析的有力工具，它通过在常规潮流基础上引入一个负荷增长系数来克服雅可比矩阵奇异，从而克服接近稳定极限运行状态时的收敛问题，解决了常规潮流在崩溃点外无解和在崩溃点附近不能可靠收敛的问题。连续潮流法是从初始稳定工作点开始，随着负荷缓慢变化，沿相应的 PV 曲线对下一工作点进行预估、校正，直至勾勒出完整的 PV 曲线。

4.3.11　潮流计算中的自动调整

实用的潮流程序往往还附有模拟实际系统运行控制特点的自动调整计算功能，这些调整控制大都属于所谓的单一准则控制，即调整系统中单独的一个参数或变量以使系统的某一个准则得到满足。比如：

（1）自动调整有载调压变压器的分抽头以保持变压器某侧节点或某个远方节点的电压为规定的数值。

（2）自动调整移相变压器的移相抽头以保持通过该移相变压器的有功功率为规定值。

（3）自动调整互联系统中某一个区域的一个（或数个）节点的有功功率以保持本区域和其他区域间的净交换有功功率为规定的数值。

（4）节点的无功功率越界、节点电压越界的自动处理，负荷静态特性的考虑等也属于潮流计算中自动调整的范畴。

4.4　最优潮流计算

4.4.1　概述

最优潮流问题在数学上是一个带约束的优化问题，其中主要构成包括变量集合、约束条件和目标函数。最优潮流是在系统的结构、参数和负荷给定的条件下，通过优选控制变量找到能满足指定约束条件，并使系统某一个性能指标或目标函数达到最优时的潮流分布。

1. 最优潮流与基本潮流的特点

（1）基本潮流。基本潮流：对一定的扰动变量 p（负荷情况），根据给定的控制变量 u（发电机有功、无功、节点电压幅值等），求出相应的状态变量 x。一次基本潮流计算，决定了电力系统的一个运行状态。

基本潮流计算结果主要满足了变量间等约束条件，如式（4-59）所示。

$$f(x,u,p) = 0 \qquad\qquad (4-59)$$

（2）最优潮流。系统状态变量及有关函数变量的上下限值间有一定间距，控制变量可以在一定范围内调节，因而对某一种负荷情况，理论上有众多可行解，从中选出最佳方案。

最优潮流就是当系统的结构参数及负荷情况给定时，通过控制变量的优选，所找到的能满足所有指定的约束条件，并使系统的某一个性能指标或目标函数达到最优时的潮流分布。

2. 最优潮流和基本潮流比较

最优潮流和基本潮流比较，有以下不同点。

（1）基本潮流计算时控制变量 u 是事先给定的，而最优潮流中的 u 则是可变而待优选的变量，为此必然有一个作为 u 优选准则的函数。

（2）最优潮流计算除了满足潮流方程这一等式条件之外，还必须满足与运行限制有关的大量不等式的约束条件。基本潮流由基本潮流方程组成，最优潮流由基本潮流方程、约束条件、目标函数组成。

（3）进行基本潮流计算是求解非线性代数方程组；而最优潮流计算由于其模型从数学上讲是一个非线性规划问题，因此需要采用最优化方法求解。

（4）基本潮流计算所完成的仅仅是一种计算功能，即从给定的 u 求出相应的 x；而最优潮流计算则能够根据特定目标函数并在满足相应约束条件的情况下，自动优选控制变量 u，这便具有指导系统进行优化调整的决策功能。

最优潮流求解的前提条件为：①机组的开停机情况已知，不考虑机组的启停情况；②系统中各母线的负荷功率给定；③网络结构确定，不考虑网络的重构问题，不受接线方式的影响。

4.4.2　最优潮流的数学模型

电力系统最优潮流把电力系统经济调度与潮流计算有机地融合在一起，以潮流方程为基础，进行经济性与安全性、电能质量的全面优化（包括有功和无功），是一个大型的多约束非线性规划问题。其数学模型和求解方法与常规潮流算法有很大的不同，最优潮流算法很多，归纳起来有线性规划法、非线性规划法、内点法及人工智能等方法。线性规划法是在一组线性约束条件下，寻找线性目标函数的最大值或最小值的优化方法。对于 OPF 问题，线性规划方法一般将非线性方程和约束条件使用泰勒级数近似线性化处理，或将目标函数分段线性化。线性化后的求解可用改进的单纯形法或对偶线性规划法。非线性规划法是求解在等式和不等约束条件下目标函数的最优解，其中等式约束、不等式约束和目标函数为非线性函数。最优潮流计算是一个典型的有约束非线性规划问题，求解最优潮流的非线性规划法有简化梯度法、二次规划法、牛顿法等。

最优潮流的变量分两大类：一类为控制变量 u，另一类为状态变量 x。

1. 一般常用的控制变量

（1）除平衡节点外，其他发电机组的有功功率；

（2）所有发电机节点（包括平衡节点）及具有可调无功补偿设备节点的电压幅值；

（3）移相器抽头位置；

（4）带负荷调压变压器的变比；

（5）并联电抗器/电容器容量。

状态变量是控制变量的因变量，需经潮流计算才能求得，通常包括各节点电压和各支路功率等。

2. 常见的状态变量

（1）除平衡节点外，其他所有节点的电压相角；

（2）除发电机节点以及具有可调无功补偿设备节点之外，其他所有节点的电压幅值。

状态变量需经潮流计算才能求得，通常包括各节点电压和各支路功率等，有的也采用发电机节点及具有可调无功补偿设备节点的无功功率作为控制变量，则它们相应的节点电压幅值就要改作为状态变量。

3. 最优潮流的目标函数

最优潮流有各式各样的目标函数，最常用的形式有以下两种。

（1）全系统发电燃料总耗量（或总费用）

$$f = \sum_{i \in NG} K_i(P_{Gi}) \tag{4-60}$$

式中：NG 为全系统发电机的集合，其中包括平衡节点 s 的发电机组；$K_i(P_{Gi})$ 是发电机组 G_i 的耗量特性。

电力系统调度运行研究中常用的最优潮流一般以系统运行成本最小，即全系统火电机组燃料总费用最小为目标。

由于平衡节点 s 的电源有功功率不是控制变量，其节点注入功率必须通过潮流计算才能决定，是节点电压幅值 U 及相角 θ 的函数，于是

$$P_{Gs} = P_s(U, \theta) + P_{Ls} \tag{4-61}$$

式中：$P_s(U，\theta)$ 为注入节点 s 而通过与节点相关的线路输出的有功功率；P_{Ls} 为节点 s 的负荷功率。

所以式（4-60）可写成：

$$f = \sum_{\substack{i \in NG \\ i \neq s}} K_i(P_{Gi}) + K_s(P_{Gs}) \tag{4-62}$$

（2）有功网损

$$f = \sum_{i,j \in NL} (P_{ij} + P_{ji}) \tag{4-63}$$

式中：NL 为所有支路的集合。

无功优化潮流通常以有功网损最小为目标函数，它在减少系统有功损耗的同时，还能改善电压质量。在采用有功网损作为目标函数的最优潮流问题（如无功优化潮流）中，除平衡节点外，其他发电机的有功功率都认为是给定不变的。因而对于一定的负荷，平衡节点的注入功率将随网损的变化而改变，于是平衡节点有功注入功率的最小化等效为系统总的网损的最小化。为此可以直接采用平衡节点的有功注入功率作为有功网损最小化问题的目标函数。

$$\min f = \min P_s(U, \theta) \tag{4-64}$$

除此之外，最优潮流还可以采用其他类型的目标函数，如偏移量最小、控制设备调节量最小、投资及年运行费用之和最小等。

由上可见，最优潮流的目标函数不仅与控制变量 u 有关，同时和状态变量 x 有关。因此可用简洁的形式表示

$$f = f(u, x) \tag{4-65}$$

4. 等式约束条件及不等式约束条件

最优潮流分布必须满足基本潮流方程，这就是最优潮流问题的等式约束条件。即 $f(x, u, p)=0$。由于扰动变量 p 是给定的，该式可简化为

$$g(u, x) = 0 \tag{4-66}$$

最优潮流中的不等式约束条件有：

（1）有功电源功率上下限约束；

（2）可调无功电源功率上下限约束；

（3）带负荷调压变压器变比 K 调整范围约束；

（4）节点电压幅值上下限约束；

（5）输电线路或变压器元件中通过的最大电流或视在功率约束；

（6）线路通过的最大有功潮流或无功潮流约束；

（7）线路两端节点电压相角差约束等。

最优潮流计算不等约束条件统一表示为

$$h(u,x) \leqslant 0 \qquad (4-67)$$

5．最优潮流的数学模型

电力系统最优潮流的数学模型可表示为

$$\left. \begin{array}{l} \min_u f(u,x) \\ s.t. \quad g(u,x) = 0 \\ \quad\quad h(u,x) \leqslant 0 \end{array} \right\} \qquad (4-68)$$

采用不同的目标函数并选择不同的控制变量，再和相应的约束条件结合，就可构成不同的最优潮流问题。

（1）目标函数采用发电燃料耗量（或费用）最小，以除去平衡节点以外的所有有功电源功率及所有可调无功电源功率（或相应的节点电压幅值），还有带负荷调压变压器的电压比作为控制变量，就是对有功及无功进行综合优化的泛称的最优潮流问题。

（2）若目标函数同（1），仅以有功电源功率作为控制变量而将无功电源功率（或相应的节点电压幅值）固定，就称为有功最优潮流。

（3）若目标函数采用系统的有功网损最小，将各有功电源输出功率固定而以可调无功电源功率（或相应的节点电压幅值）及有载调压变压器变比作为控制变量，就称为无功优化潮流。

4.4.3　最优潮流算法综述

按处理约束的不同分类，按选择的修正量不同分类，按如何确定修正量的方向分类。

按处理约束的方法分类，可以分成三类：罚函数法、Kuhn‐Tucker 罚函数类（简称 KT 罚函数类）、Kuhn‐Tucker（简称 KT 类）

罚函数法：把等式及不等式约束都用罚函数引入目标函数，将有约束优化问题转化为无约束优化问题，式（4‐68）的优化问题：

$$\left. \begin{array}{l} \min_u f(u,x) \\ s.t. \quad g(u,x) = 0 \\ \quad\quad h(u,x) \leqslant 0 \end{array} \right\}$$

变成：

$$\min F(u,x) = f(u,x) + \sum_i \omega_{1i} g_i(u,x) + \sum_i \omega_{2i} h_i^2(u,x) \qquad (4-69)$$

式中，ω_{1i} 和 ω_{2i} 是罚因子，取充分大的正数。对越界的不等式约束通过罚函数引入目标函数。

对未越界者相应罚因子为 0，在罚函数中不出现。

KT-罚函数法：只将越界的不等式约束通过罚函数引入目标函数，保留等式约束方程，即：

$$\left.\begin{aligned} \min F(u,x) = f(u,x) + \sum_i \omega_i h_i^2(u,x) \\ s.t. \quad g(u,x) = 0 \end{aligned}\right\} \tag{4-70}$$

再用拉格朗日乘子将等式约束引入目标函数，构造拉格朗日函数：

$$L(u,x) = F(u,x) + \lambda^T g(u,x) \tag{4-71}$$

L 满足最优解的条件是满足 Kuhn-Tucker 条件（K-T 条件）：

$$\frac{\partial L}{\partial x} = 0, \quad \frac{\partial L}{\partial u} = 0, \quad \frac{\partial L}{\partial \lambda} = 0$$

求解上面方程得到最优解。

KT 类：KT 类算法完全不用罚函数。若迭代过程中某不等式约束越界，则将该不等式约束变为等式约束，即将其固定在限制值上，然后和等式约束同样处理。将违反不等式约束并固定在界值上的约束用乘子 μ 将其引入目标函数有：

$$\left.\begin{aligned} L(u,x) = f(u,x) + \lambda^T g(u,x) + \mu^T h(u,x) \\ \lambda > 0, \quad \mu > 0 \end{aligned}\right\} \tag{4-72}$$

不等式约束只有违反者才引入到拉格朗日函数中。

求取最优解应满足 K-T 条件：

$$\frac{\partial L}{\partial x} = 0, \quad \frac{\partial L}{\partial u} = 0, \quad \frac{\partial L}{\partial \lambda} = 0, \quad \frac{\partial L}{\partial \mu} = 0 \tag{4-73}$$

求解上面方程，即为 KT 类算法。

按修正的变量空间分类：在迭代过程中，可以是同时修正全变量空间，包括控制变量 u 和状态变量 x，称为直接类算法；

也可以只修正控制变量 u，而状态变量通过求解约束方程（潮流方程）得到。称为简化类算法。

按变量修正的方向分类：确定变量修正的方向有三类方法：

第一类为梯度类算法，包括梯度法即最速下降法，这类方法具有一阶收敛性；

第二类为拟牛顿类算法，如共轭梯度法和各种变尺度法，这类方法收敛性介于一阶和二阶之间；

第三类为牛顿法，例如海森矩阵法，这类方法有二阶收敛性。

三类最优潮流算法的三维分类图如图 4-4 所示。

4.4.4　最优潮流简化梯度法

由于电力系统的规模日益扩大，其节点数可以成百上千，最优潮流计算模型中包含的变量数及等式约束方程数极为巨大，至于不等式约束的数目则更多，兼以变量之间又存在着复杂的函数关系，这些因素都导致最优潮流计算跻身于极其困难的大规模非线性规划的行列。因此虽经将近 30 年的努力，但继续寻找能够快速、有效地求解各种类型的大规模最优潮流计算问题，特别是能够满足实时应用的方法，这对广大研究者来说仍然是一个巨大的挑战。

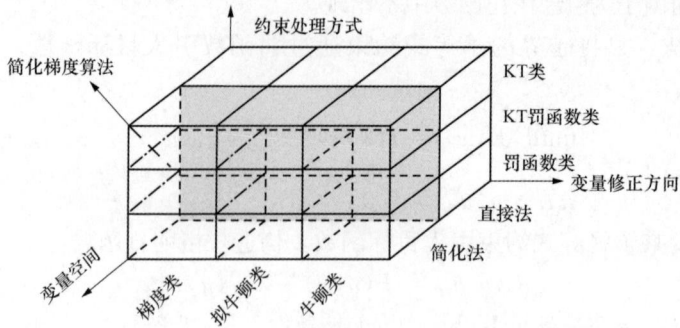

图 4-4 最优潮流算法三维分类图

最优潮流计算的简化梯度算法是以极坐标形式的牛顿潮流算法作为基础，其所采用的目标函数、等式及不等式约束条件均如上一节所介绍的情况。下面先讨论仅计及等式约束条件时算法的构成，然后讨论计及不等式约束条件时的处理方法。

1. 仅有等式约束条件时的算法

对于仅有等式约束的最优潮流计算，根据式（4-73），则问题可以表示为

$$\left.\begin{array}{l} \min_u f(u,x) \\ s.t.\ g(u,x)=0 \end{array}\right\} \tag{4-74}$$

应用经典的拉格朗日乘子法，引入和等式约束 $g(u,\ x)=0$ 中方程式数同样多的拉格朗日乘子 λ，则构成拉格朗日函数为

$$L(u,x)=f(u,x)+\lambda^{\mathrm{T}}g(u,x) \tag{4-75}$$

式中：λ 为由拉格朗日乘子所构成的向量。

这样便把原来的有约束最优化问题变成了一个无约束最优化问题。

采用经典的函数求极值的方法，是将 L 分别对变量 x、u 及 λ 求导并令其等于零，即得到求极值的一组必要条件为

$$\frac{\partial L}{\partial x}=\frac{\partial f}{\partial x}+\left(\frac{\partial g}{\partial x}\right)^{\mathrm{T}}\lambda=0 \tag{4-76}$$

$$\frac{\partial L}{\partial u}=\frac{\partial f}{\partial u}+\left(\frac{\partial g}{\partial u}\right)^{\mathrm{T}}\lambda=0 \tag{4-77}$$

$$\frac{\partial L}{\partial \lambda}=g(u,x)=0 \tag{4-78}$$

这是三个非线性代数方程组，每组的方程式个数分别等于向量 x、u、λ 的维数。最优潮流的解必须同时满足这三组方程。

定义目标函数梯度向量为：

$$\nabla f=\frac{\partial L}{\partial u}=\frac{\partial f}{\partial u}-\left(\frac{\partial g}{\partial u}\right)^{\mathrm{T}}\left[\left(\frac{\partial g}{\partial x}\right)^{T}\right]^{-1}\frac{\partial f}{\partial x} \tag{4-79}$$

由于通过潮流方程，变量 x 的变化可以用控制变量 u 的变化来表示，∇f 是在满足等式约束条件下目标函数在维数较小的 u 空间上的梯度，所以也称为简化梯度。

由于某一点的梯度方向是该点函数值变化率最大的方向，因此负梯度方向就是函数值下降最快的方向。每次迭代对 u 的修正，是取目标函数的负梯度方向作为每次迭代的搜索方

向，即取 $\Delta u^{(k)} = -c\,\nabla f$，其中 c 为步长因子，c 的选择对算法的收敛过程有很大影响，选得太小将使迭代次数增加，选得太大则将导致在最优点附近来回振荡。

收敛条件：$\left\| \dfrac{\partial L}{\partial u} \right\| \leqslant \varepsilon$（或写成：$\|\nabla f\| \leqslant \varepsilon$）

2. 不等式约束条件的处理

最优潮流的不等式约束条件数目很多，按其性质的不同又可分成两大类：第一类是关于自变量或控制变量 u 的不等式约束；第二类是关于因变量即状态变量 x 以及可表示为 u 和 x 的函数的不等式约束条件，这一类约束可以通称为函数不等式约束。以下分别讨论这两类不等式约束在算法中的处理方法。

（1）控制变量不等约束。控制变量的不等式约束比较容易处理，若按照 $u^{(k+1)} = u^{(k)} + \Delta u^{(k)}$ 对控制变量进行修正，如果得到的 $\Delta u^{(k)}$ 使得任一个 $u_i^{(k+1)}$ 超过其限值 $u_{i\max}$ 或 $u_{i\min}$ 时，则该越界的控制变量就被强制在相应的界上，即

$$u_i^{(k+1)} = \begin{cases} u_{i\max}, & \text{若 } u_i^{(k)} + \Delta u_i^{(k)} > u_{i\max} \\ u_{i\min}, & \text{若 } u_i^{(k)} + \Delta u_i^{(k)} < u_{i\min} \\ u_i^{(k)} + \Delta u_i^{(k)}, & \text{若不越界} \end{cases} \tag{4-80}$$

控制变量按这种方法处理以后，按照库恩 - 图克定理，在最优点处简化梯度的第 i 个分量 $\dfrac{\partial f}{\partial u_i}$ 应有

$$\frac{\partial f}{\partial u_i} = 0, \text{ 若 } u_{i\min} < u_i < u_{i\max}$$

$$\frac{\partial f}{\partial u} \leqslant 0, \text{ 若 } u_i = u_{i\max} \tag{4-81}$$

$$\frac{\partial f}{\partial u_i} \geqslant 0, \text{ 若 } u_i = u_{i\min}$$

式中，后面两个式子也可以这样来理解，即若对 u 没有上界或下界的限制而容许继续增大或减小时，目标函数能进一步得到减小。

（2）函数不等式约束。函数不等式约束 $h(u, x) \leqslant 0$ 无法采用和控制变量不等式约束相同的办法来处理，因而处理起来比较困难。目前比较通行的一种方法是采用罚函数法来处理。

罚函数法的基本思路是将约束条件引入原来的目标函数而形成一个新的函数，将原来有约束最优化问题的求解转化成一系列无约束最优化问题的求解。具体做法如下。

1）将越界不等式约束以惩罚项的形式附加在原来的目标函数 $f(u, x)$ 上，从而构成一个新的目标函数（即惩罚函数）$F(u, x)$ 如下

$$\begin{aligned} F(u,x) &= f(u,x) + \sum_{i=1}^{s} \gamma_i^{(k)} \{\max[0, h_i(u,x)]\}^2 \\ &= f(u,x) + \sum_{i=1}^{s} \omega_i \\ &= f(u,x) + W(u,x) \end{aligned} \tag{4-82}$$

式中：s 为函数不等式约束数；$\gamma_i^{(k)}$ 为指定的正常数，称为罚因子，其数值可随着迭代而改变；$\max[0, h_i(u, x)]$ 取值为

$$\max[0,h_i(u,x)] = \begin{cases} 0 & \text{当 } h_i(u,x) \leqslant 0,\text{即不越界} \\ h_i(u,x), & \text{当 } h_i(u,x) > 0,\text{即越界} \end{cases} \tag{4-83}$$

其中，附加在原来目标函数上的第二项 ω，或 W，称为惩罚项。例如对于状态变量 x 的惩罚项为

$$\omega_j = \begin{cases} \gamma_j(x_j - x_{j\max})^2, & \text{当 } x_j > x_{j\max} \text{ 时} \\ \gamma_j(x_j - x_{j\min})^2, & \text{当 } x_j < x_{j\min} \text{ 时} \\ 0 & \text{当 } x_{j\min} \leqslant x_j \leqslant x_{j\max} \text{ 时} \end{cases} \tag{4-84}$$

而对于要表示成变量函数式的不等式约束 $h_i(u,x)$ 的惩罚项为

$$\omega_i = \begin{cases} \gamma_i h_i(^u,x)^2, & \text{当 } h_i(u,x) > 0 \text{ 时} \\ 0 & \text{当 } h_i(u,x) \leqslant 0 \text{ 时} \end{cases} \tag{4-85}$$

2）对这个新的目标函数按无约束求极值的方法求解，使得最终求得的解点在满足上列约束条件的前提下能使原来的目标函数达到最小。

对惩罚函数法的简单解释就是当所有不等式约束都满足时，惩罚项 W 等于零。只要有某个不等式约束不能满足，就将产生相应的惩罚项 ω，而且越界量越大，惩罚项的数值也越大，从而使目标函数（现在是惩罚函数 F）额外地增大，这就相当于对约束条件未能满足的一种惩罚。当罚因子足够大时，惩罚项在惩罚函数中所占比重也大，优化过程只有使惩罚项逐步趋于零时，才能使惩罚函数达到最小值，这就迫使原来越界的变量或函数向其约束限值靠近或回到原来规定的限值之内。

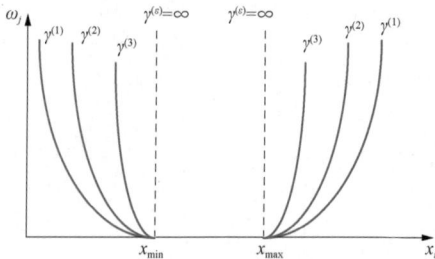

图 4-5 惩罚项的意义

惩罚项的数值和罚因子 γ_i 的大小有关，如图 4-5 所示，对于一定的越界量，γ_i 值取得越大 ω_i 的值也越大，从而使相应的越界约束条件重新得到满足的趋势也越强。但并不在一开始便取很大的数值，以免造成计算收敛性变差，而是随着迭代的进行，按照该不等式约束被违反的次数，逐步按照一定的倍数增加，是一个递增且趋于正无穷大的数列。

3. 计及等约束和不等约束的简化梯度潮流算法

在采用罚函数法处理函数不等约束以后，计及等约束和不等约束条件后，构造简化梯度潮流算的目标函数为

$$L(u,x,\lambda) = f(u,x) + \lambda^T g(u,x) + W(u,x)$$

式中：$W(u,x)$ 为罚函数。

此时简化梯度表示为：$\nabla f = \dfrac{\partial L}{\partial u} = \dfrac{\partial f}{\partial u} + \left(\dfrac{\partial g}{\partial x}\right)^T \lambda + \dfrac{\partial W}{\partial u}$。

4. 简化梯度最优潮流算法分析

（1）简化梯度最优潮流计算法的优点。简化梯度最优潮流算法是建立在牛顿法潮流计算的基础上的。利用已有的采用极坐标形式的牛顿法潮流计算程序加以一定的扩充，便可以得到这种最优潮流计算程序。这种算法原理比较简单，程序设计也比较简便。

（2）简化梯度最优潮流计算法的缺点。首先是因为采用梯度法或最速下降法作为求最优点的搜索方向，最速下降法前后二次迭代的搜索方向总是互相垂直的，因此迭代点在向最优

点接近的过程中走的是曲折的路，即通称的锯齿现象，而且越接近最优点，锯齿越来越小，因此收敛速度很慢。另一个缺点是因为采用罚函数法处理不等式约束而带来的，罚因子数值的选择是否适当，对算法的收敛速度影响很大。过大的罚因子会使计算过程收敛性变坏。

4.4.5　最优潮流计算的牛顿法

1. 牛顿法的基本原理

如同上面提到的简化梯度法或最速下降法，牛顿法是另一种求无约束极值的方法。

设无约束最优化问题

$$\min f(x) \quad x \in R^{(n)}$$

其极值存在的必要条件 $\nabla f = 0$，在一般情况下为一个非线性代数方程组。应用牛顿法对它求解，得到迭代格式为

$$\nabla^2 f(x^{(k)}) \Delta x^{(k)} = -\nabla f(x^{(k)}) \tag{4-86}$$

$$\Delta x^{(k)} = -\left[\nabla^2 f(x^{(k)})\right]^{-1} \nabla f(x^{(k)}) = -\left[H(x^{(k)})\right]^{-1} \nabla f(x^{(k)}) \tag{4-87}$$

$$x^{(k+1)} = x^{(k)} + \Delta x^{(k)} \tag{4-88}$$

式中：$\nabla f(x^{(k)})$ 为目标函数 $f(x)$ 的梯度向量；k 为迭代次数；$H(x^{(k)}) = \nabla^2 f(x^{(k)})$ 为目标函数 $f(x)$ 的海森矩阵，是目标函数对于 x 的二阶导数，故牛顿法又称为海森矩阵法。算法的收敛判据是 $\| \nabla f(x^{(k)}) \| < \varepsilon$。

牛顿法在按上述的基本格式进行迭代时，其搜索方向为

$$s^{(k)} = -\left[H(x^{(k)})\right]^{-1} \nabla f(x^{(k)}) \tag{4-89}$$

可见这种方法与最速下降法比较，除了利用了目标函数的一阶导数之外，还利用了目标函数的二阶导数，考虑了梯度变化的趋势，因此所得到的搜索方向比最速下降法好，能较快地找到最优点。

牛顿法在有一个较好的初值，并且 $H(x^{(k)})$ 为正定的情况下，收敛速度极快，具有二阶收敛速度，这是该法的突出优点。但是牛顿法的使用也受到一些限制：

（1）要求 $f(x)$ 二阶连续可微；

（2）每一步都要计算海森矩阵及其逆阵，内存量和计算工作量都很大。为此对于变量维量很高的优化计算，实用上往往被迫转而采用不必直接求 H 及其逆阵的拟牛顿法（变尺度法）。

但是在有些情况下，海森矩阵是一个稀疏阵，与节点导纳矩阵有相同的稀疏结构，于是可以采用结合了稀疏矩阵技术的高斯消去法等一整套极其有效的方法，直接求解式（4-87）以求得 $\Delta x^{(k)}$，其计算效率极高。而在电力系统最优潮流计算问题中，通过模型的适当建立，相应的海森矩阵可以是一个高度稀疏的矩阵，从而使海森矩阵法这种收敛速度极快的方法完全可以在最优潮流计算这样的大规模非线性规划问题中得到应用。而这正是下面要介绍的牛顿最优潮流算法的最基本特色。

2. 最优潮流牛顿法

在最优潮流牛顿算法中，不再区分为控制变量及状态变量，而统一写为 x，这样便于构造稀疏的海森矩阵，优化是在全空间中进行的。

于是最优潮流计算归结为如下非线性规划问题

$$
\left.
\begin{array}{l}
\min f(x) \\
s.\,t.\ g(x) = 0 \\
h(x) \leqslant 0
\end{array}
\right\} \tag{4-90}
$$

（1）不计不等约束条件时。先不考虑不等式约束 $h(x)$ 可构造拉格朗日函数

$$
L(x,\lambda) = f(x) + \lambda^T g(x) \tag{4-91}
$$

定义向量 $z = [x,\lambda]^T$ 应用式（4-80），可得到应用海森矩阵法来求最优解点 z^* 的迭代方程式

$$
\frac{\partial^2 L(z^{(k)})}{\partial z^2} \Delta z^{(k)} = -\frac{\partial L(z^{(k)})}{\partial z}
$$

或可以更简洁的方式表示为

$$
W \Delta z = -d \tag{4-92}
$$

式中，W 及 d 分别为 L 对于 z 的海森矩阵及梯度向量。由于在迭代过程中要反复求解式（4-91）或式（4-92），因此计算中所需的内存量以及计算量主要决定于修正矩阵 W 的结构，为此必须对 W 的构造作仔细研究。

由于 $z = [x,\lambda]^T$，所以式（4-92）可改写成

$$
\begin{bmatrix}
\dfrac{\partial^2 L}{\partial x^2} & \dfrac{\partial^2 L}{\partial x \partial \lambda} \\[2mm]
\dfrac{\partial^2 L}{\partial \lambda \partial x} & \dfrac{\partial^2 L}{\partial^2 \lambda}
\end{bmatrix}
\begin{bmatrix}
\Delta x \\[1mm]
\Delta \lambda
\end{bmatrix}
= -
\begin{bmatrix}
\dfrac{\partial L}{\partial x} \\[2mm]
\dfrac{\partial L}{\partial \lambda}
\end{bmatrix} \tag{4-93}
$$

其中

$$
\left.
\begin{array}{l}
\dfrac{\partial L}{\partial x} = \dfrac{\partial f}{\partial x} + \left(\dfrac{\partial g}{\partial x}\right)^T \lambda \\[3mm]
\dfrac{\partial L}{\partial \lambda} = g(x) \\[3mm]
\dfrac{\partial^2 L}{\partial x^2} = \dfrac{\partial^2 f}{\partial x^2} + \dfrac{\partial}{\partial x}\left[\left(\dfrac{\partial g}{\partial x}\right)^T \lambda\right] \\[3mm]
\dfrac{\partial^2 L}{\partial x \partial \lambda} = \left(\dfrac{\partial g}{\partial x}\right)^T \\[3mm]
\dfrac{\partial^2 L}{\partial \lambda \partial x} = \dfrac{\partial g}{\partial x},\ \dfrac{\partial^2 L}{\partial \lambda^2} = 0
\end{array}
\right\} \tag{4-94}
$$

令 $H = \dfrac{\partial^2 L}{\partial x^2}$，即拉格朗日函数关于变量 x 的海森矩阵；$J = \dfrac{\partial g}{\partial x}$，即等约束条件方程关于 x 的雅可比矩阵。这样可将式（4-93）写成

$$
\begin{bmatrix}
H & J^T \\
J & 0
\end{bmatrix}
\begin{bmatrix}
\Delta x \\
\Delta \lambda
\end{bmatrix}
= -
\begin{bmatrix}
\dfrac{\partial L}{\partial x} \\[2mm]
\dfrac{\partial L}{\partial \lambda}
\end{bmatrix} \tag{4-95}
$$

最优潮流牛顿法的计算步骤：

1）变量 $z = [x,\lambda]^T$ 赋初值，设置迭代次数 $k = 0$；

2）计算梯度相量 $d = \nabla L\,(z^{(k)})$；

3）判断收敛条件 $\|\nabla L\,(z^{(k)})\| < \varepsilon$ 是否满足，若满足 $z^{(k)}$ 就是最优解，否则进行④；

4）用 $z^{(k)}$ 形成系数矩阵 W；

5）求解修正方程式得到 $\Delta z^{(k)}$；

6) 修正 $z^{(k)}$，得到 $z^{(k+1)} = z^{(k)} + \Delta z^{(k)}$；

7) $k = k + 1$，返回②。

（2）计及不等约束条件时。

1) 方法一：罚函数法。对于越界的不等式约束，采用罚函数的处理方法，将拉格朗日函数式增广为：

$$L(x, \lambda) = f(x) + \lambda^T g(x) + p(x)$$

其中，$p(x)$ 代表由被强制或制约的越界不等式约束构成的总惩罚项。

2) 方法二：根据越界不等式约束的物理特性及其函数表示形式，将其中的一部分依照等式约束的处理方法，使越界的不等式 $h(x) > 0$，转化为等式约束 $h'(x) = 0$，然后通过拉格朗日乘子 μ_i 引入原来的拉格朗日函数，即

$$L(x, \lambda) = f(x) + \lambda^T g(x) + \mu^T h'(x)$$

注意：将 $h(x)$ 转化为等式方程意味着将它们强制到限值上，这是一种硬性限制，而罚函数法则是软性限制。

3) 计及不等约束后，在迭代计算步骤中要做相应改变，有两种方案：

第一种：每求一个新的迭代点 $x^{(k)}$ 后，找出该迭代点处的越界不等式约束，据此修改增广拉格朗日函数中的 $p(x)$ 或 $h_i(x)$，接着便进行下一轮迭代。

第二种：利用"起作用的不等式约束集"。所谓起作用的不等约束集，是指在最优解点 x^* 处属于该约束集的所有不等式约束都成了等式约束，即，$h_i(x^*) = 0$。或者说若最优解点正好处在由某个约束所定义的可行域的边界上，则这个约束就称为起作用的不等式约束。这样处理算法的收敛将非常平稳、快速，并具有牛顿法的二阶收敛速度。

4.4.6　最优潮流的内点法

1. 内点法的基本概念

内点法最初的思路是希望寻优迭代过程始终在可行域内进行，因此，初始点应取在可行域内，并在可行域的边界设置"障碍"使迭代点接近边界时其目标函数值迅速增大，从而保证迭代点均为可行域的内点。

内点法的优点是计算量随系统规模的增大不是很明显，适于求解大规模的系统优化问题。

2. 内点法的基本原理

最优潮流模型改写为：

$$\left.\begin{aligned} &\min f(x) \\ s.t.\quad &g(x) = 0 \\ &\underline{h} \leqslant h \leqslant \bar{h} \end{aligned}\right\} \tag{4-96}$$

式中，有 n 个变量，m 个等式约束，r 个不等式约束。

引入衡量距离边界远近的松弛变量 u、l，跟踪中心轨迹内点法将原问题变为如下优化问题：

$$
\left.
\begin{array}{l}
\min f(x) \\
s.t. \quad g(x)=0 \\
h(x)+u=\bar{h} \\
h(x)-l=\underline{h} \\
u>0, l>0
\end{array}
\right\}
\tag{4-97}
$$

满足式（4-97）中所有约束条件的点称为可行内点。然后，采用对数障碍函数，将变量不等式约束引入到目标函数中，使得上述含不等约束的优化问题转变为只含等约束的优化问题：

$$
\left.
\begin{array}{l}
\min f(x)-\mu\sum_{i=1}^{r}\lg(l_i)-\mu\sum_{i=1}^{r}\lg(u_i) \\
s.t. \quad g(x)=0 \\
h(x)+u=\bar{h} \\
h(x)-l=\underline{h}
\end{array}
\right\}
\tag{4-98}
$$

式中，μ 为障碍函数，$\mu>0$。

障碍函数的简单解释为：依据式（4-98）可知，当任意一个 l_i 或 u_i（$i=1$，…，r）靠近边界时，目标函数趋于 ∞。故式（4-98）优化问题的极小解不可能在边界上找到，只能在满足式（4-97）时才可能得到最优解。

只含等约束的优化问题可以直接应用拉格朗日乘子法求解，式（4-98）的拉格朗日函数为

$$
L=f(x)-y^T g(x)-z^T[h(x)-l-\underline{h}]-w^T[h(x)+u-\bar{h}]-\mu\sum_{i=1}^{r}\lg(l_i)-\mu\sum_{i=1}^{r}\lg(u_i)
\tag{4-99}
$$

式中，$y=[y_1,…,y_r]^T$，$z=[z_1,…,z_r]^T$，$w=[w_1,…,w_r]^T$，均为拉格朗日乘子，该问题极小值存在的必要条件是拉格朗日函数对所有变量及乘子的偏导数为 0。

$$
L_x=\frac{\partial L}{\partial x}=\nabla_x f(x)-\nabla_x g(x)y-\nabla_x h(x)(z+w)=0
\tag{4-100}
$$

$$
L_y=\frac{\partial L}{\partial y}=g(x)=0
\tag{4-101}
$$

$$
L_z=\frac{\partial L}{\partial z}=h(x)-l-\underline{h}=0
\tag{4-102}
$$

$$
L_w=\frac{\partial L}{\partial w}=h(x)-u-\bar{h}=0
\tag{4-103}
$$

$$
L_l=\frac{\partial L}{\partial l}=z-\mu L^{-1}e \Rightarrow L_l^\mu=LZe-\mu e=0
\tag{4-104}
$$

$$
L_u=\frac{\partial L}{\partial u}=-w-\mu U^{-1}e \Rightarrow L_u^\mu=UWe+\mu e=0
\tag{4-105}
$$

其中，$e=[1,1,…,1]^T$；$L=\text{diag}(l_1,…,l_r)$；$U=\text{diag}(u_1,…,u_r)$；$Z=\text{diag}(z_1,…,z_r)$；$W=\text{diag}(w_1,…,w_r)$。

由式（4-104）、式（4-105）可以解得

$$\mu = \frac{l^T z - u^T w}{2r} \tag{4-106}$$

$$Cap = l^T z - u^T w \tag{4-107}$$

$$\mu = \frac{Cap}{2r} \tag{4-108}$$

式中，Cap 为对偶间隙。μ 按上式取值时，算法的收敛性差，一般采用

$$\mu = \sigma \frac{Cap}{2r} \tag{4-109}$$

式中，$\sigma \in (0, 1)$ 称为中心参数，一般取 0.1，在大多数情况下可以获得较好的收敛效果。当 $Cap \to 0$，$\mu \to 0$ 时，产生的解序列 $\{x(\mu)\}$ 收敛至原问题的最优解 x^*。由于 $\mu > 0$，$u > 0$，$l > 0$，由式（4-104）、（4-105）可知 $z > 0$、$w < 0$。

对松弛变量的简单解释如下：当 μ 充分小时，由式（4-100）～（4-109）求得的解 $x^*(\mu)$ 和式（4-104）的解 x^* 充分接近，这就是障碍函数法的基本算法思路。

习题

1. 最优潮流中的控制变量是（   ）。

A. 事先给定的　　　　　　　　　　B. 恒定不变的

C. 待优选确定的　　　　　　　　　D. 优化控制的因变量

2. 最优潮流的等式约束条件是（   ）。

A. 有功功率和无功功率平衡　　　　B. 支路功率的限值约束

C. 有功电源功率的限值约束　　　　D. 节点电压的上下限约束

3. 最优潮流问题是把电力系统（   ）有机融合在一起的一个大型多约束非线性规划问题。

A. 频率调整和潮流计算　　　　　　B. 经济调度和潮流计算；

C. 自动发电控制和潮流计算　　　　D. 可靠性和潮流计算。

4. 对于直角坐标系的牛拉法，当 i 不等于 j 时，雅克比矩阵 R_{ij} 的值为（   ）。

A. 1　　　　　　B. 0　　　　　　C. 2　　　　　　D. 不确定

5. 简化梯度最优潮流计算中是以下面哪一个作为搜索方向？（   ）

A. $-\dfrac{\partial g}{\partial u}$　　　　B. $-\dfrac{\partial f}{\partial u}$　　　　C. $-\dfrac{\partial L}{\partial u}$　　　　D. $\dfrac{\partial f}{\partial x}$

6. 沿着函数的负梯度方向前进时，函数值（   ）。

A. 变化率最大　　　　　　　　　　B. 下降最快

C. 保持不变　　　　　　　　　　　D. 增大最快

7. 简化梯度最优潮流中步长因子选得过小将使迭代（   ）。

A. 次数减少　　　　　　　　　　　B. 次数增加

C. 次数不变　　　　　　　　　　　D. 在最优点附近振荡

8. 在计及等式和不等式约束条件下的简化梯度最优潮流算法中，其惩罚函数为（   ）。

A. $L(u, x) = f(u, x) + \lambda^T g(u, x)$

B. $L(u, x, \lambda) = f(u, x) + \lambda^T g(u, x) + W(u, x)$

C. $F(u, x) = f(u, x) + \sum\limits_{i=1}^{s} \gamma_i^{(k)} \{\max[0, h_i(u, x)]\}^2$

D. $L(u, x) = f(u, x)$

9. 牛顿法与最速下降法（简化梯度法）比较，所得到的搜索方向比最速下降法（　　）。

A. 好 　　　　　　　B. 差 　　　　　　　C. 相同 　　　　　　　D. 不确定

10. 最优潮流计算的简化梯度算法是以（　　）为基础。

A. 极坐标形式的牛顿潮流算法 　　　　　B. 直角坐标形式的牛顿潮流算法

C. 高斯 - 塞德尔潮流算法 　　　　　　　D. P - Q 分解法

11. 用牛顿法求无约束最优化问题 $\min f(x)$，其求解的非线性代数方程组是（　　）。

A. $f(x) = 0$ 　　B. $\nabla f(x) = 0$ 　　C. $\nabla^2 f(x) = 0$ 　　D. $\Delta f(x) = 0$

12. 在无约束最优化问题 $\min f(x)$ 中，采用牛顿法求解的搜索方向 $\Delta x^{(k)}$ 是（　　）。

A. $-\left[f'(x^{(k)})\right]^{-1} f(x^{(k)})$ 　　　　　B. $-c \nabla f(x^{(k)})$

C. $-\left[\nabla^2 f(x^{(k)})\right]^{-1} \nabla f(x^{(k)})$ 　　　　　D. $-\nabla f(x^{(k)})$

13. 在最优潮流牛顿算法中，其求解最优解点的迭代方程式为（　　）。

A. $\Delta z^{(k)} = -c \nabla L(z^{(k)})$ 　　　　　B. $\dfrac{\partial^2 L(z^{(k)})}{\partial z^2} \Delta z^{(k)} = -\dfrac{\partial L(z^{(k)})}{\partial z}$

C. $\Delta z^{(k)} = -\left[\dfrac{\partial L(z^{(k)})}{\partial z}\right]^{-1} L(z^{(k)})$ 　　　　　D. $\Delta z^{(k)} = -\nabla L(z^{(k)})$

14. 在最优潮流牛顿算法中，收敛条件是（　　）。

A. $\| \nabla f(z^{(k)}) \| < \varepsilon$ 　　　　　B. $\| \nabla L(z^{(k)}) \| < \varepsilon$

C. $\dfrac{\partial L(x^{(k)})}{\partial x} = 0$ 　　　　　D. $\| f(z^{(k)}) \| < \varepsilon$

15. 将越界不等式约束 $h_i(x) > 0$，转化为等式约束 $h_i(x) = 0$，实际上意味着将它们强制在（　　）。

A. 中心点处 　　　B. 内点处 　　　C. 限值上 　　　D. 外点上

16. 在最优潮流牛顿算法中，海森矩阵 W 和节点导纳矩阵具有相同的（　　）。

A. 元素 　　　　　B. 稀疏结构 　　　C. 对称性 　　　D. 对角元素

17. 内点法的基本思路是使得寻优迭代过程始终在（　　）。

A. 可行域内 　　　　　　　　　　　B. 可行域边界上

C. 可行域外点 　　　　　　　　　　D. 可行域中心点义进行

18. 跟踪中心轨迹内点法的中心参数 σ 一般取（　　）。

A. 0.05 　　　　　B. 0.01 　　　　　C. 0.1 　　　　　D. 0.5

19. 跟踪中心轨迹内点法构造的障碍函数 $\min f(x) - \mu \sum\limits_{i=1}^{r} \log(l_i) - \mu \sum\limits_{i=1}^{r} \log(u_i)$，当靠近可行域边界时，障碍函数（　　）。

A. 趋于零 　　　B. 趋于无穷大 　　　C. 趋于最小 　　　D. 趋于最优点

20. 跟踪中心轨迹内点法迭代求解极值条件中的收敛条件是（　　）。

A. $Cap < \varepsilon$ 　　B. $\| \Delta x^{(k)} \| \leqslant \varepsilon$ 　　C. $\| \Delta u^{(k)} \| \leqslant \varepsilon$ 　　D. $\| \Delta l^{(k)} \| \leqslant \varepsilon$

21. 内点法适合于求解（　　）系统优化问题。

A. 小规模的 　　　B. 大规模的 　　　C. 中等规模的 　　　D. 超小规模的

第5章

电力系统状态估计的基本概念

5.1 状态估计的基本概念

5.1.1 状态估计概述

随着电力系统的迅速发展，电力系统的结构和运行方式日趋复杂，电力系统调度中心的自动化水平也需要逐步由低级向高级发展。现代化的调度系统要求能迅速、准确而全面地掌握电力系统的实际运行状态，预测和分析系统的运行趋势，对运行中发生的各种问题提出对策，并要提供下一步运行的决策。从而保证电力系统运行的安全性和经济性。

在现代的调度系统中，计算机已成为重要的一环。计算机的高级自动化功能主要体现于它所具备的程序的功能。高级在线应用程序的特点是要对大量实时数据进行处理与分析，以确定电力系统的安全与经济状况，因此保证电力系统实时数据的质量是进一步提高计算机在线应用水平的关键。

为了建立可靠而完整的实时数据库，通常有两条途径：从硬件的途径可以增加量测设备和远动设备，并提高其精度、速度与可靠性；从软件的途径，可以采用现代的状态估计技术，对数据进行实时处理。但是对量测与远动设备提出过高的要求会导致技术和经济上付出过大的代价。如果在具备一定水平的硬件基础上，采用状态估计技术则能充分发挥已有硬件设备的潜力，提高数据的精度，补充测点和量测项目的不足，排除偶然的错误信息和数据，提高整个数据系统的质量与可靠性。

状态估计也被称为滤波，它是利用实时量测系统的冗余度来提高数据精度，自动排除随机干扰所引起的错误信息，估计或预报系统的运行状态（或轨道）。状态估计作为近代计算机实时数据处理的手段，首先应用于宇宙飞船、卫星、导弹、潜艇和飞机的追踪、导航和控制中。它主要使用了 20 世纪 60 年代初期由卡尔曼、布西等人提出的一种递推式数字滤波方法，既节约内存，又大大降低了每次估计的计算量。电力系统状态估计的研究也是由卡尔曼滤波开始，但根据电力系统的特点，即状态估计主要处理对象是某一时间断面上的高维空间（网络）问题，而且对量测误差的统计知识又不够清楚，因此目前很多电力系统实际采用的状态估计算法是最小二乘法。

1. 状态估计的概念

状态估计是根据可获取的量测数据估算系统内部状态的方法。由于随机干扰及测量误差的存在，无论是理想的运动方程或测量方程均不能求出精确的状态向量 x。只有通过统计学的方法加以处理以求出对状态向量的估计值 $\hat{x}$。这种方法，称为状态估计。

2. 状态估计的原因

由于测量系统和传输系统存在随机噪声及随机测量误差，和测量装置在数量上或种类上的限制，无论是理想的运动方程或测量方程均不能求出精确的状态向量。

3. 状态估计的分类

状态估计一般分为静态估计和动态估计。静态估计仅仅根据某时刻测量数据，确定该时刻的状态量的估计；动态估计按运动方程和以某一时刻的测量数据作为初值进行下一个时刻状态量的估计。

依据观测数据与被估状态在时间上的相对关系，状态估计可分为平滑、滤波和预报三种。估计 t 时刻的状态 $x(t)$，如果可用的信息包括 t 以后的信息，则是平滑问题；如果可用的信息是时刻 t 以前的观测值，估计可实时地进行，则是滤波问题；如果必须用时刻 $t-\Delta$ 以前的观测来估计经历了 Δ 时间之后的状态，则是预报问题。电力系统状态估计属于滤波问题。电力系统状态估计主要是指实时潮流的状态估计。

5.1.2 实时数据库的误差和不良数据

把数据量测和传送系统，状态估计程序和实时数据库在调度系统中的作用示意性地画在图 5-1 中。由该图可以看出一个远方的遥测量要经过许多环节才能达到电力系统调度中心。例如图上所示的一个功率量测值，首先要由量测器（电压互感器和电流互感器）测得电压和电流，通过功率变换器将两者相乘并变换到统一规格的信号电压，再由模/数转换器化为数字编码，由远动通道送到调度中心，再通过接口进入计算机。这些环节均有误差，并可能出现故障或受到干扰，因此量测值与其真实值总是有差异的。

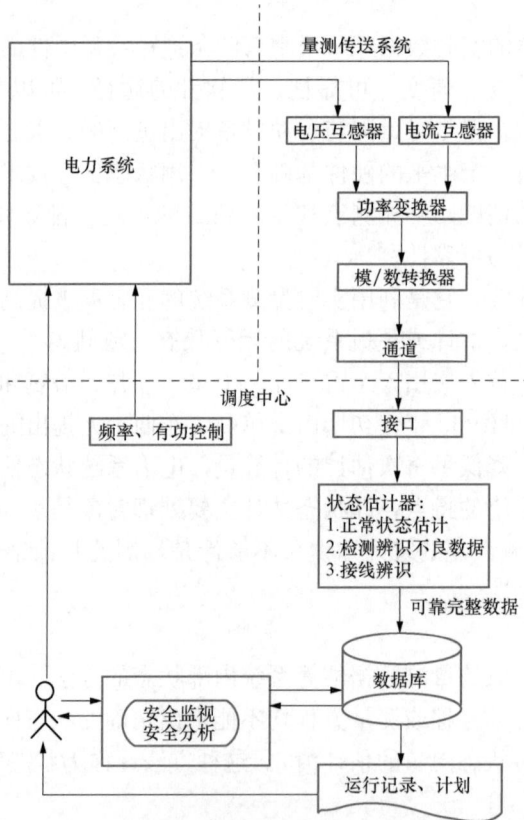

图 5-1 电力系统中数据量测—传送—处理系统工作示意图

1. 电力系统量测误差的来源

量测值与真实值的差值称为量测误差。

电力系统量测误差来源大体可归纳为：

（1）量测器（电压互感器和电流互感器）的误差；

（2）变换器的误差；

（3）模/数转换器的误差；

（4）数据传送过程的误差（用模拟量传送时）；

（5）量测和传送过程中的时间延迟（量测器有一定的时间常数，传送设备有一定的传送速度，采样又按一定的周期扫描）；

（6）运行中三相不平衡及功率因数的变化，会给单相量测和计算带来误差。

对一个经过良好校对的量测系统来说，其误差具有正态分布的性质，即对应每一量测量，有量测误差标准差 σ，在正常量测采样条件下几乎有 99.73% 量测值的误差在 $\pm 3\sigma$ 的范围内；有 68% 在 $\pm \sigma$ 的范围内。

一般来说，电力系统遥测量的标准误差 σ 大约为正常量测范围的 0.5~2%。因为在正常量测条件下，误差大于 $\pm 3\sigma$ 的量测值出现的概率仅为 0.27%，即几乎是不可能出现的事。因此，误差大于 $\pm 3\sigma$ 的量测值就可以认为是不良数据，但实用中所采用的不良数据的界限要远远大于 $\pm 3\sigma$ 的标准，一般为大于 $\pm(6\sim7)\sigma$ 以上。

2. 调度中心不良数据来源

电力系统调度中心接收到的不良数据的来源可能是：

（1）量测与传送系统受到较大的随机干扰；

（2）量测与传送系统出现的偶然故障；

（3）电力系统快速变化中各测点间的非同时量测；

（4）系统正常操作或大干扰引起的过渡过程。

目前我国电力系统中主要用微波和电力线载波通道传送数据，实测通道的误码率在 $10^{-5}\sim10^{-4}$ 之间，由此可推算得出现不良数据的概率约在 $10^{-4}\sim10^{-3}$ 之间。假设有一个 200 个测点、以 30s 为周期的采样系统，平均 2.5~25min 可能出现一个不良数据，那么一天可能接收到 58~576 个不良数据。

这种由远动装置直接传送来的数据具有较大的误差，偶尔还包含不良数据，习惯上称为生数据。

具有丰富经验的调度人员并不轻信仪表的指示，对仪表上出现的每一突然变化都要与相关的仪表进行校核，并观察这一变化是否持久，从而判断出不良数据，正确地把握系统的实际运行状态。然而随着电力系统的扩大和复杂化，靠人来从事计算机所收到的实时数据的纠错工作是不可想象的。如果没有一个可靠的数据库，则对于显示、记录，以及与安全和经济有关的各种分析计算程序都可能出现一系列的错误。这将会给调度人员带来麻烦，并直接影响安全和经济运行水平。

3. 电力系统测量的冗余度

（1）定义：全系统中独立测量量的数目与状态量数目之比。

（2）要求：具有足够冗余度的测量条件是状态估计提高实时信息可靠性与完整性的前提条件。

（3）总的来说，冗余度越高，对状态估计采用一定的估计方法排除不良数据以及消除误差影响就越好。

在冗余度高的情况下，如果局部区域的量测数量偏低，也会造成系统总体不可观测。

4. 状态变量

通常称能足够表征电力系统特征所需最小数目的变量为电力系统的状态变量。

5. 状态估计的要求

电力系统状态估计就是要求在测量量有误差的情况下，通过计算得到可靠的并且维数最少的状态变量值。

6. 状态估计的运行周期

状态估计的运行周期是 1～5min，有的达到数十秒级。

7. 状态估计的作用

将接收到的低精度、不完整、偶尔还有不良数据的生数据经状态估计处理后，输出到数据库的是提高了精度、完整而可靠的数据。对于给定的系统构成及量测配置能估计出系统的真实状态，即各母线上的电压相角与模值及各元件上的潮流。它不仅能检验开关状态，去除不良数据，提高数据精度，还可计算出难以测量的电气量，相当于补充了量测量。状态估计为建立一个高质量的数据库提供数据信息，以便于进一步实现在线潮流、安全分析及经济调度等功能。状态估计的作用归纳如为：

（1）状态估计提高了数据精度，滤掉了不良数据；

（2）还相当于补足了一些测点，并能得到某些难以直接量测的量。

8. 监控和数据采集系统（SCADA）采集电网中的母线电压、线路功率、负荷功率、开关状态等信息，并通过信息网络将采集的数据传送至能量控制中心（一般是各级电力调度中心）—的计算机监控系统

所获得的数据用于一系列应用程序，其中一些用于保证系统的经济运行，另一些则对系统发生设备或线路故障时进行安全性评估分析，并最终构成了能量管理系统（EMS）。

EMS 系统以 SCADA 为基础，实现对电力系统的运行监视、预测、安全评估及调度控制等功能。而在做出安全评估或进行控制之前，必须可靠地估计出系统的当前状态，以真实可信的实时数据作为一系列应用的基础。电力系统状态估计就是保证电力系统实时数据质量的重要一环，它为其他应用程序的实现奠定了基础。

5.1.3 状态估计的用途

电力系统状态估计程序（或按硬件的说法称为状态估计器或滤波器）的主要功能是：

（1）根据量测量的精度（加权）和基尔霍夫定律（网络方程）按最佳估计准则（一般为最小二乘准则）对生数据进行计算，得到最接近于系统真实状态的最佳估计值。所以通过状态估计可以提高数据精度。

（2）对生数据进行不良数据的检测与辨识，删除或改正不良数据，提高数据系统的可靠性。

（3）推算出完整而精确的电力系统的各种电气量。例如根据周围相邻的变电站的量测量推算出某一没有装远动装置的变电站的各种电气量。或者根据现有类型的量测量推算另一些难以量测的电气量，例如根据有功功率量测值推算各结点电压的相角。

（4）根据遥测量估计电网的实际开关状态，纠正偶然出现的错误的开关状态信息，以保证数据库中电网接线方式的正确性。状态估计的这种功能称为网络接线辨识或开关状态辨识。

（5）可以应用状态估计算法以现有的数据预测未来的趋势和可能出现的状态（电力系统负荷预测和水库来水预测）。这些预测的数据丰富了数据库的内容，为安全分析与运行计划等程序提供必要的计算条件。

（6）如果把某些可疑或未知的参数作为状态量处理时，也可以用状态估计的方法估计出这些参数的值。例如带负荷自动改变分接头位置的变压器，如果分接头位置信号没有传送到中调时，可以作为参数把它估计出来。当然根据运行资料估计某些网络参数，以纠正离线和在线计算中这些参数的较大误差也不是非常困难的事情。状态估计的这种用法称为参数估计。

（7）通过状态估计程序的离线模拟试验，可以确定电力系统合理的数据收集与传送系统。即确定合适的测点数量及其合理分布，用以改进现有的远动系统或规划未来的远动系统，使软件与硬件联合以发挥更大的效益，既能保证数据的质量而又降低整个数据量测—传送—处理系统的投资。

从目前电力系统状态估计的实际应用情况来看，主要内容包括估计计算、结线分析、简单的不良数据的检测与辨识以及结线辨识。我们将以此为重点介绍其原理、算法、试验结果和程序实现的步骤。另外，在状态估计之前应先进行可观察性检验。

由于状态估计必须在几分钟内完成，因此它通常可以跟踪节点负荷的变化规律，也就是说，状态估计的计算结果也可以用于负荷预测，电力系统状态估计的功能流程框架图如图5-2所示。

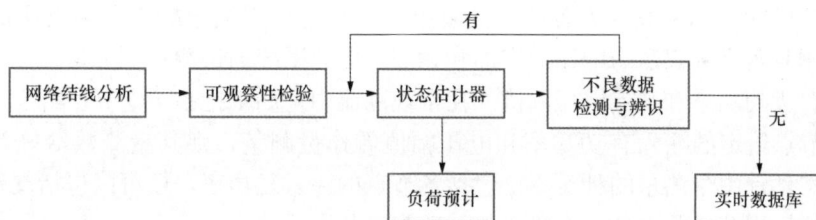

图 5-2 电力系统状态估计的功能流程框架图

在线应用程序的功能，其主要目的是为了提高电力系统安全与经济运行水平。随着电力系统的发展，对应用程序也不断提出更多更高的要求，而计算技术的发展又为更好地满足这些要求创造了可能实现的条件。为了对电力系统运行的安全性和经济性进行正确的分析与判断，首先要求正确而全面地掌握电力系统过去的、不断提出更多更高的要求，而计算技术的发展又为更好地满足当时的，甚至未来的状态。正如图5-1所示，为了满足各种应用程序对数据不断增长的要求，建立一个实时数据库是必要而方便的。它里面的数据可供安全监视、频率和有功控制、电压和无功控制等项目使用。目前对电力系统运行的安全分析是根据调度人员的指示进行的；将来可由计算机进行，进而还可以提出安全对策供调度人员参考。可以预期在线应用程序还会向更高级的阶段发展，它将会帮助或代替调度人员做更多工作。而越高级的程序就越依赖于对大量数据的运算，也就越依赖于完整而可靠的数据库。

综上所述，电力系统状态估计程序是远动装置与数据库之间的重要一环。它从远动装置接收的是低精度、不完整、偶尔还有不良数据的生数据。而由它输出到数据库的是提高了精度、完整而可靠的数据。在这里，状态估计程序提高了数据精度，滤掉了不良数据，还相当于补足了一些测点，并能得到某些难以直接量测的物理量（如结点电压的相角），似乎起到了"设备"的作用。

用量测量来估计系统的状态存在若干不准确的因素，概括起来有以下几点。

（1）数学模型不完善。测量数学模型通常有工程性的近似处理；还存在模型采用参数不精确的问题；网络结构变化时，结构模型不能及时更新。

（2）测量系统的系统误差。这是由于仪表不精确，通道不完善所引起的。它的特点是误差恒为正或负而没有随机性。

（3）随机误差。这是测量系统不可避免会出现的。其特点是小误差比大误差出现的概率大，正负误差出现的概率相等，即概率密度曲线对称于零值，误差的数学期望为零。量测方程中的误差向量，就是这种误差。

由于误差的概率密度或协方差很难由测量或计算确定，因此在实际应用中常用测量设备的误差来代替。每个量测量的方差为 $R_i = r_{ii} = \sigma_i^2$。测量误差的方差阵为：

$$R = \begin{bmatrix} \sigma_1^2 & & \\ & \sigma_2^2 & \\ & & \sigma_m^2 \end{bmatrix}$$

5.1.4 状态估计与常规潮流的关系

电力系统的状态量一般取为各节点的复电压。它可以用极坐标表示为电压的幅值与相角，也可以用直角坐标表示为电压的实部和虚部。电力系统的量测量一般是结点注入或支路的有功功率、无功功率和结点电压幅值。在常规潮流中，如果把各 PQ 节点给定的注入复功率和各 PV 节点给定的注入有功功率和电压幅值看作量测量，则其量测数恰好等于状态量数。而在状态估计中量测量的种类不仅包括各节点的注入复功率，还可以包括支路复功率及节点电压幅值。因此在状态估计中量测数一般多于状态量数。

常规潮流与状态估计都是由已知量测值（给定条件）求其状态量的计算过程。

状态估计的实质是在量测类型和数量上扩大了的广义潮流，而常规潮流可理解为特定条件下的状态估计，可以说是狭义的潮流。

状态估计与潮流计算的差异：

（1）输入量不同。状态估计是测量向量，可以是节点电压、节点注入功率、线路潮流等的任意组合，是潮流计算量测类型的扩展。

（2）数学模型不同。状态估计采用的是量测方程，潮流计算是功率方程。

（3）量测数目和方程数目的不同。状态估计中，量测向量的维数一般大于未知状态向量的维数，亦即方程式的个数多于未知数的个数。潮流计算的方程式的个数等于未知数的个数。

（4）求解的数学方法的不同。状态估计是根据一定的估计准则，按估计理论的处理方法来求解方程组。潮流计算通常利用迭代法进行求解。

（5）状态估计比潮流计算更精确。

（6）状态估计算法的本质是在量测类型和数量上扩展了的一种广义潮流，而常规潮流算法则是限定量测类型为节点注入功率或电压幅值条件下的狭义潮流，即是状态估计算法中量测量个数等于状态量个数。状态估计中量测量个数 m 大于状态量数 n，即方程式的个数比未知量的个数多 K。由于量测误差的存在，使 m 个方程是矛盾的，形成了初等代数中矛盾方程的无解局面，只有去掉 K 个"多余"的方程式才能求解。如果真是这样处理，就又回到了常规潮流算法，这将是对量测资源的极大浪费。而状态估计正是利用了这些多余的量测量资源所形成的对各状态量的重复量测，从而获得了提高数据精度和辨识不良数据的良好性能。

常规潮流和状态估计算法上的异同点见表 5-1。

表 5-1　　　　　　　　　　　　常规潮流与状态估计比较

项目	常规潮流	状态估计
状态量 x	$\theta\ U$	$\theta\ U$
状态量数 n	$2N-1$	$2N-1$
量测量 z 的类型	U_i，P_i，Q_i	U_i，P_i，Q_i，P_{ij}，Q_{ij}
量测量 z 的数目 m	$=n$	$>n$
量测误差 ν	$=0$	$\neq 0$
量测量的权重 R_i^{-1}	$=1$	$=\dfrac{1}{\sigma_i^2}$
迭代矩阵	H^{-1}	$(H^TR^{-1}H)^{-1}H^TR^{-1}$
计算残差	$r=0$	$r\neq 0$
目标函数 $J(x)$	$\sum r=0$	$E\{\sum (r/\sigma)^2\}=m-n$

状态估计中"估计"一词并不同于日常口语中的"估计"。事实上用状态估计算法做常规潮流计算时，在正常条件下：$J(\hat{x})=0$，即完全满足给定的潮流条件。所以"估计"不意味着不准确。相反，对于实际运行状态来说，不能认为潮流是绝对准确的，而状态估计的值显然更准确。这不仅由于状态估计算法能利用多余量测提高数据精度，也由于离线潮流的原始数据本身已具有粗略的性质，往往距实际运行条件有较大的偏差。

综上所述，状态估计算法的本质是在量测类型和数量上扩展了的一种广义潮流，而常规潮流算法则是限定量测类型为结点注入功率或电压幅值条件下的狭义潮流，即是状态估计算法中 $m=n$ 的特例。

5.2　电力系统状态估计问题的数学描述

前面几节对量测误差、不良数据、状态估计的功能和算法作了概念性的介绍，本节将引入一些必要的定义和对状态估计问题进行数学描述。电力系统实时潮流问题的状态估计程序的输入和输出数据内容见图 5-3。

从图 5-3 可以看出，电力系统状态估计需要量测系统和电力网络两方面的数据和信息。

1. 量测系统的数学描述

量测系统的数学描述包括量测值和量测设备两个方面：

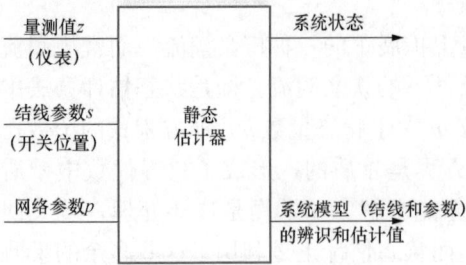

图 5-3 静态估计器的输入和输出模型

（1）量测值 z 包括对支路有功功率和无功功率结点注入有功功率和无功功率及结点电压值的量测，是 m 维矢量。量测值的来源有两个方面，绝大多数是通过遥测得到的实时数据，也有一小部分是人工设置的数据，这些非遥测数据被称为伪量测（Pseudo Measurement）数据，它们可能是预报值或者通过电话询问得到的数值。

每个量测值都是有误差的，可以描述为：

$$z = z_0 + \nu_z \tag{5-1}$$

式中：z_0 是假设量测量的真值；ν_z 为量测误差，假设是均值为 0、方差为 σ^2 的正态分布随机矢量，它是 m 维矢量。有时量测值中还包含有不良数据，可以描述为：

$$z = z_0 + \nu_z + b \tag{5-2}$$

式中：b 为不良数据（BadData），它是附加到 ν_z 上的异常大的误差。

（2）量测设备的描述，包括量测设备的种类、装设地点、可用情况和仪表精度的信息。仪表精度用量测误差方差阵 R 表示：$E[\nu_z \nu_z^T] = R$，它是 $m \times m$ 维对角阵，各元素是：$R_i = \sigma_i^2$。在状态估计中取量测误差方差阵的逆矩阵 R^{-1} 为量测量的加权阵。

量测值 z 随每次采样而变化，而量测系统信息在运行中基本不变，仅在量测系统扩张或检修时才出现变化，图 5-3 中未予表现。

2. 电力网络数学模型

电力网络在状态估计中的数学描述包括网络参数和网络结线两个方面：

（1）网络参数 p，包括线路参数和变压器参数。线路参数用电阻、电抗和对地电纳表示，变压器参数用电抗和变比表示（一般不必考虑电阻）。这些参数是由实际测试或设计计算中得到的，一般在运行中是不变化的。但网络的某些参数，如带负荷调压变压器的变比和补偿电容器的电容值在运行中是变化的。

在一般状态估计模型中假设网络参数是无误差的，但由某些原因得不到准确的网络参数时，也可以进行参数估计，这时要用到带误差的参数模型：

$$p = \rho + \nu_p \tag{5-3}$$

式中：ρ 为参数真值；ν_p 为参数误差。

（2）网络结线状态 s，表示网络中支路的连接关系，主要决定于开关状态。通过遥信或电话通知得到运行中开关状态的变化，由结线分析程序得到网络结线状态（即网络模型）。

在一般状态估计模型中假设网络结线状态 s 是准确的，但遥信传送的开关状态出现错误时，将引起网络结线模型错误，这时要用包含错误的网络结线模型：

$$s = \xi + c \tag{5-4}$$

式中：ξ 为真实网络结构状态；c 为网络结线错误。

3. 电力系统状态估计的量测方程

由图 5-3 可以看出电力系统状态估计器的输出主要是电力系统状态，也包括正确的网络参数 p 和结线状态 s，电力系统状态通常用 x 表示，它是电网上各结点的复数电压，是 n 维矢量。由于一个系统中参考结点电压幅角是已知的（一般规定为 $0°$），所以对包括 N 个结点的网络来说，状态矢量的维数是：$x=2N-1$。利用基尔霍夫定律可以将量测量用状态量 x、网络参数 p 和结线状态 s 表示出来，由前面对量测系统及电力网络的描述式（5 - 2）～（5 - 4）可以写出电力系统状态估计的量测方程：

$$z = h(x,p,s) + \nu_z + \nu_p + c + b \qquad (5 - 5)$$

式中：h（·）是基于基尔霍夫定律建立的量测函数方程，其数目与量测数一致，也是 m。式（5 - 5）是最完整的量测模型，实际上针对不同的使用目的仅取其中的一部分。

4. 电力系统状态估计的基本步骤

电力系统静态状态估计的基本步骤：一般包括：假设模型、状态估计、检测和辨识四个步骤。

假设模型（Hypothesize model）：是指在给出网络结线状态 s 和网络参数 p 的条件下确定量测函数方程 h（x）和量测误差方差阵 R 的过程。

状态估计（State estimation）：是计算状态估计值 $\hat{x}$ 的过程，而 $\hat{x}$ 是使残差 $r=z-h$（$\hat{x}$）的加权内积达到最小值的状态 $\hat{x}$ 值。

检测（Detection）：是检查量测值 z 中是否存在不良数据 b 或（和）网络结线状态 s 中是否存在错误信息 c 的过程。

辨识（Identification）：是确定具体不良数据 b 或（和）网络结线错误 c 的过程。在具体的状态估计程序中这四个基本步骤不一定能划分得这样严格，有时可能将不同的步骤合在一起，而且功能也不一定齐全。

最后应该说明的是，实际上量测值 z、网络接线状态 s 和网络参数 p 是时间的函数，但在讨论的静态状态估计是对一次采样中量测数据的处理，即假设它们是同一时刻的值，因此对这些量均未加时间下标，仅在说明不同采样之间的关系时才单独加上时间标记。

5.3　电力系统状态估计算法

在给定网络结线、支路参数和量测系统的条件下，根据量测值求最优状态估计值的计算方法称为状态估计算法，它是状态估计程序的核心部分，因此状态估计算法的选择对整个状态估计程序的性能有很大的影响。

电力系统状态估计算法可以分为两大类型，一种是高斯型最小二乘法的总体算法，一种是卡尔曼型逐次算法。

静态估计：加权最小二乘法、快速解耦状态估计、支路潮流状态值法、正交变换法。

动态估计：递推状态估计。

状态估计算法的主要存在的问题是①估计的一致性难以确定；②对准则函数的选择缺乏理论指导；③难以保证获得全局最优解。

5.3.1　最小二乘法

由实验得到的量测值不可避免地带有随机误差（如果不考虑系统误差的话）因此量测值与被量测的物理量的真值（实际值）之间总是有差异的。即使被量测的物理量没有变化，重复量测得到的量测值也是不会完全相同的。如果根据理想的量测方程 $Z=h$（X），由量测的量测值 Z 来求系统的状态量 X，并假设量测方程是线性的，量测量的维数为 m，系统状态

現代电力系统分析

量的维数为 n。这样由量测量来求解系统状态量就是解线性方程组的问题。可以有以下三种情况：

（1）量测量的维数小于状态量的维数，即 $m<n$。因为方程数少于未知量数，线性方程组可以得到无穷多组解，因此系统状态量不定。这样的量测系统是不可观测的。

（2）量测量的维数等于状态量的维数，即 $m=n$。因为方程数等于未知量数，并且假定各方程都是相互独立的，因此线性方程组得到唯一解。这样的量测系统是可观测的。但实际上由于量测量存在随机误差，因此解出的系统状态量也带有随机误差，计算出的状态量与状态的真值之间必然存在差异。

（3）量测量的维数大于状态量的维数，即 $m>n$。因为方程数大于未知量数，并由于量测量实际上存在随机误差，因此线性方程组存在矛盾方程而无解。这样的系统仍然是可观测的，虽然不能直接解方程组而求出状态量的数值，但可以用拟合的办法根据带误差的量测量求出系统状态在某种估计准则意义上的最优估计值。

我们希望求得的状态估计值尽可能接近于状态量真值，也就是希望得到一个最优估计。一般来说，量测量的维数比状态量的维数大得愈多，则得到的状态估计值愈接近于其真值。这点是很好理解的，举一个简单的例子：对一个物理量进行量测，如果只量一次，随机误差就是量测误差，如果重复量测多次，以多次的平均值作为估计值，测量误差就减小了。由于随机误差服从标准正态分布，因此从理论上讲无穷多次的重复量测的平均值一定就是它的真值。另外，所谓优化总是对一定的目标函数来讲的。对于给定的目标函数：

$$d = d(Z,X) \tag{5-6}$$

当状态量的估计值为最优值时，目标函数取极值（极大值或极小值）。

根据给定不同的目标函数，可以得到不同估计准则（对应于该目标函数）的最优估计。

（1）最小方差估计。如果把状态量 X 及估计值 $\hat{X}$ 都看成 n 维随机变量，则两者之差称为状态估计误差 $\tilde{X}$，即

$$\tilde{X} = X - \hat{X} \tag{5-7}$$

也是 n 维随机变量。方差阵最小就是随机矢量的取值对其数学期望矢量的离散程度最小。因此可以取 $E(\tilde{X}\tilde{X}^T)$ 作为目标函数，当状态量的估计值为最优时这个估计误差方差阵为最小。这样得到的估计值就称为最小方差估计。

（2）极大验后估计。如果取条件概率密度 $f_{X|Z}(x|z)$ 作为目标函数，在给定量测数据的条件下，当状态量的估计值为最优时状态量的条件概率密度为最大。这样得到的状态量的估计值就称为极大验后估计。

（3）极大似然估计。如果取条件概率密度 $f_{X|Z}(z|x)$ 作为目标函数，在状态量的估计值为最优的条件下，使得到的量测数据的条件概率密度为最大。这样得到的状态量的估计值就称为极大似然估计。

以上三种估计方法都是统计学的估计方法，虽然有较好的估计质量，但都要求事先掌握较多的随机矢量的统计特性。这些要求在电力系统状态估计的实际计算中是不容易做到的，因此也是难于实现的。

最小二乘法是一种非统计学估计方法，也是一种经典的估计方法，在实践中使用广泛，因为其不需要掌握太多的统计学特性。

设第 i 个量测量的数值为 Z_i，它的真值为 $h_i(X)$，第 i 个量测量的量测误差为 V_i，则

$$V_i = Z_i - h_i(X) \tag{5-8}$$

因为各个量测量的量测误差有正有负，我们取各个量测量的量测误差平方的代数和作为目标函数，即

$$J = \sum_{i=1}^{m} V_i^2 \tag{5-9}$$

当状态量的估计值为最优时，目标函数 J 为最小。这种估计方法就称为最小二乘法。

由于各个量测量的量测精度是不一样的，各个量测误差以同样的权重参加目标函数是不尽合理的。应该使量测精度高的量测量有较小的量测估计误差，而量测精度低的量测量有稍大的量测估计误差。因此各个量测量各取一个权重 W_i，精度高的量测量权值大一些，精度小的权值取得小一些，目标函数为：

$$J = \sum_{i=1}^{m} W_i V_i^2 \tag{5-10}$$

当状态量的估计值为最优时，目标函数 $\sum_{i=1}^{m} W_i V_i^2$ 为最小。这种估计方法称为加权最小二乘法。

权重 W_i 若取各量测量的方差的倒数，即 $W_i = \dfrac{1}{\sigma_i^2}$ 是最合理的，这种估计方法称为马尔可夫估计。在电力系统状态估计中目前大多采用这种估计方法。这样

$$J = \sum_{i=1}^{m} W_i V_i^2 = \sum_{i=1}^{m} \frac{V_i^2}{\sigma_i^2} = \sum_{i=1}^{m} \frac{1}{\sigma_i^2} \left[Z_i - h_i(X) \right]^2 \tag{5-11}$$

最后达到 $J \mid_{X=\hat{x}} = \sum_{i=1}^{m} \dfrac{1}{\sigma_i^2} \left[Z_i - h_i(\hat{x}) \right]^2 = \min$

状态量的估计值 X 由极值条件 $\dfrac{\partial J}{\partial X} = 0$ 求得。如果量测方程是线性的，即量测量是状态量的线性函数，通过解联立方程组即可求得状态量的估计值。如果量测方程非线性的，通常将 $h(X)$ 对 X 近似泰勒展开，使方程线性化，逐步迭代解出状态量的估计值。

5.3.2　加权最小二乘法

1. **基本算法的数学基础**

在给定网络接线、支路参数和量测系统的条件下，非线性量测方程可改写为：

$$z = h(x) + \nu \tag{5-12}$$

给定量测矢量 z 以后，状态估计矢量 $\hat{x}$ 是使目标函数：

$$J(x) = [z - h(x)]^T R^{-1} [z - h(x)] \tag{5-13}$$

达到最小的值。由于 $h(x)$ 是 x 的非线性矢量函数，故无法直接计算 x，然而可以采用牛顿法一样的标准迭代算法解此问题。

为了求取 x，首先要对 $h(x)$ 进行线性化假设。令 x_0 是 x 的某一近似值，可以在 x_0 附近将 $h(x)$ 进行泰勒展开，忽略二次以上的非线性项之后，得到：

$$h(x) \approx h(x_0) + H(x_0)\Delta x \tag{5-14}$$

式中，$\Delta x = x - x_0$。

$$H(x_0) = \frac{\partial h(x)}{\partial x} \Big|_{x=x_0} \tag{5-15}$$

这里 $H(x)$ 是 $m \times n$ 阶量测矢量的雅可比矩阵。

将式（5-14）代入式（5-13）中，得到：

$$J(x) = [\Delta z - H(x_0)\Delta x]^T R^{-1} [\Delta z - H(x_0)\Delta x] \qquad (5-16)$$

式中，$\Delta z = z - h(x_0)$

将式（5-16）展开，并经配平方后可以得到

$$J(x) = \Delta z^T \left[R^{-1} - R^{-1} H(x_0) \sum (x_0) H^T(x_0) R^{-1} \right]^T \Delta z$$
$$+ \left[\Delta x - \sum (x_0) H^T(x_0) R^{-1} \Delta z \right]^T \sum{}^{-1} (x_0) \left[\Delta x - \sum (x_0) H^T \times (x_0) R^{-1} \Delta z \right]$$
$$(5-17)$$

式中，$\sum (x_0) = [H^T(x_0) \ R^{-1} H(x_0)]^{-1}$

式（5-17）中右边第一项与 Δx 无关。因此，欲使 $J(x)$ 极小，第二项应为 0，从而有

$$\Delta \hat{x} = \sum (x_0) H^T(x_0) R^{-1} \Delta z \qquad (5-18)$$

由此得到

$$\hat{x} = x_0 + \Delta \hat{x} = x_0 + \sum (x_0) H^T(x_0) R^{-1} [z - h(x_0)] \qquad (5-19)$$

应该指出，只有当 x_0 充分接近 $\hat{x}$ 时，忽略掉泰勒展开式中非线性项的式（5-19）才能保持足够的近似程度，由式（5-18）计算出的状态修正量 Δx 才能达到足够的准确程度，用式（5-19）计算出的状态估计值 $\hat{x}$ 才能使目标函数 $J(x)$ 达到最小。事实上要求直接给出这样精确的 x_0 是不可能的，但只要能给出距 x 不太远的作为初值，把式（5-14）作为一步迭代来处理，x 是可以逐步达到 $\hat{x}$ 的。这时 x 是一个序列

$$x = \hat{x}^{(0)}, \hat{x}^{(1)}, \cdots, \hat{x}^{(l)}, \cdots, x_0, \hat{x}$$

其中，(l) 表示迭代序号。于是式（5-18）和式（5-19）可以写成为：

$$\Delta x^{(l)} = [H^T(\hat{x}^{(l)}) R^{-1} H(\hat{x}^{(l)})]^{-1} H^T(\hat{x}^{(l)}) R^{-1} [z - h(\hat{x}^{(l)})]$$
$$\hat{x}^{(l+1)} = \hat{x}^{(l)} + [H^T(\hat{x}^{(l)}) R^{-1} H(\hat{x}^{(l)})]^{-1} H^T(\hat{x}^{(l)}) R^{-1} [z - h(\hat{x}^{(l)})]$$
$$(5-20)$$

按照式（5-20）进行迭代修正，直到目标函数 $J(x^{(l)})$ 接近于最小值为止。采用的收敛判据可以是以下三项中的任一项：

$$(1) \quad | \Delta \hat{x}_i^{(l)} |_{\max_i} < \xi_x \qquad \qquad [5-21 \ (a)]$$

$$(2) \quad | J(\hat{x}^{(l)}) - J(\hat{x}^{(l-1)}) | < \xi_J \qquad \qquad [5-21 \ (b)]$$

$$(3) \quad \| \Delta \hat{x}^{(l)} \|_\infty < \xi_a \qquad \qquad [5-21 \ (c)]$$

其中，i 表示矢量 x 中分量的序号，而 ξ_a、ξ_J 和 ξ_a 是按精度要求而选取的收敛标准式[5-21（a）]表示 l 次迭代计算中状态修正量绝对值最大者小于给定的门槛值，这是实用中最常用的标准，ξ_x 可取基准电压幅值的 $10^{-6} \sim 10^{-4}$。

经过 l 次迭代满足收敛标准时：

$$\Delta \hat{x}^{(l)} = \hat{x}^{(l+1)} - \hat{x}^{(l)}$$
$$= [H^T(\hat{x}^{(l)}) R^{-1} H(\hat{x}^{(l)})]^{-1} H^T(\hat{x}^{(l)}) R^{-1} [z - h(\hat{x}^{(l)})] \approx 0$$

此时 $\hat{x}^{(l)}$ 即是最优状态估计值 $\hat{x}$；$\hat{x} = \hat{x}^{(l)}$，量测量的估计值为：$\hat{z} = h(\hat{x})$。

下面考察状态估计值 $\hat{x}$ 和量测估计值 z 的估计误差。在式（5-24）中假设 $x_0 = x$，则状态估计误差是：

$$x - \hat{x} = -\sum (x) H^T(x) R^{-1} [z - h(x)]$$

状态估计误差方差阵是：

$$E[(x-\hat{x})(x-\hat{x})^T] = E\left[\left\{\sum(x)H^T(x)R^{-1}[z-h(x)]\right\}\times\left\{\sum(x)H^T(x)R^{-1}[z-h(x)]\right\}^T\right]$$

$$= E\left[\sum(x)H^T(x)R^{-1}\nu\nu^TR^{-1}H(x)\sum{}^T(x)\right]$$

$$= \sum(x)$$

其中，$E(\nu\nu^T)=R$，$H^T(x)R^{-1}H(x)=\sum^{-1}(x)$。

由于真值 x 是未知的，近似用 $\hat{x}$ 代替状态估计误差方差阵的 x，于是：

$$E[(x-\hat{x})(x-\hat{x})^T] \approx \sum(\hat{x}) = [H^T(\hat{x})R^{-1}H(\hat{x})]^{-1} \qquad (5\text{-}22)$$

状态估计误差方差阵 $[H^TR^{-1}H]^{-1}$ 中对角元素表示量测系统可能达到的估计效果，是评价量测系统配置质量的重要指标。$H^TR^{-1}H$ 称为信息矩阵，其对角元素随量测量增多而增大，而 $[H^TR^{-1}H]^{-1}$ 的对角元素则随之降低。也就是说，量测量越多，估计出的状态量越准确；反之，量测量越少，估计出的状态量的误差就越大。只要有一个状态量 x_i 未被量测矢量函数 $h(z)$ 所包含，则雅可比矩阵 H 中第 i 列元素就全部为 0，所以 $[H^TR^{-1}H]$ 的对角元素出现 0 值，$[H^TR^{-1}H]^{-1}$ 便不存在，从而失去了可估计性。

量测估计误差是：

$$z-\hat{z} = z-h(\hat{x}) = H(\hat{x})\Delta x = H(\hat{x})(x-\hat{x}) \qquad (5\text{-}23)$$

量测估计误差方差阵是：

$$E\{[z-\hat{z}][z-\hat{z}]^T\} = E\{[H(\hat{x})(x-\hat{x})][H(\hat{x})(x-\hat{x})]^T\}$$

$$= E\{H(\hat{x})(x-\hat{x})(x-\hat{x})^TH^T(\hat{x})\}$$

$$= H(\hat{x})[H^T(x)R^{-1}H(\hat{x})]^{-1}H^T(\hat{x}) \qquad (5\text{-}24)$$

量测估计误差方差阵 $H[H^TR^{-1}H]^{-1}H^T$ 的对角元素表示量测量估计误差的方差的大小，在一般量测系统中有：$diag\{H[H^TR^{-1}H]^{-1}H^T\}<R$，表明状态估计可以提高量测数据的精度，即出现了滤波效果。

2. 加权的意义

为提高整个估计值的精度，应该使各个量测量各取一个权值，精度高的量测量权大一些，而精度低的量测量权小一些。根据这一原理提出了加权最小二乘准则。

$$J(x) = [z-h(x)]^TW[z-h(x)]$$

式中：W 为一适当选择的正定阵，$W=R^{-1}$，其中各元素为 $R_i^{-1}=\dfrac{1}{\sigma_i^2}$。

3. 量测函数向量 $h(x)$ 为线性函数时的最小二乘法估计

量测方程为 $z=Hx+\upsilon$；

目标函数 $J(x)=[z-h(x)]^TW[z-h(x)]$；

方程求取极值的必要条件：$\dfrac{\partial J(x)}{\partial x^T}=0$；

解得 $\hat{x}=(H^TR^{-1}H)^{-1}H^TR^{-1}z$。

4. 状态估计值的误差分析

状态估计误差：$x-\hat{x}=-(H^TR^{-1}H)^{-1}H^TR^{-1}\upsilon$。

(1) 是无偏估计；

(2) 估计误差协方差阵 $c=(H^TR^{-1}H)^{-1}$。

$H^T R^{-1} H$ 称为信息矩阵，其对角元素随量测量增多而增大，$(H^T R^{-1} H)^{-1}$ 的对角元素随量测量的增多而减少，即量测量越多，估计出的状态越稳定（准确）。

5. 残差分析

残差：量测量与量测估计值之差 $r = z - \hat{z} = [I - (H^T R^{-1} H)^{-1} H^T R^{-1}] v = W v$，其中 W 称为残差灵敏度矩阵。

加权残差：$r_w = \sqrt{R^{-1}} r$

标准化残差：$r_N = \sqrt{(WR)^{-1}} r$

6. 量测函数向量 $h(x)$ 为非线性函数时的最小二乘法估计

量测方程为 $z = h(x) + v$

目标函数 $\min J(x) = [z - h(x)]^T R^{-1} [z - h(x)]$

方程求取极值的必要条件：$\dfrac{\partial J(x)}{\partial x^T} = 0$

化简可得非线性方程 $H^T(x) R^{-1} [z - h(x)] = 0$，其中 $H(x)$ 是 $h(x)$ 的雅克比矩阵，方程用牛顿迭代法求解。

7. 信息矩阵的特点

信息矩阵 $A = H^T R^{-1} H$ 是对称稀疏矩阵，其结构与节点导纳矩阵不一样，取决于网络结构与测点的布置，矩阵元素每次迭代发生变化。

5.3.3 快速解耦状态估计算法

基本加权最小二乘状态估计算法虽然具有良好的收敛性能，但直接应用于大型电力系统，则由于其计算时间长和所需内存量大，而受到一定的限制。实时程序的设计应充分利用电力系统物理上的性质，忽略某些次要因素，尽可能简化计算以提高计算速度和降低内存消耗。在实用中逐渐形成了两种成功而有效的简化方式：

有功和无功的分解计算：在高压电网中，正常运行条件下有功 P 和电压 V、无功 Q 和电压相角 θ 之间联系很弱，反映在雅可比矩阵中 $\dfrac{\partial P}{\partial V}$ 和 $\dfrac{\partial Q}{\partial \theta}$ 项接近于 0，忽略掉这些元素就可以将 $P-U$ 与 $Q-\theta$ 分开计算，仍然会得到收敛的结果。由于降低了问题的阶次，既减少了内存的使用量，又可提高每次迭代的计算速度，然而却要增加迭代次数。

雅可比矩阵常数化：一般来说，雅可比矩阵在迭代中仅有微小的变化，若作为常数处理仍能得到收敛的结果。利用常数化的雅可比矩阵就不必在每次迭代中重复对 H 或 $[H^T R^{-1} H]$ 做因子分解了，仅利用第一次分解得到的因子表对不同的自由矢量前推和回代便可以求其对应的状态修正量，因此可以大大提高迭代修正速度，当然迭代次数有所增加。

事实上，常规潮流算法中利用了以上两种假设形成了快速分解算法，在加速潮流的计算中取得了很大的成功。常规潮流算法中得到的这种成功的经验很自然地被推广到了基本加权最小二乘法状态估计中，由此形成的快速分解状态估计算法也同样取得了良好的效果。

5.3.4 对量测量变换的状态估计算法

在提高状态估计的计算速度和降低其使用内存方面，美国电力公司发展了一套有特点的算法，最早实现了大型电力系统的实时状态估计，并提出了丰富的运行经验。

在常规潮流算法中量测量主要取各节点的注入功率，而美国电力公司提出的这一套实时潮流算法中，仅取支路潮流值。由于这特殊规定，这一算法也被称为"唯支路"状态估计算法。

本算法将支路潮流量测量变换为对支路两端电压差的"量测"，并假设运行电压变化不大，最后得到与基本加权最小二乘法状态估计相类似的迭代修正公式，但其信息矩阵是常实数、对称、实虚部统一的稀疏矩阵。这一算法的特点是计算速度快而又节省内存，缺点是难以处理结点注入型量测量，但这并不妨碍其实用性。

5.3.5　逐次型状态估计算法

20 世纪 70 年代初期，拉森（R•E•Larson）和迪波斯（A. s. Debs）等人在邦那维尔电力系统（BPA）应用卡尔曼算法做实时潮流的静态估计，属于同一时间断面上不同量测量的逐次估计问题。由于电力系统状态量的维数很高，直接使用$[H^T R^{-1} H]^{-1}$做状态估计误差协方差矩阵所需的计算机容量和计算量都很大，为此不得不采用对角化的状态估计误差协方差矩阵，这虽然带来了降低内存和计算量的好处，却随之产生了估计质量下降和迭代收敛性变坏的问题。为了改善收敛性，应进行量测量计算次序优化和选择合适的调谐参数。

5.3.6　几种状态估计算法的比较

几种状态估计算法比较见表 5 - 2。

表 5 - 2　　　　　　　　　　　　几种状态估计算法比较

算法	优点	缺点
基本加权	估计质量和收敛性能最好，是状态估计的经典解法和理论基础，适应各种类型的量测系统	使用内存多，计算量大，计算时间长
快速解耦	估计质量和收敛性能在实用精度范围内与基本加权最小二乘法接近，在计算速度和使用内存方面优于基本加权最小二乘法	使用内存较多，程序也比较复杂
变换量测	计算速度快，节省内存，对于纯支路量测系统可以得到满意的估计结果，且有较丰富的运行经验	仅适用于支路型量测系统统中，难以处理节点注入型量测量

5.4　不良数据的检测与辨识

不良数据的检测与辨识是电力系统状态估计的重要功能之一，其目的在于排除量测采样数据中偶然出现的少数不良数据，以提高状态估计的可靠性。关于不良数据产生的原因以及它对电力系统实时监视与控制的不良影响，前面已详细叙述，这里不再重复。本节主要对不良数据的检测与辨识方法作比较系统的介绍。

5.4.1　几个术语

在阐述不良数据的各种检测与辨识方法以前，首先需要说明几个常用术语的含义。目前，国内外文献中对这些术语的定义并不完全一致，但大体上可以给出如下四个定义：

不良数据检测——判断某次量测采样中是否存在不良数据的程序功能称为检测，或称不良数据存在性检验。

不良数据辨识——通过检测确知量测采样中存在不良数据后，确定不良数据具体测点位置的程序功能称为辨识。

不良数据估计——不仅能确定不良数据所在测点位置，而且能给出不良数据估计值的程序功能，称为不良数据估计。实际上，它只是辨识的定量化，是辨识功能的进一步发展和完善。通常，我们将这些功能统称为不良数据的估计辨识。

状态估计修正——根据不良数据估计值，对原来受不良数据影响的状态估计进行修正，从而排除了不良数据的影响，获得了可靠的状态估计的程序功能称为状态估计修正。修正后的状态估计达到一定的精确度。

为便于叙述，我们把上述整个程序功能简称为不良数据的检测和辨识。它的作用就是发现和处理掉量测采样中出现的不良数据，达到提高实时数据可靠性的目的。这是整个状态估计程序中一项重要的程序功能。

不良数据的检测是指，判断某次量测采样中是否存在不良数据；不良数据的辨识是指，发现某次量测采样中存在不良数据后，确定哪个（或哪些）量测是不良数据。采用估计——检测和辨识——再估计——再检测和辨识的迭代模式。

5.4.2　检测与辨识不良数据的几种主要方法

1. 不良数据检测的方法

（1）使用目标函数极值 $J(\hat{x})$ 进行检测；

（2）用加权残差 r_w 或标准化残差 r_N 检测；

（3）上述两种方法的综合使用；

（4）量测量突变检测；

（5）应用伪量测量的检测。

2. 不良数据辨识的方法

（1）残差搜索法（r_w 或 r_N）；

（2）非二次准则法；

（3）零残差法—它是非二次准则法的一个发展，因此也可以归入非二次准则法一类；

（4）估计辨识法。

5.4.3　不良数据的一般检测方法

1. 不良数据检测的常用方法

不良数据检测的常用方法有：目标函数 $J(\hat{x})$ 检测法、加权残差 r_w 检测法、标准化残差 r_N 检测法等。其共同特点是利用采样的残差信息来检测出不良数据，其检测的效果与阈值的选择有关，当阈值较低时，检测不良数据的能力就较强（漏检概率较低），但是过低的阈值又会使误检率增大（伪警概率增大）。判断标准为：

（1）目标函数 $J(\hat{x})$ 检测法：若 $\dfrac{J(\hat{x})-K}{\sqrt{2K}}<\gamma$，则没有不良数据；若 $\dfrac{J(\hat{x})-K}{\sqrt{2K}}\geqslant\gamma$，

则有不良数据。

存在不良数据后，目标函数急剧增大。利用这一特性可以检测不良数据，具体方法是用 H 和 H 两种假设性检验方法。

1）H_0 假设：如 $\varepsilon < \gamma$（γ 为检验阈值），则没有不良数据，H_0 属真。

2）H_1 假设：如 $\varepsilon < \gamma$（γ 为检验阈值），则有不良数据，H_1 属真。

当确定了阈值 γ 后，如某次采样 $\varepsilon < \gamma$ 就认为 H_0 属真。这时可能犯第一类错误，即 H_0 属真而拒绝了 H_0，接受了 H_1。这类错误称误报警，其出现的概率为 p_e，称为伪警概率。上述检验结果也可能犯第二类错误，即 H_0 不真而接受了 H_0，拒绝了 H_1。这类错误称漏报，出现的概率为 p_d，称为漏检概率。

这两类错误的概率由阈值 γ 确定，一般漏检概率越小，伪警概率就越大，反之亦然。

（2）加权残差 r_w 检测法：若 $|r_{Wi}| < \gamma_{Wi}$，则没有不良数据；若 $|r_{Wi}| \geqslant \gamma_{Wi}$，则有不良数据。

（3）标准化残差 r_N 检测法：若 $|r_{Ni}| < \gamma_{Ni}$，则没有不良数据；若 $|r_{Ni}| \geqslant \gamma_{Ni}$，则有不良数据。

2. 不同检测方法的特点

不良数据的检测能力与量测系统中测点的配置、不良数据值的大小以及检测门槛值的选择有密切关系。测点配置愈完善，不良数据的值愈大检测门槛值愈低，检测不良数据的能力也愈强。然而，过低的门槛值又会使误检概率增大。

在各种条件都相同的情况下，上述三种检测方法的一般特点如下：

（1）$J(\hat{x})$ 检测法在电力系统规模较小，而且相应地量测冗余度 K 较小的情况下，有较高的灵敏度。但是，随着电力系统规模的增大，冗余度 K 也相应增大，$J(\hat{x})$ 的均值和方差都将随之增大，个别不良数据值对 $J(\hat{x})$ 值的影响相对减小，从而使检测灵敏度降低。另外，$J(\hat{x})$ 检测只能测知不良数据的存在与否，而不知道何者为可疑数据（或不良数据）。

（2）r_w，r_N 检测法不属于总体型检测，因此，电力系统规模大小并不影响检测灵敏度。它只取决于 W_w 或 W_N 矩阵对角元素的大小。

量测系统越完善，冗余度 K 越大，则对角元素也愈占优势，检测不良数据也愈灵敏。反之，当系统量测冗余度很小时，r_w，r_N 法的检测性能变坏。在中等冗余度的条件下（m/n $=2\sim3$），r_N 法比 r_w 法的检测性能明显优越。当系统冗余度很大时，r_w，r_N 法两者性能接近，并且都是优越的。

此外，这两种检测方法，虽然不能一次确定不良数据的位置，却均能找出可疑数据的测点，为不良数据的进一步辨识提供方便条件。

r_N 法在一般量测冗余度的情况下，对单个不良数据还具有较快辨识的功能，这是 r_w 法比不上的。但是，与 r_w 法相比，它必须付出计算 $D=diag[\sum_r]$ 的代价。

以上的分析表明，一般地说，单纯使用 $J(\hat{x})$ 检测法只适用于规模很小的电力系统，较大的系统要求有两种方法的结合使用，效果较好。例如"$J(\hat{x})$ 检测和 r_w。检测"或者"$J(\hat{x})$ 检测和 r_N 检测"。当然，如果能方便地计算出矩阵 D，使用后者更好。

残差污染：有时除了不良数据点的残差超过检测阈值外，一些正常测点的残差也超过阈值，这种现象称为残差污染。

残差淹没：有多个不良数据时，由于相互作用可能导致部分或全部不良数据测点上的残

現代电力系统分析

差近于正常残差现象，这称为残差淹没。

3. 常用的不良数据辨识方法

能够估计出全部状态量的量测系统具有可观测性，而去掉不良数据仍保持可观测性的量测系统具有可辨识性。不良数据的辨识法包括：残差搜索辨识法（包括加权残差搜索法、标准化残差搜索法）、估计辨识法等。

（1）残差搜索辨识法。残差搜索辨识法，即用残差绝对值由大到小排队来逐维作试探，通常分为权残差搜索法与标准化残差搜索法。

1）加权残差搜索法：按 $|r_{Wi}|$ 大小排队，逐维试探。

2）标准化残差搜索法：按 $|r_{Ni}|$ 排队，逐维试探。

3）残差搜索法只适用于单个不良数据的辨识，或弱相关的多个不良数据的辨识。对于强相关的多个不良数据，由于搜索次数过多而难以奏效。

（2）不良数据的估计辨识法。具有较好的辨识多个不良数据的功能，实时性也较好。

习题

1. 在状态估计中，量测向量的维数，亦即方程式的个数与未知状态量的个数相比，是（　　）。

A. 多　　　　　　B. 少　　　　　　C. 相等　　　　　　D. 不确定

2. 下面哪一个方法是用于状态估计的求解算法？（　　）

A. 牛顿 - 拉夫逊法　　　　　　B. 快速解耦法

C. 高斯 - 赛德尔法　　　　　　D. 最小二乘法

3. 电力系统状态估计的量测方程是（　　）。

A. $z=h(x)$　　B. $z=h(x)+v$　　C. $f(x,u,p)=0$　　D. $\min f(x)$

4. 在电力系统状态估计中，量测点布局的最低要求是（　　）。

A. 保证对状态量的可控性　　　　　　B. 保证潮流方程的有解性

C. 保证可观察性　　　　　　D. 保证安全性

5. 量测系统中的随机误差或噪声是随机变量，其分布特性是（　　）。

A. 均值为 1，方差为 σ_i^2 的正态分布　　　　B. 均值为 0，方差为 σ_i^2 的正态分布

C. 均匀分布　　　　　　D. χ 分布

6. 电力系统量测方程对应的 $m\times n$ 阶雅可比矩阵 $H(x)$，满足什么条件则系统是可观察的？（　　）

A. 秩为 m　　B. 秩为 n　　C. 秩为 $m-1$　　D. 秩为 $n-1$

7. 采用最小二乘法进行状态估计，这种估计是（　　）。

A. 有偏估计　　B. 无偏估计　　C. 最大似然估计　　D. 区间估计

8. 在最小二乘法中，通常目标函数中的矩阵 W 为（　　）。

A. 单位矩阵　　　　　　B. 量测误差方差阵的逆

C. 量测误差方差阵　　　　　　D. 任意矩阵

9. 采用加权最小二乘法，对于精度高的量测量权值应取（　　）。

A. 小一些　　B. 大一些　　C. 一致　　D. 随机值

10. 当量测函数 $h(x)$ 为非线性函数时，采用最小二乘状态估计求解需要用（　　）。

A. 解析公式直接求解　　　　　　　　B. 选代法求解

C. 高斯消元法　　　　　　　　　　　D. 牛顿法

11. 电力系统测量系统的标准误差为 σ，在实用中，测量误差达到（　　）以上的数据作为不良数据。

A. $\pm 3\sigma$　　　　　　B. $\pm 4\sigma$　　　　　　C. $\pm 5\sigma$　　　　　　D. $\pm（6\sim7）\sigma$

12. 以下哪些会使不良数据点模糊，导致辨识不良数据的困难？（　　）

A. 残差污染　　　　B. 残差减小　　　　C. 残差淹没　　　　D. 残差增大

13. 设第 i 个量测量的加权残差阈值为 $\gamma_{w\cdot i}$，若该量测量中包含有不良数据，则下面哪一个条件成立。（　　）

A. $|r_{w\cdot i}| < \gamma_{w\cdot i}$　　　　　　　　　B. $|r_{w\cdot i}| = \gamma_{w\cdot i}$

C. $|r_{w\cdot i}| > \gamma_{w\cdot i}$　　　　　　　　　D. $|r_{w\cdot i}| \geqslant \gamma_{w\cdot i}$

14. 不良数据检测的效果与阈值的选择有关，当阈值选择过低，会使（　　）增大。

A. 误报警　　　　　B. 漏报　　　　　C. 残差淹没　　　　D. 残差增大

第6章

电力系统静态安全分析的基本概念

由于电力工业发展迅速，电力系统规模不断扩大，互联部分越来越多，电力系统规模的迅速发展及新技术的应用大大增加了系统自身的复杂性。电网互联实现了更大范围内资源的优化利用，促进了电力市场化的发展。但互联电网的稳定问题并不是子系统稳定问题的简单叠加，大区电网互联不但使系统的动态行为更加复杂，而且使系统的安全稳定程度降低，局部故障波及的范围增大，电网互联也很容易使偶然的局部事故迅速波及整个网络，并在相连的巨大电网间传递，造成大面积停电的灾难。

因此，如何保证电力系统的安全运行，准确快速地进行电力系统的安全分析是现代电力系统发展所必须且迫切需要解决的问题。近年来发生的多次大面积停电事故进一步对电力系统的安全稳定控制提出了更高的要求。

电力系统安全稳定控制的目的是：实现在正常运行情况和偶然事故情况下都能保证电网的各运行参数均在允许范围内，安全、可靠地向用户供给质量合格的电能。也就是说，电力系统正常运行时必须满足两个约束条件：等式约束条件和不等式约束条件。

6.1 电力系统运行状态与安全分析

6.1.1 电力系统的安全性和可靠性的定义

安全性：电力系统的安全性通常是指电力系统在实时运行中，抵抗各种干扰，在事故条件下，维持电力系统连续供电的能力。

可靠性：电力系统可靠性是指电力系统在一个较长时间段内（如 1 年），保证其连续供电的概率，或者说是电力系统的年可用率等。是按时间的平均特性函数。

对安全的广义解释是保持不间断供电，亦即不失去负荷。在实用中可以更确切地用正常供电情况下，是否能保持潮流及电压幅值在允许限制范围以内表示。

6.1.2 电力系统正常运行必须满足的两个约束条件

1. 等约束条件（功率平衡方程式）

$$\sum_i P_{Gi} - \sum_j P_{LDj} - P_L = 0 \tag{6-1}$$

$$\sum_i Q_{Gi} - \sum_j Q_{LDj} - Q_L = 0 \tag{6-2}$$

式（6-1）、式（6-2）中：P_{Gi}、Q_{Gi} 为发电机 i 的有功和无功功率；P_{LDj}、Q_{LDj} 为负荷 j 的有功和无功功率；P_L、Q_L 为有功和无功功率的总损耗。

式（6-1）、式（6-2）可以表示成统一的等式约束形式：$g(x)=0$。

2. 不等约束条件

是为了保证系统安全运行和具有合格电能质量，有关电气设备的运行参数都应处于运行允许值的范围内，如下式所示。

$$U_{imin} \leqslant U_i \leqslant U_{imax} \tag{6-3}$$

$$P_{imin} \leqslant P_i \leqslant P_{imax} \tag{6-4}$$

$$Q_{imin} \leqslant Q_i \leqslant Q_{imax} \tag{6-5}$$

式（6-3）～式（6-5）中：U_i 为节点 i 的电压幅值；P_k 为支路 k 的有功潮流；Q_k 为支路 k 的无功潮流。

式（6-3）～式（6-5）可以表示成统一的等式约束形式：$h(x) \leqslant 0$。

综上所述：电力系统正常运行时应同时满足等式和不等约束条件。这时处于运行的正常状态。

6.1.3　电力系统运行状态分类

1. 正常运行状态

正常运行状态下，等式约束条件和不等式约束条件都得到满足。正常状态的电力系统可分为安全正常状态与不安全正常状态。

（1）安全正常状态：已处于正常状态的电力系统，系统保持适当的安全裕度，在承受一个合理的预想事故集的扰动之后，如果仍不违反等约束及不等约束，则该系统处于安全正常状态。

（2）不安全正常状态（告警状态）：如果系统的安全水平下降到某一适当的界限，或者处于不利的天气条件（如特大暴风雨）而使故障干扰的可能性增加，则系统进入告警状态（不安全状态）。由于告警状态下系统已到了很脆弱的程度，因此一个偶然事故便会造成设备的过负荷，从而使系统进入紧急状态。

2. 紧急状态

只满足等式约束条件但不满足不等约束条件的运行状态。运行参数已越限，出现母线电压降低、设备过负荷等。紧急状态又可以分为两类：持久性紧急状态和稳定性紧急状态。

只满足等式约束条件但不满足不等约束条件的运行状态。运行参数已越限，出现母线电压降低、设备过负荷等。紧急状态又可以分为两类：持久性紧急状态和稳定性紧急状态。

（1）持久性紧急状态。没有失去稳定的紧急状态，输电设备通常允许有一定的过负荷持续时间。

（2）稳定性紧急状态。可能失去稳定的紧急状态称为稳定性的紧急状态，该状态能容忍的时间只有几秒钟，相应的控制也不得超过 1s。

3. 危机状态

等式约束条件和不等约束条均不满足，其结果是连锁反应，引起较大范围停电。

4. 恢复状态

使系统从危急状态恢复到正常状态的中间过程状态。满足不等约束条件，但不满足等约束条件。

6.1.4　电力系统控制方式分类

（1）预防控制。使系统从不安全正常状态转变到安全正常状态的控制手段，例如启动发电机、调整发电机有功功率、调整负荷的配置、切换线路、调整变压器分接头等。

（2）校正控制（持久性紧急控制）。使系统从持久性紧急状态回到安全状态的控制手段。例如通过可控变量（如发电机的有功和无功功率）的调整，消除约束条件越限的现象。

（3）紧急控制（稳定性紧急控制）。使系统从稳定性紧急状态回到安全状态的控制手段。例如切机、切负荷、解列、快关气门、故障快切、有控制的解列等。

（4）恢复控制。从恢复状态回到正常状态的控制手段。先满足不等式约束条件，再通过再同步、并网恢复所有用户供电，使等式约束条件得以满足。如启动备用机组、调整发电机有功功率、切换负荷、停运状态下的机组和输变电设备重新投入，逐步恢复对用户供电，解列的系统重新并列运行等。

6.1.5　电力系统安全分析分类及几个重要概念

安全性分析，也被称为预想事故分析，分为静态安全分析和动态安全分析。

1. 静态安全分析

只考虑事故后系统重新进入新稳态运行情况的安全性（是否发生过负荷或电压越限），而不考虑从当前运行状态向事故后稳定状态转变的暂态过程。静态安全分析的过程是应用实时数据对一组预想事故进行在线分析，满足实时性要求是其主要特点，因此对静态安全分析方法的选择首先是快速性，其次才是准确性。静态安全分析本质是电力系统运行的稳态分析。

2. 动态安全分析

根据实时潮流对预想事故后系统的暂态稳定性进行评定。

电力系统运行状态的分类及其转化的过程如图 6-1 所示。

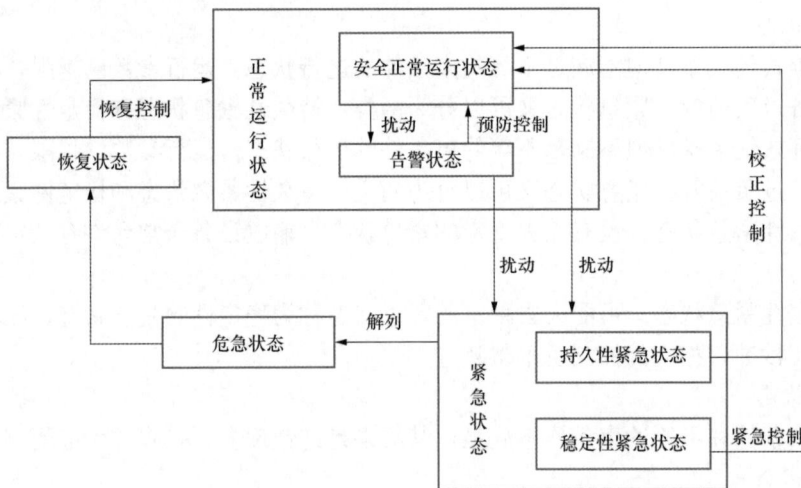

图 6-1　电力系统运行状态分类及其转化过程

3. 预想事故集

预想事故集应包括支路开断和发电机开断。原则上，对预想事故集中的每一种预想事故，都应进行安全性分析评定。但是，为了满足安全分析的实时性要求，常常按事故的严重程度进行筛选，只包括对系统安全性水平引起危险下降的事故。

预想事故包括发电机或输变电设备的强迫停运，也包括短路引起的保护动作致使多个设备同时退出运行的情况。

4. 电力系统安全分析的内容

(1) 网络的简化等值；

(2) 快速潮流计算方法；

(3) 预想事故的自动筛选。

5. 电力系统静态安全分析的作用

(1) 对于输配电系统规划方案而言，可以校验其承受事故的能力；

(2) 对于运行中的电力系统而言，可以校验其运行方式及接线方式的安全性；

(3) 能给出事故前后应采用的防范措施或校正措施等。

6. 数据采集与监视控制系统和能量管理系统

能量管理系统（EMS）：包括 SCADA、安全监控及其他调度管理与计划的功能系统。

SCADA 系统（数据采集与监视控制系统）：完成运行参数监视、记录和由调度员直接进行操作的部分，它包括：数据采集、数据预处理、运行状况的监视、调度员远方操作、运行数据的记录打印统计与保存、事故追忆和事故顺序记录等功能。

基础：SCADA、状态估计、安全分析。

运行控制：自动发电控制、负荷控制、电压控制、调度员培训仿真等。

电能管理：发电计划、经济调度、负荷预测、电能交易评估、运行规划等。

6.1.6 电力系统安全稳定准则

1. N−1 准则

定义：正常运行方式下的电力系统中任一元件（如发电机、交流线路、变压器、直流单极线路、直流换流器等）无故障或因故障断开，电力系统应能保持稳定运行和正常供电，其他元件不过负荷，电压和频率均在允许范围内。

N−1 原则的适用范围：用于电力系统静态安全分析（任一元件无故障断开），或动态安全分析（任一元件故障后断开的电力系统稳定性分析）。

当发电厂仅有一回送出线路时，送出线路故障可能导致失去一台以上发电机组，此种情况也按 N−1 原则考虑。

电力系统静态安全分析指应用 N−1 原则，逐个无故障断开线路、变压器等元件，检查其他元件是否因此过负荷和电压越限，用以检验电网结构强度和运行方式是否满足安全运行要求。

2. 电力系统安全稳定标准分级

为保证电力系统安全性，电力系统承受大扰动能力的安全稳定标准分为以下三级：

(1) 第一级标准：保持稳定运行和电网的正常供电；

(2) 第二级标准：保持稳定运行，但允许损失部分负荷；

(3) 第三级标准：当系统不能保持稳定运行时，必须尽量防止系统崩溃并减少负荷损失。

6.2　电力系统静态安全分析方法

6.2.1　支路开断模拟

电力系统静态安全分析也称之为静态安全评估，是根据系统中可能发生的扰动来评定系统安全性的。预想事故通常包括支路开断与发电机开断两类。开断潮流是指网络中的元件开断并退出运行后的潮流。开断潮流是以开断前的潮流作为初值进行计算的。

静态安全分析对预想事故评价分析的主要任务之一是模拟支路开断，即对基本运行状态的电力系统通过对支路开断的计算分析来校核其安全性。

目前已有很多满足实时安全分析要求的支路开断模拟分析计算方法，常用的计算方法有：直流法、补偿法、分布系数法、灵敏度分析法。这些方法在计算速度和准确性上各有其优缺点。

1. 支路开断模拟直流法

直流潮流模型把非线性电力系统潮流问题简化为线性电路问题，从而使分析非常方便。直流潮流模型的缺点是精确度差，只能校验过负荷，不能校验电压越线的情况。但直流潮流模型计算快，适合处理断线分析，而且便于形成用线性规划求解的优化问题，当一条支路开断时节点注入的功率保持不变。

直流法很方便估算多重支路开断后的潮流，但只能解出节点电压相位角和支路有功功率潮流，而不能解出节点电压幅值和支路无功功率潮流。

直流法是以直流潮流算法为基础的预想事故分析方法。基本运行状态下的直流模型为：

$$P = B'_0 \theta_0 \tag{6-6}$$

当注入功率恒定不变，发生某条支路开断时，B' 和 θ 都将发生变化，方程为：

$$P_0 = (B'_0 + \Delta B)(\theta_0 + \Delta \theta) \tag{6-7}$$

求解出后，可求出支路有功功率增量 ΔP_{ij}，与原始支路功率叠加，可求出开断后有功功率 P_{ij}。

直流法简单、快速，很方便估算多重支路开断后的潮流，但准确度差。它只能解出节点电压相角和支路有功功率潮流，而不能解出节点电压幅值和支路无功功率潮流。常用于故障筛选或在线快速粗略判别支路开断后有无越限。

2. 支流开断模拟补偿法

补偿法是指当网络中出现支路开断的情况时，可以认为该支路未被开断，而在其两端节点处引入某一待求的功率增量或称为补偿功率，以此来模拟支路开断的影响。这样，就可不必修改导纳矩阵，而用原来的因子表来计算支路开断后的网络潮流。补偿法可以不必修改导纳矩阵，而可以用原有的因子表来解算网络潮流，可以求得电压的模值和相角。两条以上支路开断时，补偿作用必须在前一次开断后的网络基础上进行补偿法，不再具有任何优越性。

网络结构和网络参数均未发生变化，所以网络的阻抗矩阵、导纳矩阵以及 P-Q 分解法中的因子表都和基本运行方式一样。

利用补偿法求解网络节点电压和一般用因子表求解网络节点电压相比，在运算量上没有显著增加，但是在形成一次因子表的运算量约为求解一次网络节点方程运算量的 10 倍左右，因此，当网络进行一次操作，要求反复求解网络方程的次数小于 5 次时，用补偿法比重新形成因子表要节约很大的运算量。

当网络节点 i、j 之间的支路开断时，可以等效地认为该支路并未断开，而是在节点 i、j 之间并联一个追加支路阻抗 Z_{ij}，其数值等于被断开支路阻抗的负值。

补偿法有前补偿、中补偿和后补偿；一般中补偿法在计算速度上较为优越，但目前最常用的还是后补偿法。

3. 分布系数法

是一种以直流潮流法和补偿法为基础的静态安全分析方法。分布系数法具有计算速度快、使用方便等优点。但分布系数的总数太大，对于有 m 条支路的网络，理论上分布系数总数为 $m(m-1)$ 个，其计算量很大，且占用内存多，在网络结构改变时，还必须重新形成新的分布系数。因此往往采用离线形成分布系数，并只计算可能引起不安全的那些开断支路对有关支路的分布系数。

4. 灵敏度分析法

灵敏度分析法将线路开断视为正常运行情况的一种扰动，从电力系统潮流方程的泰勒级数展开式出发，导出了灵敏度矩阵，以节点注入功率的增量模拟断线的影响，较好地解决了电力系统断线分析计算问题。该方法简单明了，省去了最大的中间计算过程，显著提高了断线分析的效率。应用灵敏度分析法既可以提供全面的系统运行指标（包括有功、无功潮流，节点电压、相角），又具有很高的计算精度和速度，因此是比较实用的静态安全分析方法。

6.2.2 发电机开断模拟

发电机开断模拟常用的方法有直流法、分布系数法、计及电力系统静态频率特性的发电机开断模拟。

1. 发电机开断模拟直流法

发电机开断模拟直流法是以直流潮流法为基础。其优点是数学模型简单，计算速度快；但精确度较差不能给出系统中节点电压幅值和无功潮流的解。

2. 分布系数法

在已获得基本情况的潮流解以后，利用反映发电量变化对支路潮流变化关系的分布系数，即可直接计算发电机开断后的支路潮流。下面介绍两种发电机开断模拟分析的分布系数法。

发电量转移分布系数。在已获得网络的基本潮流解后，为求发电机开断对线路潮流所致的影响，可以利用发电量转移分布系数法（Generation Shift Distribution Factor，GSDF）。是基于系统所有发电机组的总有功输出不变，且设定一台参考发电机。GSDF 在实际使用时将受到一定的限制。即当一台发电机开断时，要由松弛节点提供相应的增量予以平衡，如果系统中总的发电量发生变化，就要进行新的潮流计算以建立起新的初始状态。

GSDF 定义：

$$A_{ij-k} = \frac{\Delta S_{ij}}{\Delta G_k} \tag{6-8}$$

$$S_{ij}^{(1)} = S_{ij}^{(0)} + \Delta S_{ij} \tag{6-9}$$

式 (6-8) 中：ΔG_k 为节点 k 开断一台发电机后有功输出功率的变化增量；ΔS_{ij} 表示从节点 k

向参考节点 R 转移有功输出功率 ΔG_k 之后，支路 ij 的潮流变化增量；A_{ij-k} 为发电机输出功率转移分布系数。它描述了在节点 k 的发电机有功功率变化单位值时，支路 ij 的潮流变化增量。

该定义是基于假设系统中所有发电机的总有功输出功率不变，即

$$\Delta G_k + \Delta G_R = 0 \tag{6-10}$$

式（6-10）中：ΔG_R 为参考节点 R 发电机有功输出功率的变化增量。

发电量转移分布系数法定义为：

$$A_{ij-k} = \frac{X_{ik} - X_{jk}}{x_{ij}} \tag{6-11}$$

式（6-11）中：X_{ik}、X_{jk} 分别为节点电抗矩阵［即 $(B'_0)^{-1}$］中第 k 列的第 i 行和第 j 行的元素。

由此可见，发电机转移分布系数仅与网络结构有关，在算出与实时网络结构对应的 A_{ij-k} 之后，只要网络结构未改变，当进行发电机开断的预想事故分析时，可直接由开断机组产生的增量 ΔP_k 和分布系数 A_{ij-k} 求得任一支路 ij 在发电机开断之后的支路有功增量及其潮流新值。

3. 综合发电量分布系数

由于发电量转移分布系数（GSDF）是在总有功功率不变的前提下得到的，因此 GSDF 的值仅与网络结构有关，而与系统的总发电量、各节点的发电量或负荷的分布无关，只需已知基本情况的支路潮流，就可应用 GSDF 进行发电机开断的发电量转移安全分析。但是，当系统中总发电量变化时，必须进行新的潮流计算以建立起新的基本运行情况。在系统实际运行中，发电量总是在不断地变化，这样就给预想事故分析带来了不便。

为了克服这一限制，提出了综合发电量分布系数（Generalized Generation Distribution Factor，GGDF），且定义为

$$S_{ij} = \sum_{N_g} D_{ij-g} G_g \tag{6-12}$$

式（6-12）中：S_{ij} 为支路 ij 的实际有功功率；G_g 为发电机 g 的有功输出功率；N_g 为系统发电机台数；D_{ij-g} 为发电机 g 对支路的分布系数，或者说发电机 g 单独作用时支路 ij 的有功潮流，表示由发电机 g 的有功输出供给支路 ij 的潮流分量。

式（6-12）表明，支路 ij 中的有功潮流是所有发电机供给分量的叠加。综合发电量分布系数的优点是不需指定参考发电机（在 GSDF 中这是必要的），且不受总发电量 $\sum_{N_g} G_g$ 必须保持恒定的约束。

式（6-12）中的综合发电量分布系数 D_{ij-g} 不能用测量得到的 S_{ij} 和 G_g 值来确定。既然 GGDF 在系统的不同运行情况下都适用，当然也适用于计算 GSDF 时特定的基本情况，因此可以通过 GSDF 形成求解综合发电量分布系数 GGDF 的公式。

注意：发电量转移分布系数和综合发电量分布系数之间的关系为：$D_{ij-k} - D_{ij-R} = A_{ij-k}$。对于一个具有 N_g 台发电机和 m 条支路的系统，转移发电量分布系数有（$N_g - 1$）$\times m$ 个；综合发电量分布系数总数是 $N_g \times m$ 个。

与发电量转移分布系数相比较，综合发电量分布系数不需设立参考发电机，也不要求系统总发电量维持不变，其好处是当系统发电量变化时，不必为重新建立初始潮流而进行潮流

计算。

【例6-1】已知某系统具有5节点与三台发电机，发电机1发出功率为124MW，发电机2发出功率27.8MW，发电机3发出34.6MW，支路12的有功功率为38MW，若选取发电机2所在节点作为参考节点，可求得 $A_{12-1}=1$，$A_{12-2}=0$，$D_{12-1}=0.5386$，$D_{12-2}=-0.4614$，$D_{12-3}=-0.4614$，计算将10MW发电量从发电机1转移至发电机2时支路12中的传输功率。

$$P_{12} = P_{12}^{(0)} + \Delta P_{12} = P_{12}^{(0)} + A_{12-1} \cdot \Delta P_{G1} + A_{12-2} \cdot \Delta P_{G2} = 38 + 1 \times (-10) = 28\text{MW}$$

$$\text{(GSDF)}$$

$$P_{12} = D_{12-1} \cdot P_{G1} + D_{12-2} \cdot P_{G2} + D_{12-3} \cdot P_{G3}$$
$$= 0.5386 \times 114 + (-0.4614) \times 37.8 + (-0.4614) \times 34.6 = 27.995\text{MW}$$

$$\text{(GGDF)}$$

4. GSDF 与 GGDF 的比较

（1）发电量转移分布系数：①假设系统中所有发电机的总有功功率不变；②设参考发电机；③仅与网络结构有关。

（2）综合发电量分布系数：①系统实际运行中，发电量总是在不断地变化；②不需设参考发电机；③系统发电量变化时，不必为重新建立初始潮流而进行潮流计算。

5. 计及系统频率变化的发电机开断模拟

由于上述直流法和分布系数法没有计及电力系统频率特性，且采用了线性迭加原理，因而精度较差。

然而，由于发电机开断后将引起电力系统中有功功率的不平衡，致使频率发生一定的变化，直到各运行发电机组的调速器动作，建立新的有功功率平衡为止。

这时系统频率将略低于基本情况下的频率值，各运行发电机的有功功率也将按各自调节系数的不同而变化。因此，发电机开断模拟应考虑系统的频率特性。

在发电机开断时，由于受扰的内部系统失去了一部分发电机有功功率，调速系统一次调节后，外部系统必然会提供一定的有功支援，即必须修正内部系统边界节点的注入有功功率。除了外部有功的支援外，各联络线上的有功也要作相应调整。因此，发电机开断模拟时，必须考虑发电机的频率响应特性FRC（Frequency Response Characteristics）及边界节点上的等值频率响应特性。

发电机开断模拟的数学模型必须考虑到失去一部分有功功率后系统的暂态过程及自动控制装置动作所产生的效应。在通常情况下，可将整个变化过程划分为以下4个时段：时段1为电磁暂态过程；时段2为机械暂态过程；时段3为调速器动作过程；时段4为自动发电控制。

调速器动作过程就是静态安全分析所要研究的部分。

6.3　预想事故自动筛选

预想事故的自动筛选的基本思想：在静态安全分析中，先用简化潮流计算方法对预想事故集中的每一个事故进行近似计算，剔除明显不会引起安全问题的预想事故，且按事故的严重性进行排序，组成预想事故一览表，再用更精确的潮流算法对表中的事故依次进行分析。

所谓的预想事故的自动筛选（Automatic Contingency Selection，ACS），就是在实时条件下利用电力系统实时信息，自动选出那些会引起支路潮流越限、电压越限等危及系统安全运行的预想事故，并用行为指标来表示它对系统造成的危害严重程度，按其顺序排队给出一览表。因为有意义的预想事故，只占整个预想事故集的一小部分。因此，就可以不必对整个预想事故集进行逐个详尽的分析计算，这样可以大大节省机时，加快安全分析的速度。

预想事故自动选择需要一种快速的、在精度上只要能满足排队要求的开断模拟算法亦就是能够剔除不起作用的预想事故，并将起作用的预想事故按其严重程度排队。

6.3.1 评价事故的行为指标

预想事故一览表由近似潮流计算和行为指标形成。所谓行为指标是用于评价预想事故严重程度的指标，预想事故自动筛选的算法不同，其行为指标的表达形式也有所不同。用于对预想事故排序的行为指标至少应有以下特点。

（1）能正确反映预想事故对系统危害的严重程度；

（2）便于计算；

（3）计算行为指标的时间与对严重事故精确计算的时间之和应小于逐个事故精确计算所用时间。

为了表征各种开断情况下线路潮流越限与节点电压越限的严重程度，同时又考虑到网络中有功功率与无功功率存在弱耦合这一物理现象，常用的行为指标有两个。

有功功率行为指标：是一种用来衡量线路有功功率过负荷程度的计算方式，表示式为：

$$PI_p = \sum_\alpha \omega_p \left(\frac{P_l}{P_l^{\max}} \right) \tag{6-13}$$

式（6-13）中：ω_p为有功功率权因子；P_l为线路l中的有功潮流；$P_l^{\max}$为线路l的有功潮流限值；α为有功功率过负荷的线路集合。

无功功率行为指标：是用来衡量电压与无功功率违限程度的计算公式，表示式为：

$$PI_{uq} = \sum_\beta \omega_u \frac{|U_i - U_i^{\lim}|}{U_i^{\lim}} \sum_\gamma \omega_q \frac{|Q_i - Q_i^{\lim}|}{Q_i^{\lim}} \tag{6-14}$$

式（6-14）中：U_i为节点i的电压幅值；$U_i^{\lim}$为节点i的电压幅值限值；ω_u为电压权因子；Q_i为节点i的无功注入；$Q_i^{\lim}$为节点i的无功注入限值；ω_q为无功功率权因子；β为电压幅值超过上、下限的节点集合；γ为无功超过上、下限的节点集合。

在式（6-13）、式（6-14）中，α、β、γ均只限于违限的线路或节点；ω_p、ω_u、ω_q的值则取决于系统的运行经验和在不同违限情况下有关线路的重要程度；当权因子取为零时，即认为该线路违限并不重要而排除在集合之外。

在研究线路行为指标时，可将所有线路，不论是否过负荷，都参加PI计算；也可以只对支路潮流增加的线路参加PI计算。

6.3.2 ACS的开断模拟终止判断

在用ACS的开断模拟计算得出按行为指标排队的一览表后，选择其中排在前面的一些预想事故，用完整的交流潮流作进一步分析，以确定其对电力系统的影响。在选择这些需作精确计算的预想事故时，可用终止判据的概念。

终止判据是指对一览表中需要进行详细交流潮流计算的预想事故数进行选择的判据。以下为常用的两种终止判据。

（1）只分析预想事故表中的前面 N 个。

（2）采用不再出现违限的开断情况作为终止判据。

6.3.3　ACS 的开断模拟计算方法

目前有很多用于 ACS 的开断模拟的计算方法，其中大多数应用了线性叠加原理。它们虽然具有快速、简单的特点，但对于重载线路或大机组开断存在着精度较差的缺点。

任何 ACS 算法，都必须满足以下三个条件后，才可以认为是具有实用价值的，即：

（1）从计算时间的得失效果上看，采用 ACS 算法后应当是有利的。

（2）ACS 算法的实用价值还可以用俘获率来衡量。其中俘获率为分类到关键性预想事故集中的预想事故总数与实际起作用的预想事故总数的比值。

（3）ACS 算法应避免发生遮蔽现象或不致因遮蔽现象而降低俘获率。

6.3.4　遮蔽现象

如果行为指标定义不合理，就可能产生遮蔽现象，使预想事故排序出现误差。所谓遮蔽现象，是指某一预想事故使系统许多支路出现重载（或节点电压有较大偏移）但并未出现越限，其行为指标反而大于只有少数支路越限（或少数节点电压越限）多数支路负载较轻的预想事故行为指标，从而引起误分类，使严重的预想事故反而排在不严重的预想事故之后。

6.3.5　预想事故自动筛选算法

1. 直流法

直流法以直流潮流法为基础，只能对线路有功潮流行为指标进行排序，其行为指标定义为

$$PI_P = \sum \omega_j \left(\frac{P_l}{P_l^{\lim}}\right)^2 \tag{6-15}$$

（1）只包含越限支路的行为指标为

$$PI_P = \sum_\alpha \omega_P \left(\frac{P_l}{P_l^{\max}}\right)^2 \tag{6-16}$$

式（6-16）中：α 为有功功率过载的线路集合。

（2）增量行为指标—预想事故前后行为指标的差值

$$\Delta PI_P^{(k)} = PI_P^{(k)} - PI_P^{(0)} \tag{6-17}$$

式（6-17）中：$PI_P^{(0)}$ 为基本情况下（开断前）的行为指标；$PI_P^{(k)}$ 为事故 k 之后的行为指标。

2. 快速解耦潮流的一次迭代法（FDLF1）

它利用快速解耦潮流计算的第一次迭代解来计算预想事故的行为指标。

直接应用 P-Q 分解潮流计算各种开断情况下支路潮流和节点电压，为了加快计算速度，只做一次迭代计算，并应用求出的解进行 PI 分析。为克服遮蔽现象，电压无功的行为指标改为

$$PI_{vq} = \sum_{\beta} \omega_u \frac{|U_i - U_i^{\lim}|}{U_i^{\lim}} + \sum_{\gamma} \omega_q \frac{|Q_i - Q_i^{\lim}|}{Q_i^{\lim}} \tag{6-18}$$

式（6-18）中 β 为电压幅值超过上、下限的节点集合；γ 为无功超过上、下限的节点（越界）集合。

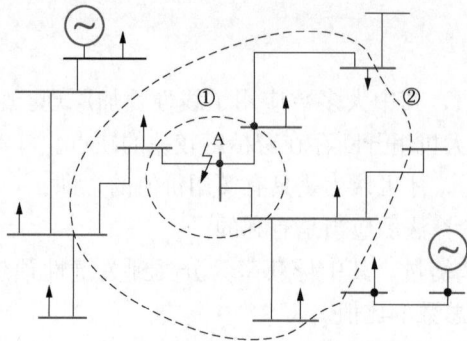

图 6-2　同心松弛节点层示意图

3. 以预想事故相邻级确定权重因子

虽然任一事故支路的开断或发电机的停运，都将引起潮流的重新分布，但由同心松弛的概念可知，事故造成的影响是局部性的，事故的发生对直接与故障源相连的第一层支路和节点影响最大，第二与第三层依次减小，对第三层以外一般不会引起越限，如图 6-2 所示。因此按层从大到小赋予权重系数，从而既突出了事故对系统安全的影响，避免了遮蔽现象，且节省了计算时间。

$$PI_p = \sum_{\alpha 1} \omega_{l1} \left(\frac{P_l}{P_l^{\max}}\right)^2 + \sum_{\alpha 2} \omega_{l2} \left(\frac{P_l}{P_l^{\max}}\right)^2 \sum_{\alpha 3} \omega_{l3} \left(\frac{P_l}{P_l^{\max}}\right)^2 \tag{6-19}$$

式（6-19）中 α_1、α_2、α_3 分别为事故源相邻一、二、三层越限支路的集合；$w_{l1} > w_{l2} > w_{l3}$ 分别为相邻一、二、三层越限支路的权重。电压幅值行为指标与上式相同。

对规定的预想事故集，用 FDLF1 法或其他简化潮流计算方法算出有功功率行为指标和电压幅值行为指标，且按其递减顺序进行排序，就得到所需的预想事故一览表。该法速度较快、效果较好。

习题

1. 电力系统安全分析包括以下哪些内容？（　　　）

A. 静态稳定性分析　　　　　　　　　　　B. 电压稳定性分析

C. 静态安全分析　　　　　　　　　　　　D. 动态安全分析

2. 电力系统运行满足等式约束条件和不等式约束条件，但安全裕度小，系统运行在（　　　）。

A. 安全正常状态　　　B. 不安全正常状态　　　C. 恢复状态　　　　D. 紧急状态

3. 电力系统运行发生连锁反应，出现系统解列现象，系统运行在（　　　）。

A. 危急状态　　　　　　　　　　　　　　B. 不安全正常状态

C. 恢复状态　　　　　　　　　　　　　　D. 稳定性紧急状态

4. 对电力系统静态安全分析方法的选择首先是（　　　）。

A. 精确性　　　　　　B. 快速性　　　　　　C. 灵活性　　　　　　D. 经济性

5. 静态安全分析的预想事故应包括（　　　）。

A. 短路事故　　　　　B. 支路开断　　　　　C. 低频振荡　　　　　D. 发电机开断

6. 下面措施属于预防控制的是（　　　）；属于紧急控制的是（　　　）。

A. 切机　　　　　　　　　　　　　　　　B. 快关气门

C. 调整发电机有功功率　　　　　　　　　D. 调整变压器分接头

7. 以下哪些是支路开断的静态安全分析方法？（　　）

A. 节点电压法　　　B. 直流潮流法　　　C. 对称分量法　　　D. 补偿法

8. 利用发电量转移分布系数计算发电机开断的潮流，其前提条件是（　　）。

A. 设有参考发电机

B. 系统中所有发电机的总有功输出功率不变

C. 转移分布系数与网络结构无关

D. 网络结构不变，转移分布系数就不变

9. 以下哪些是直流法静态安全分析的优点？（　　）

A. 简单、快速　　　　　　　　　B. 准确度高

C. 能解出节点电压幅值和相角　　D. 方便估算多重支路开断的潮流

10. 在预想事故自动筛选时，遮蔽现象会（　　）。

A. 使严重的预想事故排在不严重的预想事故之前

B. 使严重的预想事故排在不严重的预想事故之后

C. 使不严重的预想事故排在严重的预想事故之后

D. 提高预想事故筛选的准确度

11. 电力系统安全分析的研究包括网络简化等值、快速潮流计算、预想事故自动筛选以及稳定性分析方法。（　　）

A. 正确　　　　　　　　　　　B. 错误

12. 预想事故一览表中是按事故的（　　）排序的。

A. 严重性　　　B. 概率大小　　　C. 安全性　　　D. 复杂性

13. 在预想事故的自动筛选中，行为指标大的预想事故在事故一览表中排在（　　）。

A. 前　　　　　B. 后　　　　　C. 中间　　　　D. 末尾

14. 行为指标是用来评价预想事故（　　）的指标。

A. 发生概率　　　B. 持续时间　　　C. 严重程度　　　D. 可观性

15. 由预想事故集形成预想事故一览表，是通过（　　）来实现的。

A. 精确的潮流计算　　　　　　B. 快速近似的潮流计算

C. 行为指标　　　　　　　　　D. 人工确定

16. 发电机开断模拟常采用的方法有（　　）。

A. 直流法　　　　　　　　　　B. 灵敏度分析法

C. 分布系数法　　　　　　　　D. 计及电力系统频率特性法

第7章

电力系统静态等值方法的特点及应用

7.1 电力系统静态等值

应用等值方法可以大大缩小问题的计算规模，系统中某些不可观察部分也通过等值方法来处理。电力系统按计算要求分为研究系统和外部系统。前者要求详细计算，后者可用等值计算来取代。

研究系统可分为边界系统和内部系统。边界系统是指内部系统与外部系统相联系的边界点（或边界母线）。内部系统与边界系统的联络支路称为联络线。

外部等值方法必须保证，当研究系统内运行条件发生变化，其等值网络分析结果应与未简化前由全系统计算分析的结果相近。

7.1.1 网络等值的原因

（1）对于大型互联系统进行不同运行方式下的分析计算往往会遇到计算量太大、耗费机时太多等问题；

（2）进行在线计算时调度中心不可能获得整个系统完整而准确的实时信息，而系统数学模型的规模又必须与所得到的实时信息相匹配；

（3）仅关心研究系统的安全性，而不关心外部系统，因此必须对系统中不感兴趣的部分或某些不可观测的部分进行简化等值。

7.1.2 网络简化等值的系统划分

互联系统可用划分成研究系统 ST 和外部系统 E 两部分。某些文献把研究系统分成边界系统 B 和内部系统 I。还有一种，把内部系统称为研究系统，而边界母线归并在外部系统中。一般 Ward 等值用前种，REI 等值用后一种。

一般来说，一个互联电力系统按计算要求分为研究系统和外部系统，如图 7-1（a）所示。

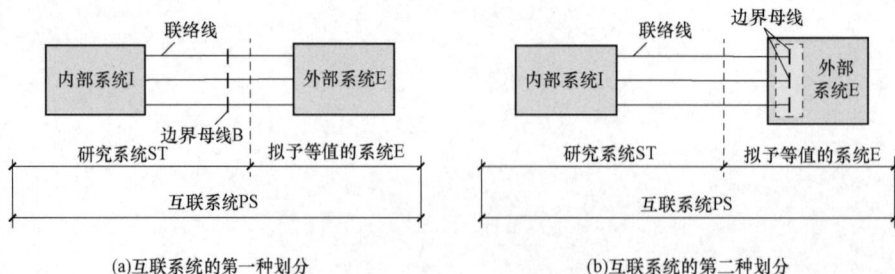

(a)互联系统的第一种划分　　　　　(b)互联系统的第二种划分

图 7-1　互联系统的两种划分

1. 研究系统：感兴趣的区域，要求详细计算模拟、等值过程中保持不变的区域或所关注的区域。可分为边界系统和内部系统。

（1）边界系统：指内部系统与外部系统相联系的边界点（或边界母线）。

（2）联络线：内部系统与边界系统的联络支路称为联络线。

2. 外部系统：是指与研究区域毗邻并相互有一定影响，但不需要详细计算，可以用某种等值网络取代的区域。

但是，也有文献称前述的内部系统为研究系统，而把边界节点归并在外部系统之内，如图 7 - 1（b）所示。内部系统与边界母线的连接支路，也称之为联络线。

对互联系统的这两种划分法，一般使用在不同的场合。在下述的 Ward 等值法中，往往采用图 7 - 1（a）所示第一种划分法；而 REI 等值则往往采用图 7 - 1（b）所示的第二种划分法。

7.1.3　简化等值的分类与要求

1. 电力系统简化等值分为静态等值和动态等值

在一定稳态条件下，内部系统保持不变，而把外部系统用简化网络来代替。这种与潮流静态等值计算、静态安全分析有关的简化等值方法就是电力系统的静态等值方法。

动态等值：针对的是电力系统暂态问题。

2. 静态等值方法分为拓扑等值和非拓扑等值

拓扑等值：需要外部系统的结构和全部参数，建立描述外部系统的方程。拓扑等值从原理上可分为两大类：一类是应用数学矩阵消元理论求得等值网络，如 Ward 等值；另一类是应用网络变换原理求得等值网络，如 REI 等值。静态等值方法大多属于拓扑值。

非拓扑等值：不需要外部系统的结构和全部参数，因而又称为辨识法，只要求内部系统的实时测量数据，就能估计外部系统的等值参数。

也有文献将 Ward 等值的原理归为诺顿定理，而将 REI 等值的原理归为节点分析。

3. 静态等值的要求

不同的等值方法可能得到不同的等值网络，但任何一种等值方法都必须保证等值前后的边界条件相同，比如等值前后边界节点电压和联络线传输功率应相等；当内部系统区域内运行条件发生变化时，以等值网络代替外部系统后的分析结果应与简化等值前由全系统计算分析的结果相近。

7.2　Ward 等值的基本概念

7.2.1　常规 Ward 等值的基本原理

选择一种有代表性的基本运行方式，网络中的节点集合划分为内部系统节点子集（I）、边界节点子集（B）、外部系统节点子集（E），计算潮流得出全网各节点电压。

互联系统可用下列一组线性方程组表示：

$$I = YU \tag{7 - 1}$$

按节点集合的划分写成分块矩阵：

现代电力系统分析

$$\begin{bmatrix} Y_{EE} & Y_{EB} & 0 \\ Y_{BE} & Y_{BB} & Y_{BI} \\ 0 & Y_{IB} & Y_{11} \end{bmatrix} \begin{bmatrix} \dot{U}_E \\ \dot{U}_B \\ \dot{U}_I \end{bmatrix} = \begin{bmatrix} \dot{I}_E \\ \dot{I}_B \\ \dot{I}_I \end{bmatrix} \tag{7-2}$$

消去式（7-2）中的 U_E，得

$$\begin{bmatrix} Y_{BB} - Y_{BE}Y_{EE}^{-1}Y_{EB} & Y_{BI} \\ Y_{IB} & Y_{II} \end{bmatrix} \begin{bmatrix} \dot{U}_B \\ \dot{U}_I \end{bmatrix} = \begin{bmatrix} \dot{I}_B - Y_{BE}Y_{EE}^{-1}Y_{EB}\dot{I}_E \\ \dot{I}_I \end{bmatrix} \tag{7-3}$$

消去外部节点后 Y_{BB} 受到修正，亦即边界节点的自导纳与互导纳改变。

外部系统的节点注入电流 I_E 通过分配矩阵 D 被分配到边界节点上，分配矩阵 D 为

$$D = Y_{BE}Y_{EE}^{-1} \tag{7-4}$$

令 $Y_{EQ} = -Y_{BE}Y_{EE}^{-1}Y_{EB}$，$\Delta I_B = -Y_{BE}Y_{EE}^{-1}I_E$

Y_{EQ} 为消去外部系统后，在边界节点附加的节点导纳矩阵；

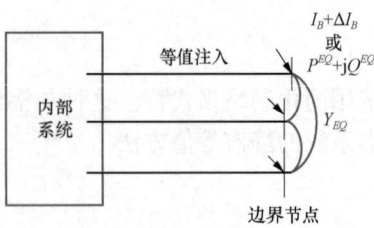

图 7-2 常规 Ward 等值的等值系统

ΔI_B 为消去外部系统后，在边界节点附加的注入电流。

由于外部系统和内部不直接相连，消去外部节点时只有和发生了变化。经等值处理后的简化系统如图 7-2 所示。

7.2.2 常规 Ward 等值的步骤

（1）选取一种有代表性的基本运行方式，通过潮流计算确定全网络各节点的复电压。

（2）选取内部系统的范围和确定边界节点，然后对下列矩阵进行高斯消元。

$$\begin{bmatrix} Y_{EE} & Y_{EB} \\ Y_{BE} & Y_{BB} \end{bmatrix}$$

消去外部系统，保留边界节点，得到仅含边界节点的外部等值导纳阵 $Y_{BB} - Y_{BE}Y_{EE}^{-1}Y_{EB}$。

（3）计算出各边界节点的注入功率增量 ΔS，并将其加到原边界节点注入功率上，得到边界节点的等值注入功率。

7.2.3 常规 Ward 等值的意义及适用范围

上述网络等值过程在数学上是线性代数方程 Gauss 消元法的消去过程，在物理意义上是对网络进行星—网变换的过程。适宜于在线应用；当外部系统全部是 PQ 节点时，计算效果比较好。

7.2.4 常规 Ward 等值的缺点

（1）用等值网络求解潮流时，迭代次数过多，甚至完全不收敛；

（2）等值网络潮流可能收敛到一个不可行解上；

（3）等值计算误差大。

造成常规 Ward 等值误差大的原因有：①外部系统的对地电容对边界注入无功的影响；②对外部系统 PV 节点注入无功功率的模拟不准确。

由于求取等值是在基本运行方式下进行的，而在系统实时情况下，运行方式的变化会导

146

致外部系统实际注入变化和参数发生变化，因而造成潮流计算的误差。这种现象在无功功率方面表现得更为突出。

针对 Ward 等值法的缺陷，改进型 Ward 等值法主要在以下几方面作了改进。

（1）等值后的并联支路代表外部系统的对地电容与补偿电抗。由于外部系统串联电路阻抗小。所以等值后外部系统并联支路几乎全部集中在边界节点上。

在大互联系统中，大量对地电容的集中，当边界节点电压变化时会造成很大的无功变化。而实际系统中外部系统各节点电压一般可以就地调整，与边界节点电压的变化并不一致。为了减小这一因素造成的误差，等值时应尽量不用并联支路，而通过求边界的等位注入来计及其影响。

（2）等值时，如果外部系统中含有 PV 节点，则内部系统中发生事故开断时，应保持外部 PV 节点对内部系统提供的无功支援。而对于上述的 Ward 等值法由于 PV 节点已被消去，这一要求在实际上难以满足。

为此进行外部等值时，应保留那些无功功率裕度较大，且与内部系统电气距离小的 PV 节点。

（3）实现外部等值时，一般是根据某一基本运行方式的全网潮流解进行的。在实时状况下，系统运行方式在不断变化。由于远动条件的限制在调度中心一般不能掌握全系统的实时结构与运行参数的变化，因而难以对基本运行方式的外部等值数据作实时状况的修正，由此产生的误差会大大超过工程计算所允许的范围。

（4）导纳阵稀疏性变差是 Ward 等值法的必然后果。

7.3　改进 Ward 等值法

造成等值计算误差较大的主要原因有两点：

第一个原因是外部系统的对地电容对边界注入无功的影响。通常采用节点注入功率来模拟外部系统的对地电容，以提高等值后系统潮流计算的收敛性。对地电容的等效注入无功功率，可用基本情况潮流计算求得的电压来计算。

第二个原因是对外部系统 PV 节点注入无功功率的模拟不准确。如果外部系统有 PV 节点，其注入有功功率给定，而当内部系统运行状态不同（例如线路开断），外部系统的 PV 节点为维持其电压保持不变，它的注入无功功率将会在限值内做出相应的变化，即外部系统的 PV 节点向内部系统提供无功功率支援。这时，边界节点上的注入功率与基本情况下求出的 ΔS_B 值有较大差异，造成外部系统注入无功模拟不正确，从而影响等值效果。

7.3.1　Ward - PV 等值法

为了能正确模拟外部系统的注入无功功率，和边界节点一样保留部分外部系统的 PV 节点，这样会得到较好的等值效果。选择保留 PV 节点的原则是：

（1）与内部系统的电气距离较短，这些 PV 节点对内部系统的响应最大；

（2）应具有较大的无功功率储备能力；

（3）保留的 PV 节点应尽可能少。

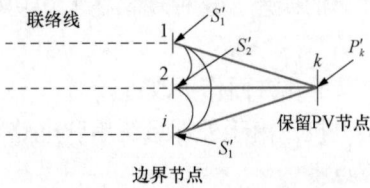

图 7-3　保留 PV 节点的 Ward 等值

（2）Q 网络的等值：外部系统的 PV 节点接地，使用 Guass 消元法得到无功潮流的简化网络，但每个边界节点连接一个虚拟 PV 节点。

保留 PV 节点的 Ward 等值如图 7-3 所示。

7.3.2　解耦 Ward 等值法

利用 P-Q 分解法的潮流计算原理，考虑将等值网络分解为 P 网络和 Q 网络。

（1）P 网络的等值：忽略外部系统的全部对地支路，使用 Gauss 消元法得到有功潮流的简化网络。

解耦 Ward 等值对内部系统具有较好的无功功率响应特性。解耦 Ward 等值的示意图如图 7-4 所示。

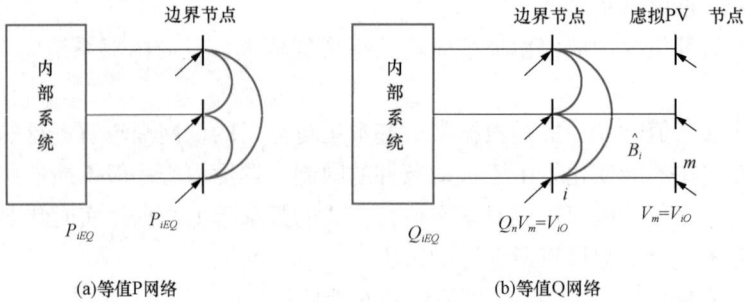

图 7-4　解耦 Ward 等值系统

7.3.3　缓冲 Ward 等值

虽然解耦 Ward 等值有较好的无功响应特性，但是，由于等值时忽略了外部系统的电阻，从而影响等值网络有功潮流的准确性。为此，又提出了将常规法的简单性与解耦法的无功响应特性结合的扩展 Ward 等值法，以及引入虚拟 PV 节点的广义 Ward 等值法。

但是，这两种方法在求解外部系统等值时都需要进行两次 Gauss 消元，耗费机时较多。因此，在这两种方法之后，又提出了以同心松弛概念构成外部等值的缓冲 Ward 等值。

同心松弛就是指各节点层所受到的扰动影响将随着与中心电气距离的增大而逐步衰减。借用同心松弛的概念，在网络等值时，把边界节点作为中心，向外部系统方向确定出若干节点层，通常保留第一层各节点（缓冲节点），略去该节点之间的连接支路，加上用 Ward 等值法得到的边界等值支路与等值注入，形成缓冲 Ward 等值网络。缓冲母线与边界母线之间的支路，称为缓冲支路。缓冲 Ward 等值的示意图如图 7-5 所示。

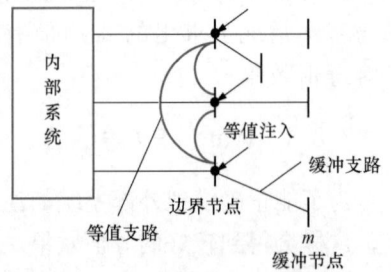

图 7-5　缓冲 Ward 等值网络

7.4　REI 等值

7.4.1　REI 等值的基本原理

REI 等值是把所有的外部节点为两组，即要保留的节点与要消去的节点。首先将要消去节点中的有源节点按其性质归为若干组，每组有源节点用一个虚拟的等价节点来代替，它通过一个无损耗的虚构网络（REI 网结）与这些有源节点相连。在此虚拟有源节点上的有功无功注入功率是该组有源节点有功与无功功率的代数和。在接入 REI 网络与虚拟等价节点后，原来的有源节点就变成无源节点了。然后将所有要消去的无源节点用常规的方法消去。

REI 等值是根据应用网络变换原理求得等值网络。其基本思想是：将外部系统用一个辐射状的简单网络来代替，把所有待消去节点的注入功率用一个虚拟节点的注入功率代替。

7.4.2　REI 等值网络的步骤

（1）确定边界节点集合（该节点数目越少越好）；

（2）整个外部系统用虚拟 REI 节点 R（虚拟参考节点）和虚拟接地节点 G（$U_G = 0$）代替；

（3）以节点 G 为中心构成辐射状 REI 等值网络。

REI 等值网络如图 7-6 所示。

7.4.3　REI 等值的条件

用 REI 等值网络代替原外部系统必须满足以下等值条件：

（1）等值前后所有边界节点的电压 U_i 相等。

（2）等值前后外部系统与边界节点的交换功率 S_i 相等。

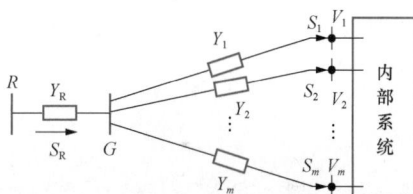

图 7-6　REI 等值网络

常规 Ward 等值法对外部系统等值，其外部系统被等值为：边界节点间连接支路和边界节点的注入功率。

REI 等值法对外部系统等值，其外部系统被等值为：一个辐射状的简单网络。

Ward 等值的原理是 Gauss 消元法。

REI 等值的原理是网络变换原理。

习题

1. 除了严格数学理论的矩阵等值法，另一类等值法是根据应用网络变换原理求得等值网络，这种方法是（　　）。

A. REI 等值　　　　　　B. 直流法　　　　　　C. 补偿法　　　　　　D. Ward 等值法

2. （多选）Ward 等值的改进方法有（　　）。

A. 解耦 Ward 等值　　　　　　　　　　B. Ward - PV 等值

C. 缓冲 Ward 等值　　　　　　　　　　D. 常规 Ward 等值

3. 电力系统静态等值中，Ward 等值在数学上属于（　　　）。

A. 高斯消元法　　　　　B. 补偿法　　　　　　C. 星角变换法　　　　D. 叠加原理法

4. （多选）电力系统的等值分为（　　　）。

A. 静态等值　　　　　　B. 动态等值　　　　　C. Ward 等值　　　　D. REI 等值

5. 在 REI 等值中，将边界节点划分为（　　　）。

A. 内部系统　　　　　　B. 边界系统　　　　　C. 外部系统　　　　D. 研究系统

第8章

电力系统暂态稳定分析的直接法和时域法

电力系统暂态稳定分析的主要目的是检查系统在大扰动下（如故障、切机、切负荷、重合闸操作等情况），各发电机组间能否保持同步运行。如果能保持同步运行，并具有可以接受的电压和频率水平，则称此电力系统在这一大扰动下是暂态稳定的。在电力系统规划、设计、运行等工作中都要进行大量的暂态稳定分析，因为系统一旦失去暂态稳定就可能造成大面积停电，给国民经济带来巨大损失。通过暂态稳定分析还可以研究和考察各种稳定措施的效果以及稳定控制的性能，因此有很大的意义。

当电力系统受到大扰动时，发电机的输入机械功率和输出电磁功率失去平衡，引起转子速度及角度的变化，各机组间发生相对摇摆，其结果可能有两种不同情况。一种情况是这种摇摆最后平息下来，系统中各发电机仍能保持同步运行，过渡到新的运行状态，对于这种情况，我们认为系统在此扰动下是暂态稳定的。另一种情况是这种摇摆最终使一些发电机之间的相对角度不断增大，也就是说发电机之间失去了同步，此时系统的功率及电压发生强烈的振荡，对于这种情况，我们称系统失去了暂态稳定。这时，应将失步的发电机切除并采取其他紧急措施。除此以外，系统在大扰动下还可能出现电压急剧降低而无法恢复的情况，这是另一类失去暂态稳定的形式，也应采取紧急措施恢复电压，恢复系统正常运行。这两大类暂态稳定问题分别称为功角型和电压型暂态稳定问题，并且常互相影响，互相关联。为了防止在大扰动下系统失去暂态稳定，在电力系统中需要根据预想的典型大扰动，分析系统在这些典型扰动下的暂态稳定性，这就是电力系统暂态稳定分析的基本任务，其中最大量的分析是功角稳定问题。

现代电力系统一方面采用了先进技术和装置来改善系统的暂态稳定性，如快速高顶值倍数的励磁系统、快关气门、制动电阻、静止无功补偿装置、高压直流输电技术等；但另一方面又出现了一些对暂态稳定不利的因素，例如：大型机组参数恶化，其相应的暂态电抗 X 增大和惯性时间常数 T，相对减少；超高压、长距离、重负荷输电线路的投入；同杆并架线路的增加等。此外，有些措施对第一摇摆稳定有利，但对系统后续摇摆中的阻尼性能及相应的系统稳定性带来不利影响，因此要注意稳定措施的全局规划及协调。

电力系统暂态稳定分析目前主要有两种方法，即时域仿真法（又称逐步积分法），以及直接法（又称暂态能量函数法）。

时域仿真法将电力系统各元件模型根据元件间拓扑关系形成全系统模型，这是一组联立的微分方程组和代数方程组，然后以稳态工况或潮流解为初值，求扰动下的数值解，即逐步求得系统状态量和代数量随时间的变化曲线，并根据发电机转子摇摆曲线来判别系统在大扰动下能否保持同步运行，即暂态稳定性。

时域仿真法由于直观、可适应有几百台机、几千条线路、几千条母线的大系统，可适应各种不同的元件模型和系统故障及操作，因而得到广泛应用。

8.1 暂态稳定分析的时域仿真法

8.1.1 暂态稳定分析的基本概念

1. 暂态稳定分析的定义

暂态稳定的定义是指电力系统受到大扰动后，各同步发电机保持同步运行并过渡到新的或恢复到原来稳定运行方式的能力，通常指保持第一或第二振荡周期不失步的功角稳定。

大扰动包括：各种短路故障，大容量发电机、大的负荷、重要输电设备的投入或切除等等。系统的结构或参数发生了较大的变化，使得系统的潮流及各发电机的输出功率也随之发生变化，从而破坏了原动机和发电机之间的功率平衡，在发电机转轴上产生不平衡转矩，导致转子加速或减速。

2. 电力系统受到大扰动后的两种不同的结局

（1）暂态稳定。受扰后，各发电机转子间的相对角度随时间的变化呈振荡状态，且振荡幅值逐渐衰减，各发电机之间的相对转速最终衰减为零，使系统回到扰动前的稳态运行，或者过渡到一个新的稳态运行情况，各发电机之间仍保持同步运行。

（2）暂态不稳定。受扰后，某些发电机转子之间始终存在着相对运动，使得发电机转子之间的相对角度随时间不断增大，最终导致这些发电机失去同步，失去暂态稳定的两种形式：

1）第一摇摆失稳或非周期失去同步，这往往是由于同步转矩不足而产生的。

2）周期性失去同步（多摇摆失稳）。第一摇摆是稳定的，但由于增幅振荡最终使系统失去稳定。这一般是由故障后系统的小扰动不稳定，阻尼不足造成的；而不是暂态扰动的必然结果。

同步发电机功角对大扰动的响应如图8-1所示。

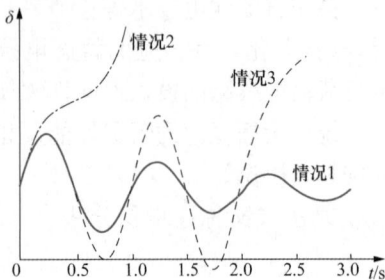

图8-1　同步发电机功角对大扰动的响应

3. 暂态稳定性的影响因素

暂态稳定性不但与系统扰动性质、严重程度及其发生的地点有关，还与扰动前系统的运行情况有关。

4. 电力系统暂态稳定分析的时间

（1）暂态稳定分析的时间尺度。

1）短期暂态稳定性分析（通称暂态稳定性分析）：是指10s之内的暂态行为；

2）中期暂态稳定性分析：是指10s直至几分钟；

3）长期暂态稳定性分析：是指几分钟直至几十分钟。

（2）暂态稳定仿真的时间设定。仿真步长：$20\sim50\mu s$，第一摇摆结束时间：$1\sim1.5s$，第二摇摆：$3\sim5s$。

5. 暂态稳定分析的意义

从实际运行的观点看，暂态稳定性的研究分析要比静态稳定性研究更重要，因为暂态稳定的极限一般要比静态稳定极限要小，所以电力系统设计和运行首先要满足电力系统暂态稳定性的要求。

由于电力系统是一个非线性系统，系统的稳定性既与初始条件有关，又与系统运行的参数变化有关，所以在大干扰下，不能再用研究静态稳定性的线性化方法。因此，到目前为止，对电力系统暂态稳定性的实际研究主要是用计算机进行数值积分计算的方法来进行，逐时段求解描述电力系统运行状态的微分方程组，从而得到动态过程中状态变量的变化规律，并用以判断电力系统的稳定性。

8.1.2　电力系统暂态稳定的分析方法

两种方法：时域仿真法和直接法。

1. 时域仿真法

时域仿真法，也称为逐步积分法、数值解法或间接法，建立描述电力系统暂态行为的一组联立的微分方程组和代数方程组，求得扰动下的数值解，即逐步求得系统状态量和代数量随时间的变化曲线，并根据发电机转子摇摆曲线来判别系统是否稳定。

优点：直观、信息丰富，可得各种量随时间的变化曲线；可适合各种不同详细程度的元件模型；分析结果准确、可靠。

缺点：计算速度慢、机时多；只能判定系统是否稳定，不能给出系统的稳定裕度；对于大量输出信息的利用率很低、效益差等。

2. 直接法（暂态能量函数法）

直接法，也称为暂态能量函数法，建立电力系统的暂态能量函数，求解和比较扰动结束时的系统暂态能量与系统的临界能量，来判定系统是否稳定，还能获得系统的稳定裕度等指标。

优点：计算速度快；能给出稳定度等。

缺点：模型简单；分析结果偏于保守。

8.1.3　电力系统暂态分析的时域法

时域仿真法将电力系统各元件模型根据元件间拓扑关系形成全系统模型，这是一组联立的微分方程组和代数方程组，然后以稳态工况或潮流解为初值，求扰动下的数值解，即逐步求得系统状态量和代数量随时间的变化曲线，并根据发电机转子摇摆曲线来判别系统在大扰动下能否保持同步运行，即暂态稳定性。

暂态稳定分析一般根据扰动后 1s（第一个摇摆周期）或几秒（开始几个摇摆周期）内发电机转子间相对角度的变化情况来判断系统是否稳定。由于计算的暂态过程持续时间较短，因而对于交流系统，通常只考虑发电机及其励磁系统、原动机及其调速系统、负荷特性等对暂态稳定性的影响。

暂态稳定分析由于主要研究发电机转子摇摆特性，主要和网络中的工频分量有关，故发电机可以忽略定子暂态而采用实用模型，而网络采用准稳态模型，负荷则采用静态模型或机械暂态或机电暂态的动态模型。

1. 全系统的数学模型

全系统数学模型是一组微分和代数方程组，可以表示为：

$$\begin{cases} \dfrac{\mathrm{d}x}{\mathrm{d}t} = f(x,y) \\ g(x,y) = 0 \end{cases} \tag{8-1}$$

（1）微分方程的构成。

1）描述各发电机暂态和次暂态电动势变化的微分方程；

2）各发电机的转子运动方程；

3）描述各发电机励磁系统暂态过程的微分方程；

4）描述各原动机及调速系统暂态过程的微分方程；

5）描述各感应电动机和同步电动机负荷的动态特性的微分方程；

6）描述直流系统换流器控制行为的微分方程；

7）描述其他动态装置（如 SVC、TCSC 等 FACTS 元件）动态特性的微分方程等。

（2）代数方程一般包括。

1）电力网络方程；

2）各发电机定子电压方程及 dq 坐标系与 xy 坐标系之间的坐标变换方程；

3）负荷的电压静态特性方程；

4）各直流系统的电压方程等。

暂态稳定时域分析时全系统数学模型结构如图 8-2 所示。

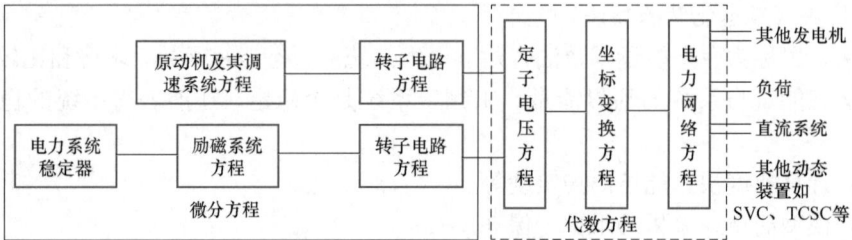

图 8-2　全系统数学模型结构

2．微分方程和代数方程组的求解方法

（1）交替求解法。微分方程的数值积分法和代数方程的求解方法可分别进行选择。已知 t 时刻的状态量 x_n 代数量 y_n，利用数值积分法通过求解微分方程组得到 t_{n+1} 时刻的状态量 x_{n+1}，再通过代数方程组求解 t_{n+1} 时的代数量 y_{n+1}，交替进行求解。

交替求解法存在的问题是：存在"交接误差"，计算结果不能同时满足微分方程组和代数方程组。

（2）联立求解法。将微分方程差分化后和代数方程组一起形成联立非线性方程组，然后求解此非线性方程组，即可得到所要的解。该求解方法不存在交接误差。

联立求解法一般针对微分方程用隐式积分法求解的情况。

3．微分方程的数值解法

微分方程的数值解法一般有：改进欧拉法、龙格库塔法、隐式梯形积分法。

评价微分方程求解方法优劣的指标有：计算速度、精度、数值稳定性和对刚性微分方程组的适应性。

4．各种数值解法的特点

（1）欧拉法与改进欧拉法。

对于微分方程$\dfrac{\mathrm{d}x}{\mathrm{d}t}=f(x,t)$，欧拉法计算公式为：$x_{n+1}=x_n+hf(x_n,t_n)$，欧拉法具有一阶精度。

改进欧拉法分为预报与校正两步。

预报：
$$x_{n+1}=x_n+hf(x_n,t_n)$$

校正：
$$x_{n+1}=x_n+\frac{h}{2}\big[f(x_n,t_n)+f(x_{n+1},t_{n+1})\big]$$

改进欧拉法具有二阶精度、三阶局部截断误差，数值稳定性较差。在电力系统暂态稳定性分析中，改进欧拉法通常和迭代解法求解网络方程相结合，对微分方程和代数方程采用交替求解的方法。

（2）四阶龙格－库塔法。利用$[t_n,t_{n+1}]$区间上的导数值（切线斜率）推算x_{n+1}，计算过程见式（8-2）：

$$\left.\begin{aligned}
x_{n+1}&=x_n+\frac{1}{6}(k_1+2k_2+2k_3+k_4)\\
k_1&=hf(x_n)\\
k_2&=hf\left(x_n+\frac{k_1}{2}\right)\\
k_3&=hf\left(x_n+\frac{k_2}{2}\right)\\
k_4&=hf(x_n+k_3)\\
h&=\Delta t=t_{n+1}-t_n
\end{aligned}\right\} \tag{8-2}$$

该方法相当于截取泰勒级数的前 5 项。龙格－库塔法的精度较高，但运算量大，其运算量是欧拉法的 4 倍。该方法有四阶精度、五阶局部截断误差。数值稳定性差。

（3）隐式梯形积分法。具有良好的精度和数值稳定性，可以采用较大的积分步长。

$$x_{k+1}=x_k+\int_k^{k+1}f(x)\mathrm{d}t \tag{8-3}$$

式（8-3）积分即为图 8-3 隐式梯形积分法示意图中阴影部分的面积，当h足够小时$f(x)$在$[t_k,t_{k+1}]$区间内可近似用直线代替，因此积分面积可用梯形 ABCD 的面积代替，即

$$x_{n+1}=x_n+\frac{h}{2}\big[f(x_n,t_n)+f(x_{n+1},t_{n+1})\big]+O(h^3) \tag{8-4}$$

由此得名梯形积分法。式（8-4）是一个关于x_k的非线性差分代数方程，且等式两端均含未知量x_k，只能用隐式解法求解。

隐式积分法具有二阶精度，三阶局部截断误差，具有良好的精度和数值稳定性，对刚性微分方程适应性好，且在发生不连续时无须重新起步。

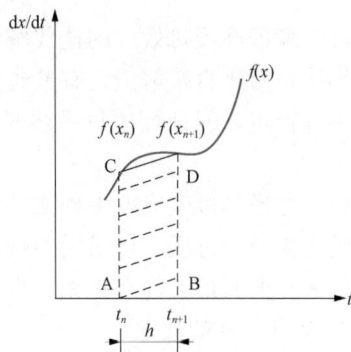

图 8-3　隐式梯形积分法示意图

刚性方程：在数学领域中是指一个微分方程，其数值分析的解只有在时间间隔很小（步长）时才会稳定，只要时间间隔略大，其解就会不稳定。方程的解数量级相差较大。

微分方程中的刚性（Stiffness）：是指微分方程类似于代数方程病态的一种特性。一般情况下，如果微分方程组中最大时间常数与最小时间常数之比比较大，即刚性是用线性化系统的最大特征值与最小特征值之比度量。

对于刚性问题，为了保证截断误差在安全的低数值，相对不太稳定的积分方法将需要很少的步长，从而准确跟踪系统响应中变化快速的分量。而更稳定的积分方法由于每步可以承受更大的误差，为得到同样精度的解，可以采用较大的步长。

8.1.4 暂态稳定分析中发电机与负荷节点的处理

电力网络模型一般为网络节点方程，在求解过程中，需要考虑发电机和负荷以何种形式接入网络，称为机网接口。

1. 发电机节点的处理（与发电机模型及其求解方法有关）

（1）发电机采用经典模型。忽略发电机的突极效应近似假设 $X'_d = X_q$，即发电机采用暂态电抗 X'_d 后电动势 E' 恒定的经典模型，其等值电路如图 8-4 所示。将发电机等值导纳并入网络的导纳阵，发电机电源作为等值电流源，即可求解方程，计算节点电压。

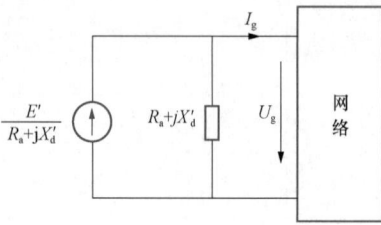

图 8-4 忽略凸极效应的发电机等值电路

$$\left.\begin{aligned} p\delta' &= \omega - 1 \\ T_{J}p\omega &= T_m - Te - D\omega = P_m - Pe - D\omega \\ \dot{V}t &= \dot{E}' - (Ra + jX'd)\dot{I}t \end{aligned}\right\}$$

$$(8-5)$$

（2）考虑凸极效应的直接解法。将网络复数线性代数方程实部和虚部分开，表示为 xy 同步坐标下的 $2n$ 阶实数线性方程，同时将发电机方程由 dq 坐标转化为 xy 坐标，联立求解。这种解法对负荷非线性适应能力较差。

$$\begin{bmatrix} A_d \\ A_q \end{bmatrix} = \begin{bmatrix} \sin\delta & -\cos\delta \\ \cos\delta & \sin\delta \end{bmatrix} \begin{bmatrix} Ax \\ Ay \end{bmatrix} \qquad (8-6)$$

（3）考虑凸极机效应的迭代解法。在复数域中求解线性代数方程来实现网络方程求解。迭代解法相对于直接解法，有节省内存、导纳矩阵为常数矩阵、计算速度快、适应非线性负荷模型等特点，但计算中每一步长内部都需要迭代，并有迭代误差。常与改进欧拉法结合求解。

（4）考虑凸极效应的牛顿法。发电机计及凸极效应，负荷计及非线性。系统元件的微分方程转化为差分方程，可采用牛顿法求解。该方法的缺点是雅克比矩阵元素随时间而变化，计算量大。但其最大优点是无"交接误差"，常与隐式梯形积分法结合求解。

2. 负荷节点的处理

在暂态稳定计算中，负荷模型通常采用恒定阻抗的线性负荷模型、计及电压静态特性的非线性负荷模型、计及感应电动机机械暂态的动态负荷模型、计及感应电动机机电暂态的动态负荷模型。

（1）采用恒定阻抗的线性负荷模型。将其并入导纳阵，恒定阻抗或导纳的线性负荷模型如图 8-5 所示。

（2）采用非线性模型时，根据机网接口的方法，分为迭代法与牛顿法处理。

$$P = P_N [a_p (V/V_N)^2 + b_p (V/V_N) + c_p] \tag{8-7}$$

$$Q = Q_N [a_q (V/V_N)^2 + b_q (V/V_N) + c_q] \tag{8-8}$$

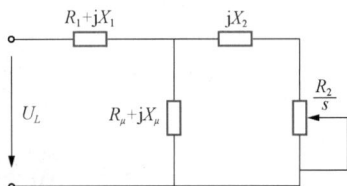

（3）采用考虑机械暂态的动态负荷模型，其等值电路可看作一个随转差率 s 而变化的阻抗，根据机网接口的直接法、迭代解法和牛顿法可做不同的处理。考虑机械暂态的动态负荷模型如图 8-6 所示。

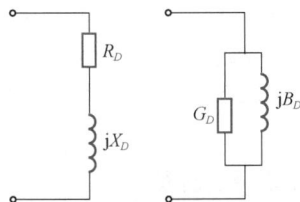

图 8-5 恒定阻抗或导纳的线性负荷模型   图 8-6 考虑机械暂态的动态负荷模型

3. 网络操作及故障处理

电力网络中发生故障或操作时，需要修改网络方程或修改导纳矩阵，也需要修改相应元件的微分方程。

（1）对称故障或操作。对称故障或操作，包括：三相短路、元件的三相开断、串联电容的强行补偿和电气制动的投入或退出等。除三相短路以外，其他对称故障或操作都可以看作是网络对应支路的参数发生相应的变化，可通过修改导纳矩阵中的对应元素来实现。对于三相短路如果计及电弧影响，可以在短路点处接入相应的阻抗，否则可接入一个足够大的接地导纳，根据短路点位置，修改导纳矩阵的对应元素。

（2）不对称短路或开断。在电力系统稳定分析中，仅关心网络节点电压和电流的正序分量，而对负序网络和零序网络中的电压和电流不感兴趣，它们的影响可以用在故障端口看进去的等值阻抗来模拟。

对于简单故障，可以通过形成正序增广网络来实现。附加阻抗如表 8-1 和表 8-2 所示。

表 8-1   短路故障附加阻抗表

短路类型	附加阻抗
单相短路接地	$Z_{\Sigma 2} + (Z_{\Sigma 0} + 3Z_g)$
两相短路	$Z_{\Sigma 2}$
两相短路接地	$Z_{\Sigma 2} // (Z_{\Sigma 0} + 3Z_g)$

表 8-2   短路故障附加阻抗表

断线故障	附加阻抗
单相断线	$Z_{\Sigma 2} // (Z_{\Sigma 0} + 3Z_g)$
两相断线	$Z_{\Sigma 2} + (Z_{\Sigma 0} + 3Z_g)$

8.1.5 网络数学模型及其网络方程求解方法

1. 基于改进欧拉法的暂态稳定分析迭代解法

欧拉法和改进欧拉法由于计算精度较低且数值稳定性差，通常只适用于采用简单模型且只进行第一摇摆周期的暂态过程计算。

2. 基于隐式梯形积分法的暂态稳定分析联立求解法

与显式积分法相比，隐式梯形积分法具有较好的数值稳定性和对刚性微分方程组的适应性。用牛顿法联立求解系统差分方程和代数方程，可避免交替求解引起的"交接误差"，也可避免迭代解法中元件和网络的接口误差。此外，牛顿法对元件非线性适应能力强，收敛性好，累计误差相对较小。该方法的缺点是每步都要重新形成和求解雅可比矩阵，耗费机时较多。

8.2 暂态稳定分析的直接法

8.2.1 基本定义

1. 直接法

直接法是从系统能量的角度，通过构建系统暂态能量标量函数，通过比较扰动结束时系统暂态能量值和系统临界暂态能量，判断系统的暂态稳定性，还可以求得系统的稳定裕度和稳定域等的方法，也称为暂态能量函数法。

直接法不需要逐步求解系统微分方程和计算整个系统的运动轨迹就可决定其稳定性，它不是从时域的运动轨迹判断稳定与否，而是从系统能量去判断。

该方法的优点：计算速度快，能给出稳定度等。

该方法的缺点：模型的限制，模型简单，分析结果偏于保守，不能保证计算结果在绝大多数条件下的准确度和可靠性等。

直接法主要应用有两个方面：一是离线暂态稳定分析中用于故障的扫描和筛选，从中选出最严重的事故；二是用于在线动态安全分析，快速给出预想事故的系统稳定度。

2. 非线性系统和平衡点定义

(1) 非线性系统。非线性自治系统的动态特性可表示为：$\dot{x} = f(x)$。

(2) 平衡点定义。如果系统在 t_0 时刻的状态是 x_c，并且在无任何输入或干扰情况下，对一切 $t \geqslant t_0$，有 $x(t) = x_c$；那么称 x_c 为动态系统的一个平衡点（或平衡状态）。平衡点 x_c，也满足 $f(x_c) = 0$。

3. 稳定域的定义

基于李雅普诺夫理论的直接法实际上就是在状态空间中找到一个包围稳定平衡点 x 的区域 R，使得对于属于这一区域的任何扰动，系统以后的运动最终都趋于稳定平衡点。这一区域称为关于稳定平衡点的渐近稳定域（简称稳定域），也叫平衡点的吸引域。

8.2.2 单机无穷大系统的直接法暂态稳定分析

1. 暂态能量函数的构建

暂态能量包括同步发电机的动能和势能。单机无穷大系统及其功角特性曲线如图 8-7

所示。

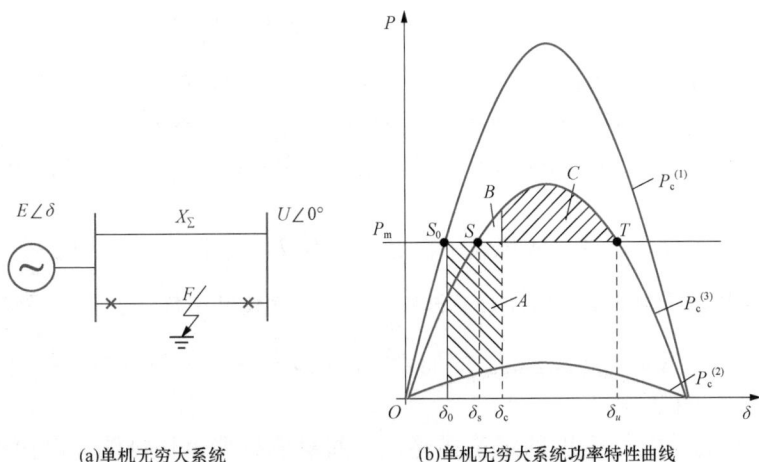

(a)单机无穷大系统　　　(b)单机无穷大系统功率特性曲线

图 8 - 7　单机无穷大系统及其功角特性曲线

对于图 8 - 7 中的系统，若发电机采用经典二阶模型，忽略原动机及调速器动态，忽略励磁系统动态，则系统完整的标幺值数学模型为：

$$\begin{cases} M\dfrac{\mathrm{d}\omega}{\mathrm{d}t} = P_m - P_e \\ \dfrac{\mathrm{d}\delta}{\mathrm{d}t} = \omega \end{cases} \tag{8-9}$$

式中：ω 为转子角速度和同步速的偏差；δ 为转子角；P_m 恒定，为机械功率；$P_e = \dfrac{EU}{X_\Sigma}\sin\delta$ 为电磁功率，其中，X_Σ 为发电机内电动势 $E\angle\delta$ 及无穷大系统电压 $U\angle 0°$ 间的系统总电抗（设电阻为零），E 和 U 为常数；M 为发电机惯性时间常数。

设图 8 - 7 中系统在稳态时 $\delta=\delta_0$，功角特性为 $P_e^{(1)}$；在 $t=0$ 时，线路上受到三相故障扰动，功角特性变为 $P_e^{(2)}$，此时发电机加速，转子角 δ 增加，直到 $\delta=\delta_c$ 时，切除故障线路，功角特性变为 $P_e^{(3)}$。

$$V_k = \frac{1}{2}M\omega^2 \tag{8-10}$$

显然可以将式（8 - 10）加速方程的两边对 δ 积分而求得故障切除时的动能，即

$$V_k\big|_c = \frac{1}{2}M\omega_c^2 = \int_{\delta_0}^{\delta_c} M\frac{\mathrm{d}\omega}{\mathrm{d}t}\mathrm{d}\delta = \int_{\delta_0}^{\delta_c}(P_m - P_e^{(2)})\mathrm{d}\delta = 加速面积\,A \tag{8-11}$$

若定义系统的势能 V_p 为以故障切除后系统稳定（平衡点 S 为参考点）的减速面积（反映系统吸收动能的性能），则故障切除时的系统势能为

$$V_p\big|_c = \int_{\delta_s}^{\delta_c}(P_e^{(3)} - P_m)\mathrm{d}\delta = 面积\,B \tag{8-12}$$

从而系统在扰动结束时总暂态能量 V_c 为：

$$V_c = V_k\big|_c + V_p\big|_c = \frac{1}{2}M\omega_c^2 + \int_{\delta_s}^{\delta_c}(P_e^{(3)} - P_m)\mathrm{d}\delta = 面积(A+B) \tag{8-13}$$

若将系统处于不稳定平衡点 T（转子角 δ_u）时，系统以 S 点为参考点的势能作为临界能

量V_{σ}（动能为 0），则

$$V_{\sigma} = \int_{\delta_s}^{\delta_u} (P_e^{(3)} - P_m) \mathrm{d}\delta = \text{面积}(B+C) \tag{8-14}$$

当$V_c < V_{\sigma}$，即图 8-7 中面积（$A+B$）<面积（$B+C$），或者说面积 A<面积 C 时，则系统第一摆稳定；反之若 $V_c > V_{\sigma}$，则系统不稳定；$V_c = V_{\sigma}$ 时系统为临界状态。显然这和等面积准则完全一致，是一个准确的稳定判据。这里假定系统有足够的阻尼，若第一摆稳定，则以后作衰减振荡，趋于 S 点。

对单机无穷大系统，UEP（不稳定平衡点）点不仅功率平衡（$P_e = P_m$），且系统在这点势能达最大值（与最大减速面积对应），即 $\dfrac{\mathrm{d}V_p}{\mathrm{d}t} = 0$，故既可用 $P_e = P_m$ 来求解 δ_u 计算 V_{σ}，也可搜索 $V_p \to \max$ 点，并取 $V_{\sigma} = V_{p,\max}$。简而言之，在单机无穷大系统暂态稳定分析中，直接法完全等价于"等面积定则"。

用 $V_{\sigma} - V_c$ 作为系统稳定度的定量描述，从而对事故严重性排队，以便做动态安全分析，实际应用中使用的是规格化的稳定度 ΔV_n，通常定义

$$\Delta V_n = \frac{V_{\sigma} - V_c}{V_k |_c} \tag{8-15}$$

建议取值如下：

$$\Delta V_n = \begin{cases} > 2 & \text{安全} \\ = 1 \sim 2 & \text{预警} \\ = 0.5 \sim 1 & \text{警告} \\ = 0 \sim 0.5 & \text{严重警告} \\ < 0 & \text{潜在危机} \end{cases}$$

直接法：需要构造能量函数和正确确定系统的临界能量，临界能量偏小，结果偏于保守。临界能量偏大，结果过于乐观。

2. 多机系统的暂态能量函数

设发电机采用经典二阶模型，负荷采用恒定阻抗模型，不计励磁系统、原动机、调速系统的作用，网络为线性网络，发电机等值阻抗和负荷阻抗均并入节点导纳阵，只保留发电机内电动势节点。第 i 台发电机的电磁功率方程为

$$P_{ei} = E_i^2 G_{ii} + \sum_{\substack{j=1 \\ j \neq i}}^{n} \left[C_{ij} \sin(\delta_i - \delta_j) + D_{ij} \cos(\delta_i - \delta_j) \right] \quad i = 1, 2, \cdots, n \tag{8-16}$$

$$C_{ij} = E_i E_j B_{ij}, D_{ij} = E_i E_j G_{ij}$$

（1）系统暂态能量函数

$$V(\delta, \omega) = V_k + V_p = \sum_{i=1}^{n} \frac{1}{2} T_{Ji} \omega_i^2 + \sum_{i=1}^{n} \int_{\delta_s}^{\delta} (P_{ei} + P_{mi}) \mathrm{d}\delta_i \tag{8-17}$$

（2）系统的扰动结束时的势能（动能为 0）

$$V_p |_c = \sum_{i=1}^{n} -P_i(\delta_i^c - \delta_i^s) - \sum_{i=1}^{n-1} \sum_{j=i+1}^{n} C_{ij}(\cos\delta_{ij}^c - \cos\delta_{ij}^s) + \sum_{i=1}^{n-1} \sum_{j=i+1}^{n} D_{ij} \frac{a}{b}(\sin\delta_{ij}^c - \sin\delta_{ij}^s) \tag{8-18}$$

式（8-18）第一项为转子的位置势能，第二项为磁性势能，第三项为耗散势能。

（3）临界能量。系统临界势能可近似取系统不稳定平衡点 UEP 处的势能（位置势能、磁性势能及耗散势能之和）。关键问题是确定不稳定平衡点对应的功角 δ_u。

8.2.3　多机电力系统暂态稳定分析方法

1. 惯性中心坐标下的暂态能量函数和临界能量

研究表明，采用同步坐标下的 ω、δ 作为状态变量进行直接分析时，往往精度较差，主要是观察坐标取得不合理，而且判定失步起作用的是各发电机间相对角的变化。因此，计算暂态能量时，一般以系统惯量中心 COI 为参考点。

惯性中心坐标。COI 的等值转子角 δ_{COI} 定义为发电机转子角的加权平均值，权系数为发电机的惯性时间常数。

$$\left.\begin{aligned} \delta_{COI} &= \frac{1}{T_{JT}} \sum_{i=1}^{n} T_{Ji} \delta_i \\ T_{JT} &= \sum_{i=1}^{n} T_{Ji} \end{aligned}\right\} \tag{8-19}$$

在 COI 坐标下的等值转子角度和各发电机运动方程

$$\omega_{COI} = \frac{1}{T_{JT}} \sum_{i=1}^{n} T_{Ji} \omega_i \quad \begin{cases} T_T = \dfrac{\mathrm{d}\omega_{COI}}{\mathrm{d}t} = \displaystyle\sum_{i=1}^{n} (P_{mi} - P_{ei}) = P_{COI} \\ \dfrac{\mathrm{d}\delta_{COI}}{\mathrm{d}t} = \omega_{COI} \end{cases} \tag{8-20}$$

在 COI 坐标下的各发电机的转子角、转子角速度

$$\begin{aligned} \theta_i &= \delta_i - \delta_{COI} \\ \tilde{\omega}_i &= \omega_i - \omega_{COI} \end{aligned} \tag{8-21}$$

在 COI 坐标下的系统能量函数

$$V = V_k + V_p = \sum_{i=1}^{n} \frac{1}{2} T_{Ji} \tilde{\omega}_i^2 + \sum_{i=1}^{n} \int_{\theta_s}^{\theta} -\left(P_{mi} - P_{ei} - \frac{T_{Ji}}{T_{JT}} P_{COI} \right) \mathrm{d}\theta_i \tag{8-22}$$

同步坐标下的系统动能和 COI 坐标下的系统动能之差为惯量中心本身的运动动能：

$$\sum_{i=1}^{n} \frac{1}{2} T_{Ji} \omega_i^2 - \sum_{i=1}^{n} \frac{1}{2} T_{Ji} \tilde{\omega}_i^2 = \frac{1}{2} T_{JT} \dot{\omega}_{COI}^2 \tag{8-23}$$

在 COI 坐标下最终的系统能量不包含该部分动能之差，即该部分能量对系统失步不起作用。实际工程应用表明采用 COI 坐标可大大改善稳定分析的精度，即高于同步坐标下的稳定分析精度。

2. 相关不平衡点法（RUEP）

（1）对于 n 机系统，有 $2^{n-1}-1$ 种失稳模式，即有 $2^{n-1}-1$ 个不同的不稳定平衡点（以其中一台发电机为参考）。

（2）对于一个特定运行工况下的特定故障，必有一种是真正合理，即实际系统将以这种模式趋于失稳。由于与该失稳模式相对应的不稳定平衡点称为相关不稳定平衡点（RUEP）。

（3）RUEP 求取方法。RUEP 假定系统失稳为"双机模式"。要求取 RUEP，首先要判别是失稳模式，即首先识别严重受扰机群。一般可根据故障初始瞬间的加速功率 $P_{acc,i}$ 或其与 M_{Ji} 的比值，以及故障切除时的角速度 ω 的大小来判断，如果第 i 台机组的故障切除角速度和

現代电力系统分析

$P_{acc,i}/M_{Ji}$都很大，则认为是严重受扰机组，并据此值对机组的失稳从大到小排队，同时计算其相应的临界能量，并在各临界能量中取最小值对应的失稳模式作为最终计算用的失稳模式。

$$\begin{cases} M\dfrac{\mathrm{d}\omega}{\mathrm{d}t} = P_m - P_e \\ \dfrac{\mathrm{d}\delta}{\mathrm{d}t} = \omega \end{cases}$$

3. 势能边界面法（PEBS）

该法认为持续故障轨迹与PEBS（potential energy boundary surface）的交点近似等于UEP。所以按持续故障计算V_p直到其达到最大值，此时的势能V_p即为临界能量。持续故障轨迹与PEBS的交点X_f作为近似的UEP点。势能边界面法的示意图如图8-8所示。

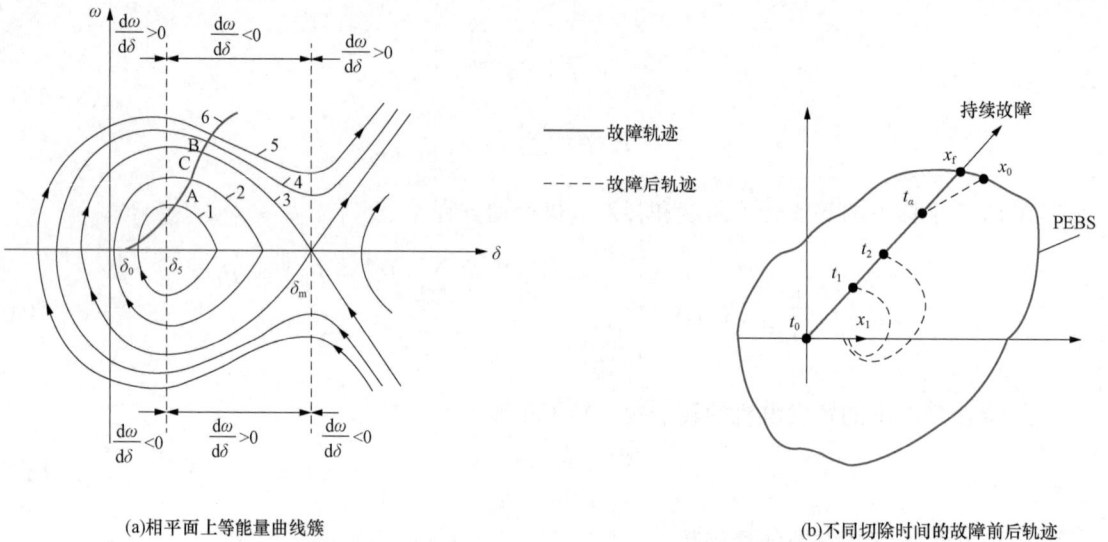

(a)相平面上等能量曲线簇 (b)不同切除时间的故障前后轨迹

图8-8　势能边界面法

图8-8（a）中每一条轨迹便是能量曲线，即曲线上的各点能量是相等的，转子沿轨迹的运动是动能和势能之间不断转换的过程。各等能量曲线以稳定平衡点为中心，由内向外其总能量逐渐递增，直到非稳定平衡点所对应的最大封闭曲线（曲线3，稳定域的边界）而达到临界能量。

求V_p最大值有两种方法。第一种是比较前后积分时段的V_p^n，当后段比前段小时，则用插值法在两端间求出最大的V_p，即为临界势能。第二方法是在每步积分时计算$\dfrac{\partial V_p}{\partial \theta}$是否为0，当$\dfrac{\partial V_p}{\partial \theta}=0$为0时认为$V_p(\theta)$达到最大。

4. 扩展等面积法（EEAC）暂态稳定分析

直接暂态稳定分析的RUEP法和PEBS法都是在多机系统条件下进行稳定分析的，而EEAC（extended equal area criteria）法则在单机无穷大等值条件下进行稳定分析，其特点是速度特别快，缺点是在一些特殊情况下，稳定分析的精度问题有时较突出。

（1）使用前提：假定系统失稳为双机模式。

（2）基本思想。假定系统主导UEP或是稳定模式已知，把受扰严重的机群称为S，其

162

余机群称为 A，且假设机群内各转子间无相对运动。在此假定前提下，对全系统作双机等值，最终化为单机无穷大系统，再用等面积定则判断其稳定性和稳定度。

计算加速面积 A_{acc} 和减速面积 A_{dec}。比较 A_{acc} 和 A_{dec} 判断稳定与否，若 $A_{acc} < A_{dec}$，暂态稳定；若 $A_{acc} > A_{dec}$，暂态不稳定；若 $A_{acc} = A_{dec}$，临界稳定。

稳定度：

$$\Delta V_n = \frac{A_{dec} - A_{acc}}{A_{acc}} \qquad (8-24)$$

另外还有加速度法，主要考虑失步的同步电机在事故发生时及以后的一段时间内其加速度往往比其他机组大，因此可以用机组的加速度来确定相关不稳定平衡点。通过一个七机的试验表明计算时间大概为精确法的百分之一。

习题

1. 电力系统受到大扰动后在第一摇摆周期失去稳定，其失稳形式是（　　）。

A. 周期性失去同步　　　　　　　　　　B. 非周期性失去同步

C. 震荡性周期性失去同步　　　　　　　D. 随机失去同步

2. 下面哪一个数值积分法的数值稳定性最好？（　　）

A. 欧拉法　　　　　　　　　　　　　　B. 改进欧拉法

C. 龙格 - 库塔法　　　　　　　　　　　D. 隐式梯形积分法

3. 描述转子受扰运动的方程是（　　）。

A. 线性微分方程　　　　　　　　　　　B. 非线性微分方程

C. 代数方程　　　　　　　　　　　　　D. 变系数微分方程

4. 下面哪一个数值积分法的计算精度最高？（　　）

A. 欧拉法　　　　　　　　　　　　　　B. 改进欧拉法

C. 龙格 - 库塔法　　　　　　　　　　　D. 隐式梯形积分法

5. 电力系统暂态稳定分析的交替求解法存在以下什么问题？（　　）

A. 稳定性　　　　　B. 可靠性　　　　　C. 交接误差　　　　　D. 收敛性

6. 在单机无穷大系统暂态稳定分析中，直接法和等面积定则（　　）。

A. 完全等价　　　　　　　　　　　　　B. 不一致

C. 分解结果不同　　　　　　　　　　　D. 都是基于频域分析

7. 采用直接法判断电力系统受扰后暂态稳定性，系统暂态稳定的条件是（　　）。

A. $V_c > V_{cr}$　　　　B. $V_c < V_{cr}$　　　　C. $V_c = V_{cr}$　　　　D. $V_c = V_{cr}^{-1}$

8. 电力系统暂态稳定分析的直接法中，常采用的稳定度指标是（　　）。

A. $\dfrac{V_{cr}}{V_k}\Big|_c$　　　　B. $\dfrac{V_c}{V_k}\Big|_c$　　　　C. $\dfrac{V_{cr} - V_c}{V_k}\Big|_c$　　　　D. $\dfrac{V_{cr} - V_c}{V_p}\Big|_c$

9. 使用 EEAC 法计算除了加速面积 A_{acc} 和减速面积 A_{dec}，电力系统暂态不稳定的条件是（　　）。

A. $A_{acc} < A_{dec}$　　　　B. $A_{acc} > A_{dec}$　　　　C. $A_{acc} = A_{dec}$　　　　D. $A_{acc} \leqslant A_{dec}$

10. 对于 n 机电力系统，共有（　　）种失稳模式。

A. 2^n　　　　　　　B. 2^{n-1}　　　　　　　C. $2^{n-1} - 1$　　　　　　D. $2^n - 1$

11. 使用 EEAC 法适合于分析以下哪种情况的暂态稳定性?（　　）

A. 多机失稳模式　　　B. 多机群失稳模式　　　C. 双机失稳模式　　　D. 任意失稳模式

12. 在判别失稳模式过程中，需要识别严重受扰机组，一般采用以下哪些方法来进行排序?（　　）

A. 故障初始加速度和 M_i 的比值大的

B. 故障初始加速度和 M_i 的比值小的

C. 故障切除时角速度大的

D. 故障切除时角速度小的

13. 势能变界面法中，采用以下什么方法来确定临界能量?（　　）

A. 沿临界故障切除运行轨迹 V_p 达到最大值

B. 沿持续故障轨迹 V_p 达到最大值

C. 直接计算求解 UEP 的势能

D. 沿故障切除后运行轨迹 V_p 达到最大值

14. 惯性中心坐标的暂态能量法比同步坐标的暂态能量法，分析精度更（　　）。

A. 高　　　　　　　B. 低　　　　　　　C. 相同　　　　　　D. 不确定

第9章

电力系统的小扰动稳定分析

9.1 电力系统小干扰稳定概念

9.1.1 电力系统稳定性分类

1. IEEE 标准电力系统稳定性的分类

IEEE 标准将电力系统稳定性分为功角稳定性、频率稳定性、电压稳定性，本章主要研究功角稳定性。IEEE 标准将电力系统功角稳定性分为小干扰稳定性分析和暂态稳定性分析。

2. 我国《电力系统安全稳定导则》稳定性的分类

《电力系统安全稳定导则》将电力系统稳定性分为功角稳定性、频率稳定性、电压稳定性；又将功角稳定性分为静态稳定性、暂态稳定性和动态稳定性。

功角稳定性：电力系统受到扰动后，系统内所有同步电机保持同步运行的能力。

静态稳定性：指电力系统受到小扰动后，不发生非周期失步，自动恢复到起始运行状态的能力。

暂态稳定性：指电力系统受到大的扰动后，各同步地机保持同步运行并过渡到新的或恢复到原来稳定运行状态的能力。

动态稳定性：指电力系统受到小的或大的扰动后，在自动调节和控制装置的作用下，保持长过程的运行稳定性的能力。

频率稳定性：指电力系统受到严重扰动后，发电和负荷需求出现大的不平衡，系统仍能保持稳定频率的能力。

电压稳定性：研究的是系统在受到小的或大的扰动后系统维持电压水平的能力。

9.1.2 小干扰稳定的基本概念

1. 小干扰稳定性的定义

小干扰稳定性（小扰动稳定性）：所谓小扰动稳定性是指如果对于某个静态运行条件，系统是静态稳定的，那么当受到任何扰动后，系统会达到一个与发生扰动前相同或接近的运行状态。这种稳定性即称为小扰动稳定性。也可以称为静态稳定性。

所谓小扰动，从物理现象角度而言，是指扰动充分小，如负荷的随机变化、发电机组调节、配电网络的局部操作、发电机运行参数的微小改变等；从数学分析角度而言，是指在进行系统分析时，可以将描述电力系统动态过程加以线性化的扰动称为小扰动。而大扰动是指系统分析时不可以将描述电力系统动态过程加以线性化的扰动。

2. 小干扰不稳定

小干扰不稳定分为两种：

現代电力系统分析

（1）由于缺少同步转矩，发电机转子角度逐步增大，最终导致系统非周期失步；

（2）由于系统阻尼不足，甚至出现负阻尼，引起转子增幅振荡。

如果系统在小扰动作用下所产生的振荡能够被抑制，以至于在相当长的时间以后，系统状态的偏移足够小，则系统是稳定的。相反，如果振荡的幅值不断增大或无限地维持下去，则系统是不稳定的，是周期性失去稳定的。

3. 小干扰稳定分析的方法的比较

时域仿真法与小干扰稳定性分析的优缺点比较如表 9-1 所示。

表 9-1   两种小干扰稳定分析方法比较

方法	时域仿真法	小干扰分析法
手段	施加扰动并进行积分计算	特征求解
优点	详细计及系统所有元件的非线性，可靠	1）只需一次特征求解 2）分别研究各个振荡模式 3）可对稳定现象进行解释 4）为控制器的布点和设计提供重要信息
缺点	1）绘制系统的全部动态不现实 2）时域仿真结果多模耦合 3）不能解释现象 4）对控制器的布点和设计没有帮助	非线性特征被忽略，模型的线性化和特征求解很困难

9.1.3 小干扰稳定的基本原理

1. 系统小干扰稳定性的计算原理

动力学系统运动的稳定性：由描述动力学系统的微分方程组的解来表征，反应为微分方程组解的稳定性。

李雅普诺夫运动稳定性理论：某一运动系统受到一个非常微小并随即消失的力（小扰动）的作用，使某些相应的量 X_1、X_2、$\cdots$、X_n 产生偏移，经过一段时间，这些偏移量都小于某一预先指定的任意小的正数，则未受扰系统是稳定的，否则不稳定。

如果未受扰系统是稳定的，并且 $\lim_{t\to\infty}\Delta X_i(t)=0$，则称未受扰系统是渐近稳定的。

2. 数学模型的线性化

电力系统的动力学行为可以由以下非线性微分—代数方程组来描述：

$$\begin{cases} \dot{x} = f(x,y) \\ 0 = g(x,y) \end{cases} \tag{9-1}$$

式中：x 是状态变量向量；y 是运行变量向量。

在进行电力系统小干扰稳定分析时，需要将同步发电机组（同步电机、励磁系统、原动机及调速系统 FACTS 元件、直流输电系统、负荷等）动态元件的微分方程线性化，其中负荷大都采用电压静态特性模型。而网络方程本身是线性的，因而可以直接写出 $x-y$ 坐标下节点电流偏差和节点电压偏差之间的线性化方程。

将式（9-1）消去中间变量后，可得状态方程为

166

$$\Delta \dot{x} = A \Delta x \tag{9-2}$$

将式（9-2）可以简记为

$$\dot{x} = Ax \tag{9-3}$$

式中：A 为状态矩阵或系数矩阵。

李雅普诺夫线性化方法的本质是：由非线性系统线性逼近的稳定性来描述非线性系统在一个平衡点附近的局部稳定性。

9.1.4　状态矩阵与系统稳定性的关系

依据李雅普诺夫线性化，非线性系统的小范围稳定性是由系统线性化后系数矩阵 A 的特征方程的根，即 A 的特征值所确定的：

（1）如果线性化后的系统是渐进稳定的，即 A 是所有特征值的实部均为负。那么实际的非线性系统在平衡点是渐进稳定的。

（2）如果线性化后的系统是不稳定的，即 A 的所有特征值中至少有一个实部为正，那么实际的非线性系统在平衡点是不稳定的。

1）当至少存在一个正实数的特征值时，原始系统是非周期性失去稳定。

2）当至少存在一对具有正实部的复数特征值时，则系统是周期性增幅振荡失去稳定。

（3）当特征值存在实部为零的特征根时，基于线性化方程不能得出非线性系统稳定性的任何结论。需要回到非线性系统进行判定。

矩阵 A 的特征值是通过求解下列的特征方程得到：

$$\det(\lambda I - A) = 0 \tag{9-4}$$

det 表示求行列式。满足上式的 λ 的值称为 A 矩阵的特征值，上式称为矩阵 A 的特征方程。

李雅普诺夫线性化方法的本质就是：由非线性系统的线性逼近的稳定性来描述非线性系统在一个平衡点附近的局部稳定性。一个必须注意的问题是：应用李雅普诺夫线性化方法研究电力系统小扰动稳定性的理论基础是扰动应足够微小。

这样，电力系统在某种稳态运行情况下受到小的扰动后，系统的稳定性分析可归结为：

（1）计算给定稳态运行情况下各变量的稳态值。

（2）将描述系统动态行为的非线性微分-代数方程在稳态值附近线性化，得到线性微分-代数方程。

（3）求出线性微分-代数方程的状态矩阵 A，根据其特征值的性质判别系统的稳定性。

9.2　电力系统小干扰稳定的特征分析法

9.2.1　特征值和特征向量

1. 特征值

对于 n 阶方阵 A，若满足 $Av = \lambda v$，则称 λ 为矩阵 A 的特征值。

将方程写为（$\lambda I - A$）$= 0$，则方程 $\det(\lambda I - A) = 0$ 的 n 个根即为 A 的特征值。

特征值计算的常用方法：QR 法、幂法、反幂法、选择模式法。

QR 法：可以计算矩阵 A 的全部特征值和特征向量。使用 QR 法形成的系数矩阵 A 将必定有一个零特征值。原因是各发电机转子的绝对角度不是唯一的。若要去除零特征值，只需选定任意一台发电机的转子角度作为参考，用其余机与该机转子的相对角度作为新的状态变量即可。QR 法具有鲁棒性强、收敛速度快的优点，是目前求解中型和小型矩阵全部特征值最有效、最广泛应用的方法。但是随着系统规模的增大，QR 法不仅计算量和内存占用量都大大增加，且计算出来的特征值误差也比较大，甚至得不出结果。

幂法：在实际应用中，往往不需要计算矩阵 A 的全部特征值，而只需求出模值最大的特征值（通常称为主特征值）。幂法是计算矩阵 A 主特征值和对应特征向量的一种非常有效的迭代方法。

反幂法：非奇异矩阵 A 的逆阵 A^{-1} 的特征值是 A 的特征值的倒数。因此，A^{-1} 的主特征值的倒数便是 A 的模值最小的特征值。把幂法用于矩阵 A^{-1} 得到的方法称为反幂法（或逆迭代法），它可以用来计算非奇异矩阵 A 的模值最小的特征值及相应的特征向量。

选择模式法：为了分析电力系统的小干扰稳定性，往往没必要计算出 A 阵的全部特征值，只需求出部分特征值即可。而各种部分特征值分析方法大多主要分析系统的低频振荡模式，因此称之为选择模式分析方法。在这些分析方法中，有的将矩阵 A 进行降阶处理后进行计算，故称为降阶选择模式分析方法。

2. 特征向量

（1）右特征向量。对任一特征值 λ，满足方程 $Av_i = \lambda v_i$ 的非零向量 v_i，称为矩阵 A 关于特征值 λ_i 的右特征向量。（其中 v_i 为列向量）

（2）左特征向量。当向量 u_i 满足 $u_i^T A = \lambda_i u_i^T$ 时，称 u_i^T 为矩阵 A 关于特征值 λ_i 的左特征向量。（其中 u_i 为列向量）

对应不同特征值的左、右特征向量是正交的，两者相乘的结果为 0；而对于同一特征值，两者相乘的结果为常数，规格化（取 $u_i = v_i$）后为 1，即

$$u_i^T v_i = \begin{cases} 1 & i = j \\ 0 & i \neq j \end{cases} \tag{9-5}$$

定义特征根对角阵 Λ、右特征向量矩阵 V、左特征向量矩阵 U 如式（9-6）所示

$$\begin{cases} V_{n \times n} = [v_1 \ v_2 \cdots v_n] \\ U_{n \times n} = [u_1^T \ u_2^T \cdots u_n^T]^T \\ \Lambda_{n \times n} = diag\{\lambda_1, \lambda_2, \cdots, \lambda_n\} \end{cases} \tag{9-6}$$

$$AV = V\Lambda \text{ 或 } V^{-1}AV = \Lambda \text{ 与 } UA = \Lambda U \text{ 或 } UAU^{-1} = \Lambda \tag{9-7}$$

得

$$UV = I \tag{9-8}$$

式（9-6）所示的 3 个 n 阶方阵称为模态矩阵。

9.2.2 主要术语介绍

1. 模式（mode）、模特、振荡频率、阻尼比

特征根 λ_i 对应于系统的第 i 个模式，其时间特性由 $e^{\lambda_i t}$ 给出，因此系统稳定性是由如下的特征值所确定：

（1）一个实数特征值对应一个动态模式，实数特征值对应于一个非振荡模式。负实数特

征值表示衰减模式，幅值越大，衰减越快；正的实数特征值表示非周期不稳定。与实数特征值相关的特征向量也是实数。

（2）复数特征值以共轭对形式出现，每一对对应一个振荡模式。特征值的实部给出了阻尼，负实部表示减幅（衰减）振荡，正实部表示增幅振荡。特征值的虚部给出了振荡频率即：

$$\lambda = \sigma \pm j\omega_d \tag{9-9}$$

振荡频率为

$$f = \frac{\omega_d}{2\pi} \tag{9-10}$$

阻尼比为

$$\xi = \frac{-\sigma}{\sqrt{\sigma^2 + \omega_d^2}} \tag{9-11}$$

阻尼比 ξ 确定了振荡幅值衰减的速度。

特征值的实部 σ 刻画了系统对振荡的阻尼，而虚部 ω 给出了振荡的频率。负实部表示正阻尼（衰减振荡），零实部表示无阻尼（等幅振荡），而正实部表示负阻尼（增幅振荡）。在控制作用下，振荡频率 f 的变化不大，所以系统特性主要由阻尼比决定。$\xi < 0$，则该模式是不稳定的；$\xi = 0$，则该模式处于稳定边界；$\xi > 0$ 则该模式是稳定的，ξ 越大，该模式稳定阻尼越强。

2. 模特

特征值对应的右特征向量表示模态。

9.2.3　可观性与可控性

（1）右特征向量 v_i。其模值表征了状态变量中第 i 个动态模式的活跃程度（活动程度），体现了对动态模式的"可观性"；各元素的角度则表征了各状态量关于该模态的相位移。右特征向量称为模态，反映了每一个模式在各状态量中的活跃程度。

（2）左特征向量 u_i^T。其模值表征了状态变量对第 i 个动态模式的影响程度，或贡献大小，体现了对动态模式的"可控性"。

9.2.4　参与因子

参与因子也称为相关因子。第 k 个状态量 x_k 与第 i 个模态 λ_i 的参与因子的定义为：

$$p_{ki} = u_{ki} v_{ki}$$

它度量了第 k 个状态量 x_k 与第 i 个模态 λ_i 的相互参与程度，或相互关联程度。可以形成以下参数矩阵：

$$
P = \begin{matrix}
& \lambda_1 & & \lambda_i & & \lambda_n & \\
\begin{bmatrix}
u_{11}v_{11} & \cdots & u_{1t}v_{1t} & \cdots & u_nv_{1n} \\
\vdots & \ddots & \vdots & \ddots & \vdots \\
u_{k1}v_{k1} & \cdots & u_{k2}v_{k2} & \cdots & u_{kn}v_{kn} \\
\vdots & \ddots & \vdots & \ddots & \vdots \\
u_{n1}v_1 & \cdots & u_{n1}v_{ni} & \cdots & u_{m}v_{m}
\end{bmatrix}
& \begin{matrix} \Delta x_1 \\ \vdots \\ \Delta x_k \\ \vdots \\ \Delta x_n \end{matrix}
\end{matrix}
$$

由于v_{ki}度量Δx_k在第i个模态中的活动状况，而u_{ki}表示这个活动对模态的贡献，因此它们的乘积p_{ki}即可度量净参与程度。参与因子无量纲，且各行、各列元素之和为1。$|p_{ki}|$值反映了x_k对λ_i的强可观以及强可控，是一个综合性指标，可用于帮助选择控制装置的装设地点，从而改变A的特征值，使系统由不稳定变为稳定，并提高系统稳定度。

9.2.5 特征值灵敏度

系统的状态矩阵A中的元素表示了系统中某一参数，即A是某些系统参数α的函数，因此，A的任一特征值λ_i也是参数α的函数，当改变参数α时，$\lambda_i(\alpha)$将发生相应的变化，$\lambda_i(\alpha)$的变化即反映了参数α的变化对系统稳定性的影响。计算公式为：

$$\frac{\partial \lambda_i}{\partial \alpha} = u_i^T \frac{\partial A}{\partial \alpha} v_i$$

其用途有：

（1）通过特征值灵敏度分段查找系统不稳定的根源，用以确定某些参数的整定值和研究提高系统静态稳定的措施。

当在系统静态稳定计算过程中，计算出某一运行情况为不稳定运行情况，即在矩阵A的特征值中出现了正实根或实部为正的复根λ_i时，可以首先计算出这个特征值对系统各有关参数的灵敏度，然后根据它们的大小可以判断出哪一个（或哪几个）参数对这个特征值的影响较大，这样便找出了造成系统不稳定的根源，从而可以进一步通过改变这些参数的数值使λ_i变为负实根或实部为负的复根，使这个不稳定的运行情况转变为稳定运行情况。

由此可见，应用特征值灵敏度分析方法，对决定某些参数的整定值和研究提高系统静态稳定的措施，是一个有效的方法。

（2）通过特征值灵敏度分析，确定对参数模拟精确度的要求，并为计算动态稳定时对系统进行简化提供参考。

在复杂系统动态稳定和静态稳定计算中，实际上不可能对全部参数都能获得它们的准确数值，同时也不需要考虑全部参数的影响。为此，有一些参数可以先用它们的估计值来进行静态稳定计算，然后计算出特征值对这些参数的灵敏度。

如果计算结果表明其灵敏度较小，即说明这些参数对系统的动态过程影响不大则用它们的估计值来进行动态稳定和静态稳定的计算对计算结果的影响也是不大的。当特征值对这些参数的灵敏度很小时，甚至可以忽略这些参数而在静态稳定和动态稳定计算中对系统进行简化。相反，如果特征值对某些参数比较灵敏，则在计算时这些参数应该取得比较精确的数值。

9.2.6 特征分析法在电力系统小干扰稳定分析中的评价

用频域法研究电力系统小干扰稳定性的最大优点是可以纵观全局。在一个计算研究结果中，可以得到全系统所有机电振荡模式的阻尼特性的信息，据此即可以知道在一个n机电力系统中是否存在负阻尼、零阻尼或弱阻尼振荡模式，还可以知道这些模式的振荡频率、衰减系数和阻尼比。当进一步采用特征向量分析、参与因子矩阵分析或特征根灵敏度分析方法进行研究后，还可以找出产生负阻尼的原因、地点。频域法的主要缺点是，它采用了线性化的电力系统数学模型，不能很好地考虑各种非线性因素，这样使计算的结果往往偏于严重。

根据特征值 λ_i 的实部 σ_i 的大小和符号，可以很容易判定每一个机电振荡模式的阻尼特性，从而确定整个电力系统的稳定性。$\sigma_i > 0$ 时，有 $\xi_i < 0$，则第 i 个机电振荡模式的阻尼为负，相应的时域响应曲线是增幅的，σ_i 越大，增幅速度越快，系统是不稳定的；$\sigma_i = 0$ 时，有 $\xi_i = 0$，阻尼为零，相应的时域响应曲线是等幅的，是临界状态，对电力系统而言，也应属于不稳定范围；$\sigma_i < 0$ 时，有 $\xi_i > 0$，相应的时域响应曲线是衰减的，σ_i 绝对值越大，衰减越快，阻尼越好，系统的稳定性也越好。对一个多机电力系统来说，只有 $n-1$ 对机电振荡模式的特征值的实部都小于零时，系统才被认为是稳定的，$n-1$ 对特征值中，只要有一对或一对以上的实部大于或等于零，系统就是不稳定的。对于 σ_i 为负，但绝对值已很小或接近于零的情况，此时虽然阻尼比仍然是正，但已很弱，称为弱阻尼，相应的时域响应曲线衰减相当缓慢，也应视为不稳定因素，应采取措施加以改善。

阻尼比的大小反映到时域响应曲线就是振荡衰减的快慢即振荡次数的多少，阻尼比 ξ 越大，振荡衰减就越快，振荡次数就越少。目前，对阻尼比大小的要求尚无统一规定。强阻尼和弱阻尼没有严格的界限，它们之间是渐变的，而不是突变的。对于 $\xi < 0.03$ 的振荡模式，可以认为是弱阻尼振荡模式，应当采取措施改善其阻尼；对于 $\xi < 0.01$ 的振荡模式，则必须采取措施来改善它的阻尼。对于常见的振荡，相当于阻尼比 $0.03 \sim 0.05$。从保证系统安全稳定运行的角度来考虑，把联络线（区域间）振荡模式及与主要电厂、主要的大机组有最强相关的振荡模式的阻尼比提高到 0.05 以上是合适的。

综上所述，在实际小干扰稳定性项目计算研究工作中，将以频域法为主，必要时对某些有特殊需要的部分应该用时域法加以校验。

9.2.7　机电回路相关比

将机电回路相关比定义为与发电机转子运动相关的状态量的参与因子 p_{ki} 和与发电机转子运动无关的状态量的参与因子 p_{ki} 之比，常用 ρ_i 表示。

当机电回路相关比 $\rho_i \gg 1$ 且特征根 $\lambda_i = \alpha + j\omega$，$f = (0.1 \sim 2.5)$ Hz 时，则认为该动态模式为低频振荡模式，又称机电模式。

9.3　电力系统低频振荡

9.3.1　电力系统低频振荡的定义和分类

1. 低频振荡的定义

将振荡频率在 $0.1 \sim 2.5$ Hz 的功率振荡、机电振荡，称为低频振荡。

对应于某个特征根 λ_i，若满足 $\rho_i \gg 1$ 且 $\lambda_i = \alpha \pm j\omega$ [$f \in (0.1 \sim 2.5)$ Hz]，则认为 λ_i 为低频振荡模式。

系统发生低频振荡以后会产生两种结果：一是振荡的幅值持续增长，使系统的稳定遭到破坏，甚至引起系统解列；二是振荡的幅值逐步减小，或通过恰当的措施平息振荡。

2. 低频振荡的分类

含 m 台发电机的电力系统，机电振荡模式为 $m-1$ 个。

（1）局部振荡模式。涉及一个发电厂内的发电机组与电力系统其他部分之间的摇摆，振

荡频率大致在 $0.8 \sim 2.5$Hz。

（2）区域间振荡模式。涉及系统中一个区域内的多台发电机与另一区域内的多台发电机之间的摇摆。振荡频率大致在 $0.1 \sim 0.7$Hz 范围内。当系统表现为两群发电机之间振荡时，振荡的频率大致在 $0.1 \sim 0.3$Hz 范围内；当系统表现为多群发电机之间的振荡时，振荡的频率大致在 $0.4 \sim 0.7$Hz 范围内。

除了机电振荡模式外，系统中的振荡还涉及控制模式和扭转模式。

（1）控制模式。涉及系统中的各种控制装置，控制模式的振荡频率一般很高，原因是调节速度快、时间常数小。

（2）扭转模式。大型汽轮发电机组的转子轴可看成是由几个质量块通过有限刚性连接而成，当发电机受到干扰后，各质量块之间由于存在弹性，它们在暂态过程中的转速将各不相同，从而导致各质量块之间发生扭转。其振荡频率一般在十几到四十几赫兹之间。也称为次同步振荡。

小的干扰能够引发电力系统发生低频机电振荡，只要所有的振荡模态是衰减的，系统就是小干扰稳定的。但是，在实际电力系统中，一般认为机电振荡模态的阻尼比大于 0.05，才可以接受系统的这种运行状态。

3. 影响低频振荡的因素

低频振荡常出现在长距离、重负荷输电线路上，在采用现代快速、高放大倍数励磁系统的条件下更容易发生。

（1）电气距离小时，相应机组间振荡频率较高；而机组间电气距离大时，相应的机组之间振荡频率较低。

（2）机械阻尼的作用。发电机组中的机械阻尼系数 $D > 0$，有利于系统稳定性。

（3）励磁绕组的作用。发电机励磁绕组动态作用产生一个和速度增量 $\Delta \omega$ 成比例的正阻尼转矩 $D_e \Delta \omega$ 且 $D_e > 0$，有助于抑制低频振荡。

（4）阻尼绕组的作用。发电机的阻尼绕组也有助于抑制低频振荡。

（5）励磁系统对低频振荡的影响。在重负荷条件下，励磁系统可能引入负阻尼，当使用快速、高放大倍数的励磁系统时，负阻尼更严重，一旦此负阻尼比发电机阻尼绕组、励磁绕组和机械阻尼还强，则系统在扰动下可能出现振荡失稳。

结论：重负荷输电线路易引起功率振荡，而快速、高放大倍数的励磁系统对此起恶化作用。

9.3.2 复数力矩系数法

1. 复数力矩系数的定义

$$K_e + \mathrm{j}\Omega D_e = \frac{\Delta T_e}{\Delta \delta}$$

式中：Ω 为低频振荡相应的频率；K_e 称为同步力矩系数；D_e 称为电气阻尼力矩系数。K_e 主要影响振荡频率，当 $K_e > 0$ 时，系统不会发生非周期失步，只可能发生振荡失步。D_e 则影响振荡的阻尼，对动态稳定性有较大影响。如果 $D_e > 0$ 表明引入的是正阻尼；如果 $D_e < 0$，则引入了负阻尼。

2. 应用

可采用复数力矩系数法来近似地分析机电振荡的稳定性。其关键是计算在所研究的频率

范围内各发电机的 $\dfrac{\Delta T}{\Delta \delta}=K_e+\mathrm{j}\Omega D_e$，做出 $K_e(\Omega)$ 和 $D_e(\Omega)$ 曲线，并根据它们判别稳定性。

9.3.3　抑制电力系统低频振荡的对策

抑制低频振荡可以采取：一次系统方面的对策和二次系统方面的对策。

1. 一次系统方面的对策

（1）增强网架，减少重负荷输电线路，并减少送受端间的电气距离，从而减少送、受电端之间的转子角差；

（2）采用串联补偿电容，减少送、受电端的电气距离；

（3）采用直流输电方案，使送、受端间不发生功率振荡；

（4）在长距离输电线路中部装设静止无功补偿器做电压支撑，并通过其控制系统改善系统动态性能。

2. 二次系统方面的对策

（1）采用电力系统稳定器作励磁附加控制；

（2）利用 SVS 装置的附加控制；

（3）直流输电附加控制；

（4）直流功率调制；

（5）线性最优励磁装置；

（6）非线性励磁控制装置等。

二次控制措施宜装设在大容量、快速响应的动态元件上，以便取得良好的抑制低频振荡的效果。

9.3.4　电力系统静态稳定器（PSS）

1. PSS 的功能和作用

通过相位超前补偿引入较强的正阻尼力矩，以改善发电机组的阻尼特性，抑制低频振荡的发生。PSS 的输出信号 U_{pss} 作为励磁附加控制信号，是通过励磁系统来实现的。

2. PSS 的组成

一般由放大环节、复位环节、相位补偿（校正）环节、限幅环节组成。

（1）放大环节：放大倍数 K 确保产生的电磁转矩具有足够的幅值。

（2）复位环节：在稳态时输出为零，而在低频率暂态过程时，使动态信号顺利通过，PSS 发挥作用。

（3）相位补偿环节：为了补偿（抵消）励磁绕组和励磁系统的相位滞后，以便使附加力矩和 $\Delta\omega$ 同相位。一个超前环节一般最大可校正 $30°\sim40°$（电角度）。

（4）限幅环节：防止在大扰动时 PSS 起不良作用，一般 U_{pss} 限制在 $\pm$（$0.05\sim0.1$）p. u.。

3. PSS 的输入信号

速度型 PSS 输入信号为 $\Delta\omega$，功率型 PSS 输入信号为 ΔP_e，频率型 PSS 输入信号为 Δf。

4. PSS 的工作原理

电力系统出现低频振荡时，采用减少输送容量或降低励磁放大倍数都是不合适的。因为

現代电力系统分析

前者不经济，后者将降低系统的暂态稳定极限。

低频振荡的出现是由于励磁调节系统产生了负阻尼，如果能在励磁调节系统引入附加控制功能，使其产生正阻尼，抵消负阻尼，就能抑制电力系统的低频振荡。

习题

1. 如果电力系统同步转矩不足，系统受到小干扰后同步发电机转子角度将（　　）。

A．增幅振荡　　　　B．减幅振荡　　　　C．非周期增大　　　　D．非周期减小

2. 电力系统小干扰下的线性化数学模型的描述是下面的哪一种形式？（　　）

A．$\dot{x}=f(x)$　　B．$\dot{x}=Ax$　　C．$\dot{x}=\bar{A}x+\bar{B}y$　　D．$\bar{C}x+\bar{D}y=0$

3. 线性化后的状态矩阵的特征值中存在有实部为 0 的特征值，其他特征值的实部均为负，下面哪一种说法正确？（　　）

A. 实际非线性系统在平衡点是渐进稳定的

B. 实际非线性系统在平衡点是不稳定的

C. 实际非线性系统在平衡点是临界稳定的

D. 不能从线性近似中得出关于实际非线性系统稳定性的任何结论

4. 如果线性化后的系统渐进稳定，则状态矩阵的特征值具有（　　）。

A. 所有特征值的实部均为正

B. 所有特征值的实部均为负

C. 特征值的实部有些为正，有些为负

D. 特征值中有些实部为零

5. 如果系数矩阵是实数矩阵，系统特征值有复数根，则复数特征值（　　）。

A. 以非共轭形式出现　　　　　　　B. 以共轭对形式出现

C. 以实数形式出现　　　　　　　　D. 以任意形式出现

6. 右特征向量元素 v_{ki} 的模值 $|v_{ki}|$ 大小反映了状态变量 x_k 与模式 λ_i 之间的（　　）。

A. 模式 λ_i 在状态变量 x_k 中的活动程度大小

B. 状态变量 x_k 对模式 λ_i 的贡献大小

C. 状态变量 x_k 对模式 λ_i 中的活动程度大小

D. 模式 λ_i 与状态变量 x_k 的相位关系

7. 下面是 4 台发电机组小干扰稳定的参与因子分析结果 G1＝0.1，G2＝0.4，G3＝0.2，G4＝0.3，请问在哪台机组装设 PSS 对系统小干扰稳定抑制效果最好？（　　）

A.1 号机　　　　B.2 号机　　　　C.3 号机　　　　D.4 号机

8. 参与因子 p_{ki} 的模值 $|p_{ki}|$ 大，说明状态量 x_k 与模式 λ_i 之间的相关程度（　　）。

A. 大　　　　B. 小　　　　C. 不变　　　　D. 弱

9. 四机电力系统，存在一个弱阻尼振荡模式，四机转子角 δ、角速度 w 与该振荡模式的参与因子的模值由大到小是 3 号机、1 号机、2 号机、4 号机，则优先在哪台机上配置 PSS？（　　）

A.1 号机　　　　B.2 号机　　　　C.3 号机　　　　D.4 号机

10. 在正常励磁电流的基础上增加励磁电流，会引起（　　）。

A. 功角 δ 增加，功率因数变为滞后

B. 功角 δ 增加，功率因数变为超前

C. 功角 δ 减少，功率因数变为滞后

D. 功角 δ 减少，功率因数变为超前

11. 电力系统稳定器 PSS 是通过下面哪一个回路来实现抑制低频振荡？（　　）

A. 原动机 　　　　　　　　　　　　B. 自动调速系统

C. 励磁系统 　　　　　　　　　　　D. 发电机定子绕组

12. 在重负荷条件下，快速高放大倍数的励磁系统产生的阻尼是（　　）。

A. 正阻尼 　　　　B. 负阻尼 　　　　C. 零阻尼 　　　　D. 不变

13. 如果电力系统阻尼不足，甚至是负阻尼，系统受到小干扰后，系统将会（　　）失去同步。

A. 增幅振荡 　　　　B. 减幅振荡 　　　　C. 非周期增大 　　　　D. 非周期减小

第10章

电力系统电压稳定的基本概念和方法

10.1 电力系统电压稳定性的基本概念

10.1.1 电压稳定性的定义

电压稳定性虽然已经被研究了许多年，但是至今为止，学术界对于电压稳定仍没有一个公认的定义。IEEE 在其与电压稳定相关的报告中认为：电压稳定性是系统维持电压的能力，如果系统在负荷导纳增加时，负荷消耗的功率也随之增加，则系统是电压稳定的。CI-GRE 在 1993 年的报告中提出：如果系统受到任何一定的扰动之后，系统能够达到一个扰动后的平衡状态，负荷邻近节点的电压能够恢复到或接近扰动前的值，就认为系统是电压稳定的。

1. 我国《电力系统安全稳定导则》电压稳定性定义

《电力系统安全稳定导则》中将电压稳定定义为：电力系统受到小的扰动或大的扰动后，系统能保持或恢复到容许的范围内，不发生电压崩溃的能力。

2. 电压崩溃的定义

电压崩溃，是指由于电压不稳定所导的系统内大面积、大幅度的电压下降过程。当出现扰动使电压急剧下降，并且运行人员和自动系统的控制已无法终止这种电压衰落时，系统就会进入电压不稳定的状态，这种电压的衰落可能只需几秒钟，也可能长达几分钟、几十分钟。如果电压下降过程不能停止，最终电压崩溃（或角度不稳定）就会发生。

3. 电压稳定性分类

（1）依据扰动大小的电压稳定性分类。根据扰动的大小，有些学者将电压稳定性问题分为小干扰电压稳定和大干扰电压稳定。

小扰动电压稳定着眼于小扰动（如负荷的缓慢增长）后系统维持电压的能力，可以用静态分析方法进行有效的研究。

大干扰电压稳定研究的是大干扰（如系统事故）后系统维持电压的能力，可以用包括各类元件动态模型的非线性时域仿真来加以研究。

（2）依据研究方法的电压稳定性分类。根据研究的方法，有些学者将电压稳定问题分为：静态电压失稳、动态电压失稳和暂态电压失稳。

静态电压失稳是指负荷的缓慢增长导致电压水平逐渐降低，在达到系统能承受的临界负荷水平时导致的电压失稳。

动态电压失稳是指系统发生事故后，尽管一些控制措施被采取，但是由于系统的结构变得脆弱或全系统（或局部）由于支持负荷的能力变弱，缓慢的恢复过程导致电压失稳。由于系统在失去稳定前已经处于动态过程中，发电机、控制设备、负荷的动态行为都会对动态电压失稳产生影响。

暂态电压失稳是指在系统发生事故或其他的大的扰动后，伴随系统处理事故的过程中某些负荷母线电压发生不可逆转的突然下降的失稳过程。

（3）依据时间的电压稳定性分类。从电压稳定的时间上划分，还可以将电压稳定分为暂态电压稳定中期电压稳定和长期电压稳定。

10.1.2　电压失稳物理现象与机理分析

1. 引起电压不稳定的原因

气温下降，负荷迅速上升；大型发电机组跳闸；断路器故障引起输电线路的连续跳闸；交直流系统中交流电压降低引起换流站换相失败；气温升高，负荷快速持续增加；断路器击穿放电引起相间电弧等。

2. 电压失稳的时间框架

从发生的电压失稳事件中可知，电压失稳的时间不同，起因也不同，失稳事件涉及了许多系统元件及其变量。

电压失稳时间的时间框架在几秒至几十分钟或更长时间范围内。根据电压稳定时间范畴，如果从电压失稳时间框架上来区分，可分为：

（1）暂态电压稳定性。该框架从零秒至 10 秒，暂态电压稳定性分析主要是要考虑"快"变量的作用，即研究快速响应的控制设备，如 HVDC、SVC、发电机励磁动态、感应电动机等引起的电压失稳现象。特别是大的扰动，如短路事故后发生大幅度电压下降时，感应电动机的无功需求将进一步增大，容易造成电压崩溃。

（2）中期电压稳定性。该框架也称为暂态后时间框架，范围从几十秒至数分钟。相比于暂态时间框架，在中期电压稳定性时间框架范围内，对于电压稳定性的分析需要计及许多元件"慢"变量的作用，也就是说，需要考虑元件的"慢"动态特性，即慢速作用的控制设备，如 OLTC、电压调节器、发电机最大励磁限制器、AGC 等的作用。

（3）长期电压稳定性。该框架范围达数十分钟，如过负荷引起等。实际上，（2）和（3）两项经常被统称为中长期电压稳定性。尽管电压失稳能够被分为在不同的时间框架范围内的电压失稳，但不能将他们绝对地割裂开来。如，一个数分钟的缓慢的电压崩溃事件最终可能发生在属于暂态时间框架内的快速的电压崩溃，即中长期动态引起的暂态电压失稳。

10.1.3　电压失稳的机理

由以上的分析可知，引起电压崩溃的原因有很多种，事故从起始到到达系统崩溃经历的时间也不同。有些情况下，几种原因交织在一起，这就更加大了分析的困难程度。它比较典型地发生在诸如系统重负荷、事故或者无功极度缺乏的情况下，根本问题是系统无法满足无功需求。总之，电压崩溃是一个非常复杂的过程。一般说来，电压崩溃机理可以概括如下：

当一个系统在紧急事故之后经历突然无功需求增加时，如果系统有充足的无功储备，系统电压可调整到稳定的电压水平。而在系统无功储备不足时，就可能导致电压崩溃。继电保护动作，跳开重负荷线路，负荷转移到其余邻近的线路，使其他线路传输功率激增，该线路中的无功损耗急速增加，电压降低，引起线路级联跳闸，系统解列。

系统负荷过重，且长时间的连续过负荷运行。无功不足，不能维持系统正常的电压水平而导致系统电压水平持续下降，最终电压崩溃，典型的如 1987 年日本东京大停电事故。

在负荷中心超高压和高压电网电压的降落将反过来影响配电系统，使其二次侧电压降低。在系统无功不足、负荷侧低电压的情况下，有载调压变压器动作，力图恢复二次侧配电电压。然而，这将导致负荷的无功需求的增加，致使一次系统无功缺额进一步加大、电压进一步跌落，最终引起电压崩溃。这称为有载调压变压器的负调压作用，这也是1983年瑞典电网解列事故的原因之一。

当系统出现大的扰动事故后，发电机可能处于强励状态，以增加无功输出来维持系统的电压水平。但是，在强励持续一定时间后，由于发电机过励限制器的作用，其励磁电流将被强制恢复到额定值。这样，会突然加重系统无功不足的状况，最终将导致电压崩溃。这就要求系统要有充足的无功备用。

负荷中心大型发电机组的事故跳闸，引起系统电压降低。如果相应的控制措施不及时，最终将导致电压崩溃，如1982年美国佛罗里达州电压崩溃事件。

在弱连接的交直流系统中，换流站的无功需求非常大（可以达到传输功率的50%左右）。所以当交流系统无功不足或换流站无功补偿不能满足要求时，引起换流站交流电压降低，易发生换相失败事故。导致直流系统停运，交直流系统解列，如1986年巴西的交直流系统的解列事故。

综上所述，电压失稳机理一般包括：

(1) 负荷持续增加，系统运行备用（特别是无功）紧张，传输线潮流接近最大功率极限。

(2) 大的突然扰动，如失去发电机组、输电线相继跳闸等。

(3) 有载调压变压器负调压作用。

(4) 发电机过励限制器动作机理。

(5) 继电保护、低频减载等缺乏协调。

(6) 弱连接的交直流系统。

(7) 电压崩溃通常显示为慢的电压衰减，这是由于许多电压控制设备和保护系统作用及其相互作用积累过程的结果。在许多情况下，电压不稳定和转子角不稳定是相互耦合的。

10.2 分 岔 理 论

10.2.1 分岔概念

分岔是系统状态的一种质的变化，如平衡的消失或稳定状态从平衡变化到振荡。在任何系统中，如果某些参数连续变化，那么就可能使系统达到一个临界状况。之后系统将出现从一个状态到另一个状态的突变。

在电力系统稳定分析领域中，电压崩溃是一个系统的不稳定现象并且是与分岔相联系的。当发生电压崩溃时，也正是系统从一个状态到另一个状态的转变。

分岔分析要求系统模型能够由方程来表示，且方程含有两种类型的变量：状态变量和参数变量。状态变量如：发电机功角、母线电压幅值和幅角、发电机励磁电流等。需要注意的是状态变量的选择极大地依赖被使用的系统模型。不同的系统模型常常有不同的状态变量。参数变量是具有缓慢变化并改变系统方程的特征的变量，如母线的有功注入功率等。系统的状态变量和参数变量都是矢量。

从几何意义而言，状态矢量是状态空间的其中一点，而参数矢量是参数空间的其中一点。如果系统具有 n 个状态变量和 m 个参数变量，则状态空间为 n 维，参数空间为 m 维。

电力系统中存在着几种不同类型的分岔现象，如鞍结分岔、极限诱导分岔和霍扑夫分岔等。下面，着重介绍前两种分岔。

10.2.2　鞍结分岔

电力系统中，一个主要的分岔类型就是鞍结分岔。在鞍结分岔处系统发生电压崩溃。

1. 静态例

考虑一个简单的电力系统，如图 10 - 1 所示，具有一个 PV 类型发电机，一条输电线，一个具有常功率因数 k 的 PQ 类型负荷。

如图 10 - 2，选择有功功率 P 为一个缓慢变化

图 10 - 1　简单电力系统图例

的参数，它代表了系统负荷。k 为功率因数，此处设为常数，系统的状态变量为负荷节点电压和相角，$x=(V,\theta)$。下图显示了节点电压幅值随有功负荷 P 的变化情况。

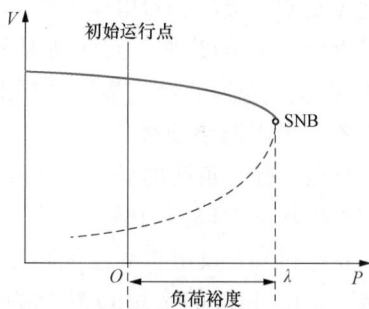

图 10 - 2　鞍结分岔图

设点 O 为初始运行点，横坐标为负荷，纵坐标为电压。在低水平的负荷条件下，对应一个负荷值，系统有两个平衡解。一个为高电压解，另一个为低电压解。高电压解对应着低传输电流，低电压解对应着高传输电流。

当负荷逐渐增加时，一般来说，负荷节点的电压会逐渐降低。同时，两个平衡解会逐渐靠近并最终在 SNB 处重合。如果负荷再进一步增加，系统将没有平衡解，即平衡点在 SNB 处消失。点 SNB 即为鞍结分岔，系统发生电压崩溃。从初始运行点 O 到电压崩溃点（SNB）的距离 λ 称为负荷裕度。

负荷裕度目前被认为是最有效的电压稳定评估指标，它反映了系统对负荷的承受能力。下述的在鞍结分岔处的一些特征能够被用来判断系统的鞍结分岔现象。

（1）两个平衡解重合；

（2）状态变量（电压）对于负荷参数的灵敏度无穷大；

（3）雅可比矩阵奇异；

（4）雅可比矩阵有一个零特征值；

（5）雅可比矩阵有一个零奇异值；

（6）分岔处崩溃动态是状态变量先慢后快。

2. 鞍结分岔的模型要求

对于鞍结分岔的分析需要一个动态模型以便于解释电压动态下降过程。但是，某些分岔的相关计算仅仅需要的是静态模型。

如果采用动态模型，则系统用一组含有缓慢变化参数的微分方程来描述。如果动态变量具有足够快速和稳定的特性，则微分 - 代数方程可有效地替代微分方程。

如果采用静态模型，则系统用一组含有缓慢变化参数的代数方程来描述。静态模型计算

179

的优点就是不需要负荷动态或其他元件的动态特性。当采用静态模型获得实际结果时，有一个特别要注意的问题是：必须要有一种方法来识别系统稳定运行点。理论上，这需要动态型。但是，系统稳定运行点通常这样得到：首先得到在低负荷时的稳定运行平衡点，然后通过不断增加负荷来进行平衡点的追踪。

下列相关计算需要与鞍结分岔相关的动态模型：

（1）预测电压动态崩溃结果。

（2）任何含有状态变量或参数阶跃变化的问题。

（3）远离分岔的特征值或奇异值的计算。

下列相关计算需要与鞍结分岔相关的静态模型：

（1）确定分岔。

（2）计算参数空间中运行点到分岔的距离。

（3）预测动态电压崩溃的起始方向和在电压动态崩溃过程中状态变量的起始参与。

（4）预测电压崩溃前电压最低节点。

10.2.3　极限诱导分岔

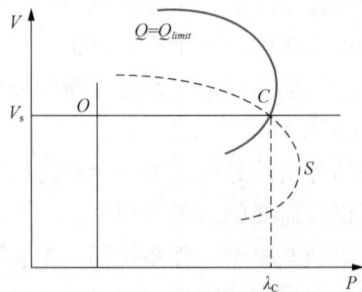

系统中发电机的无功极限或变压器分接头的变化及其他无功源的极限会对电压崩溃产生非常大的影响。一般来说，这些极限的到达会使系统方程产生非平滑的改变。某些情况下，这些极限的影响使系统的某些状态变量变为常数，而另一些常数则变为变量。某种情况下，运行中这些极限的到达会诱发系统中发生另一种电压崩溃现象：极限诱导分岔。

如图 10-3 所示，系统 PV 曲线示意图中点 O 为初始运行点。随着负荷的增加，系统的电压水平一般会逐渐降低。这时，系统中的发电机会随之逐渐增加无功输出功率。因此，某些发电机会到达其无功极限，如图中 a 点和 b 点（分别为 a 发电机和 b 发电机到达无功极限 Q）在这些点处，相应的发电机由 PV 节点转换为 PQ 节点。即：相应的变量 Q 转化为常量，而常量机端电压 V 则转化为变量。意味着这些发电机不再具有电压调节能力，即不能维持机端电压的恒定。这些点称为无功/电压约束转换点。而当系统中某台发电机到达无功极限时，系统会突然发生电压崩溃，这是因为系统的运行点位于该发电机 PV 曲线下半部的不稳定区而引起了系统的突然电压崩溃。而这时的系统电压水平并不一定下降到不可接受的程度。

由于极限诱导分岔是发电机到达无功极限引起的，因此，图 10-4 给出了发电机的 PV 曲线图。

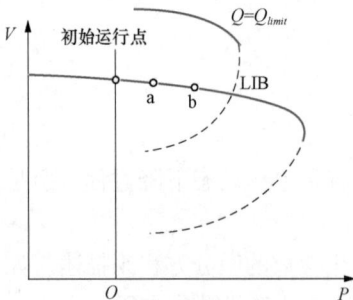

图 10-3　极限诱导分岔　　　　　图 10-4　发电机 PV 曲线

如图 10 - 4 所示，U_S 为给定值，O 点为初始运行点曲线，$Q=Q_{lim}$ 为该发电机处于无功极限状态下的 PV 曲线。

当负荷增加时，运行点的运行轨迹为线段 OC。这时，$Q<Q_{lim}$，$U=U_S$，发电机由于未达到无功极限，可以保持端电压恒定。

当运行点至点 C 时，发电机到达了无功极限，即，$Q=Q_{lim}$，$U=U_S$。此时点 C 已位于 PV 曲线的下半部。因此，诱发了系统的突然电压崩溃。点 C 即是前述的无功/电压约束转换点，同时也是极限诱导分岔点。因此，极限诱导分岔点是临界的无功/电压约束转换点。

当系统运行在另一种情况，即：发电机的 $Q=Q_{lim}$ 时，该发电机的 PV 曲线如图中虚线所示。在这种情况下，运行点则位于曲线的上半部，则系统不会发生极限诱导分岔。在 CS 段，$Q=Q_{lim}$，$U<U_S$。

另一个值得注意的问题是，极限诱导分岔不具有如鞍结分岔那样的在分岔处潮流雅可比奇异的特征。

极限诱导分岔的分析非常重要的一点就是分岔处的约束条件。根据以上分析可知，极限诱导分岔的判定条件为：在崩溃点处至少有 1 台发电机满足以下条件

$$\begin{cases} Q_{limit} - Q_i = 0 \\ U_{si} - U_i = 0 \end{cases} \tag{10 - 1}$$

其中，i 属于发电机集合 S_G。

所以，可以用以下判据来确定系统的分岔类型：

（1）如果系统中所有发电机在分岔处都不满足式（10 - 1），则为鞍结分岔。

（2）如果系统中至少有 1 台发电机在分岔处满足式（10 - 1），则为极限诱导分岔。

10.3　电力系统静态电压稳定性

10.3.1　静态电压稳定性的数学模型

电压稳定问题的研究就是从电力系统的实际抽象到反映这种客观现象的数学模型，再从其数学模型反映的数学特征回到实际问题并加以解释。所以，数学模型的建立是电压稳定分析的基础。

电力系统是一个复杂的非线性动力学系统，它的动态行为可以由一个非线性微分—差分—代数方程组（DDAE）来精确描述。

（1）微分方程组部分体现电力系统中动态元件的动力学行为；

（2）代数方程组部分反映电力系统中动态元件之间的相互作用及网络的拓扑约束；

（3）差分方程组则反映系统中元件的离散行为（如电容器/电抗器的投切、有载调压变压器的挡位调节等）。

电压稳定性的静态分析是捕捉系统状态的变化在时域中的一个断面。在数学上，可以设定微分—代数方程组的状态变量的微分等于 0，从而使描述系统的方程组转化为纯代数方程组。这样就可以用各种静态分析方法来研究静态电压稳定性了。

静态问题需要系统的静态模型，由于其只与代数方程有关，故它比动态研究更有效率。

10.3.2　静态电压稳定性研究解决的问题

（1）系统对崩溃的接近程度，即离不稳定还有多远或系统的稳定裕度有多大；

（2）当系统发生不稳定时，主要机理是什么；

（3）电压弱区域、弱节点有哪些；

（4）哪些发电机、哪些支路是关键的；

（5）如果要采取措施防止电压不稳定，在哪儿采取什么措施最有效等。

10.3.3　静态电压稳定性指标

至今为止，已经有多种静态电压稳定性评估指标被开发用来对电压稳定性进行评估，如奇异值指标、特征值指标、电压不稳定接近指标（VIPI）、负荷裕度指标、能量函数指标、局部指标等。

（1）奇异值指标和特征值指标是基于鞍结分岔处潮流雅可比矩阵有一个零奇异值和一个零特征值的特性，来求取雅可比矩阵的最小奇异值或最小特征值，并以此来判断系统所处的运行点与鞍结分岔类型的电压崩溃点的距离。

（2）VIPI指标就是用这对解来预测对电压崩溃的接近度。

（3）负荷裕度指标是通过求取系统运行点距电压崩溃点的距离，对系统的最大负荷承受能力的计算来判断系统的电压稳定性的。

（4）能量函数指标是建立在李雅普诺夫稳定理论基础之上的，它借助李雅普诺夫函数在电压崩溃点处变为零这一特性来判断系统的电压稳定性。

（5）局部指标的原理是利用等效方法进行局部电压稳定性分析。

1. 奇异值指标

当系统运行到达负荷极限时，潮流雅可比矩阵奇异，且有一个零奇异值。因此，潮流雅可比矩阵的奇异度可以作为电压稳定性指标，即用潮流雅可比矩阵的最小奇异值来作为电压稳定性指标，它可以表示当前运行点和静态电压稳定极限之间的距离。崩溃点处，最小奇异值变为零。

与最小奇异值关联的左右奇异向量包含了重要的信息。

（1）右奇异向量中的最大元素指示最灵敏的电压幅值调节节点（关键节点）；

（2）左奇异向量中的最大元素指示功率注入的最灵敏节点（关键发电机）。

这样，就可以通过雅可比矩阵左右奇异向量的指示确定对系统电压稳定性影响较大的节点；同时也说明，在这些节点处加无功或功率调节等控制措施对系统的电压稳定控制最灵敏。

奇异值指标对电压崩溃的预测性较差。

2. 特征值指标

与奇异值指标相似，雅可比矩阵的特征值的模值也反映了电压稳定性的相对量度。同时，与最小特征值相关的左右特征向量具有以下特性：

（1）右特征向量中的最大元素指示最灵敏的电压幅值调节节点（关键节点）；

（2）左特征向量中的最大元素指示功率注入的最灵敏节点（关键发电机）。

特征值指标对电压崩溃的预测性较差。

3. 负荷裕度指标

负荷裕度是从系统的给定运行点出发，按照某种负荷和发电功率增长模式，系统逐步逼近电压崩溃点，则系统当前的运行点至电压崩溃点的距离（一般为 MW）称为系统的负荷裕度。它目前被认为是最有效的电压稳定评估指标之一。

负荷裕度指标具有如下优点：

（1）负荷裕度非常直观，易于理解；

（2）负荷裕度不依赖于特别的系统模型，它仅仅需要一个静态模型。尽管它能够用于动态模型，但并不依赖动态细节。尤其是不需要负荷动态这一点非常有用。

（3）负荷裕度是一个精确的指标，它能够完全考虑系统的非线性及诸如当负荷增加时达到无功约束等限制条件。

（4）一旦负荷裕度被得到，将可以非常容易地计算负荷裕度对任何系统参数或控制的灵敏度。

（5）负荷裕度考虑了负荷增长模式，如后所述，这同时也是其缺点。

另一方面，负荷裕度指标也具有如下缺点：

（1）负荷裕度需要计算运行点至崩溃点的距离，所以，它的计算量比那些仅仅需要计算运行点处信息的指标要大。

（2）负荷裕度需要指定负荷增长模式。有时这些信息并不一定合理。

两种方法可以减轻负荷裕度对于负荷增长模式的依赖。一种是通过计算负荷裕度对于负荷增长模式的灵敏度来处理不同的负荷增长模式；另一种是通过相应计算来得到最严重运行方式下的负荷裕度的最小值。

10.3.4　连续潮流法与直接法的应用

目前求取负荷裕度的方法大致可分为两类：一类是连续流法，一类是直接法下面分别介绍这两种方法。

1. 连续潮流法

PV 曲线由于反映了系统随着负荷的变化而引起的节点电压的变化状况，因此，已经被广泛地用来确定系统运行点至电压崩溃点的距离，或确定电压崩溃点。连续潮流法的基本思路就是从当前工作点出发，随负荷不断增加，不断用预测/校正算子来连续求解潮流（系统的运行点），直至求得电压崩溃点（SNB），在得到整条 PV 曲线的同时，也获得负荷临界状态的潮流解（稳定裕度）。

需要注意的是，常规的连续潮流法不适合检测系统的极限诱导分岔现象，因为它是基于潮流雅可比奇异这一条件的，而极限诱导分岔并不具有这一特性。有文献在应用连续潮流法时进行了改进，从而既可以检测鞍结分岔也可以检测极限诱导分岔并计算负荷裕度。

2. 直接法

所谓的直接法是相对于连续潮流法而言的，这类方法并不关注系统负荷变化时电压的中间变化趋势，而是直接求取电压崩溃点，获得系统的负荷裕度。本节只介绍目前具有代表性的方法：非线性优化算法。

非线性优化算法将电压崩溃点的求取转化为非线性目标函数的优化问题，它以总负荷视在功率最大或任意负荷节点的有功功率最大作为目标函数。这种方法便于考虑发电机的无功功率以及 OLTC（有载分接开关）等各种约束条件，可避免临近电压稳定极限时潮流雅可比矩阵奇异及潮流不收敛的情形。

10.4 电力系统动态电压稳定性

10.4.1 动态电压稳定性概述

电压稳定从本质而言是一个动态问题。系统中诸多元件的动态特性，如发电机及其控制系统、负荷动态、有载调压变压器动态、无功补偿设备动态、HVDC 动态、继电保护动态等都对电压稳定性有着重要的作用。只有在动态分析情况下，这些动态因素对系统电压稳定性的影响才能够体现出来。这对于深入了解电压稳定性的本质，电压崩溃的机理有着重要的作用。对于电力系统动态电压稳定研究，有些学者将其分为小干扰分析方法和大干扰分析方法。

所谓的小干扰分析方法是把描述电力系统的动态行为的 DDAE 在平衡点附近作线性化，通过状态方程的特征矩阵的特征值来判断运行点的稳定性。它可以考虑发电机及励磁系统、负荷及 ULTC（有载调压变压器）的动态等，可以较好地分析它们对稳定的影响。但是，由于电力系统中影响其动态行为的组件很多，响应速度不同的组件对电压稳定的影响也不尽相同，难以用运行点处的特征矩阵完整描述。因而，一般忽略影响较小的因素，突出主要的相关组件来加以考虑。但具体简化时，哪些因素应该考虑，哪些因素可以忽略、难以确定。此外，由于负荷的随机性、分散性及多样性，严格统一的负荷动态难以确立。所以，至今小干扰分析法的研究尚不充分。

所谓的大干扰分析方法是在电力系统受到大的扰动如故障等情况下，对电压稳定性的研究。比较典型的有时域仿真法。它是从 DDAE 出发，在保留系统的非线性特征和组件动态特性的情况下，采用数值积分的方法，得到电压及其他量随时间的变化曲线的一种方法。

10.4.2 电压失稳时间框架分析

电压失稳分为暂态时间框架和中长期时间框架。根据元件的动态响应特性，与失稳相关的变量分为快变量和慢变量。由于电压失稳的形式和原因是多种多样的，下面就在一个大的扰动后系统失稳的可能响应行为作一个分析。

1. 暂态期

扰动后，慢变量未及响应，可考虑为常量。系统可能的 3 种失稳机理如下：

T1：快动态地失去平衡；如 HVDC。

T2：系统缺乏快动态向扰动后平衡状态过渡的能力；如短路故障后，失速的感应电动机由于故障切除时间过长而未能再加速而失稳导致电压崩溃。

T3：扰动后系统平衡处于不稳定的摇摆。

2. 长期时间过程

（1）快动态稳定，长动态（指时间）失稳：扰动后，在系统经历了暂态后，慢变量开始作用［对于快动态（快速变化的变量）而言，这些慢变量可看作是缓慢变化的］。假设，快动态是稳定的，则长动态可能以 3 种方式变得不稳定。

LT1：失去平衡（如 ULTC 动态引起）。

LT2：缺乏向稳定平衡过渡能力。如：故障后，校正措施不能使系统趋于稳定。

LT3：系统慢慢地过渡到振荡状态。

以上这些情况称为"长期电压稳定性"。国际上发生的主要的电压事故都是这种类型。

（2）慢变量变化导致快动态变得不稳定（最终失稳是由快变量产生）：系统可能经历的 3 种过程如下。

T-LT1：长动态引起的暂态的平衡点的消失。

T-LT2：当暂态过程近似于 T-LT1 时（即系统即将暂态失稳时），系统具有的能将系统维持在稳定的暂态平衡点的"域"的减小。

T-LT3：长动态引起的暂态的振荡失稳。

10.5　电压稳定性分析与控制的功能要求

10.5.1　离线研究与在线研究

对电压稳定性的把握对于电力系统的规划和运行起着非常重要的作用。通常，电压稳定性的分析分为离线和在线分析。由于其环境的不同而对各自的要求也不尽相同。

在离线环境下，必须确定所有计划的事故（如 N−1 或 N−2 准则）下的稳定裕度。由于维修和强制退出情况，实际上系统很少处于全部设备在役的状态。作为研究，通常把每个组件退出工作和每个计划的事故结合在一起，形成双重事故集，其中每一个都可能包括不相关的组件，如失去一条线路和一台发电机；两条线路等。由于待分析的运行方式的多样化导致了离线分析的不确定性较大。

在线电压稳定性评估的任务是要确定在给定条件下系统的安全性。如果由任何可信的事故引起电压稳定性准则的破坏，则该系统被认为是电压不稳定的。对于在线研究，通过系统量测和状态估计，系统状态和拓扑是已知的（或至少是近似知道的）。因此仅仅需要研究所有组件在役时的一些标准（准则）事故，结果只有少量事故情况需要检验。相比于离线研究，在线研究的不确定性较小。

不同电力系统有不同的电压稳定性准则和对电压稳定性的不同要求。一般来说电压稳定性准则可以规定为用负荷增加、传输功率增加和其他关键系统参数表示的电压稳定裕度及系统不同部分（区域）的无功储备量。

如果任何一个可信的事故造成系统电压不安全，则必须采取预防或校正措施以改善系统的电压安全性。预防控制措施是把系统运行状态移至电压安全运行点，即增加系统的电压稳定裕度。校正控制措施是在发生严重的或者预想不到的事故情况下，采取紧急控制措施，把系统从电压不安全运行区拉回电压安全运行点，以维持系统的电压稳定性。

即使系统电压是安全的，人们也希望知道当前的系统状态距离电压不安全有多远。

根据上面的考虑在线电压稳定性估计软件包必须提供下列基本功能：

（1）对当前运行点进行稳定性评估；

（2）对可信事故进行选择；

（3）事故评估。

事故评估的目的是对事故排序表中的事故进行详细分析，以确定稳定（安全）或不稳定（不安全）事故，其相应的"度"多大？作为确定相应的预防或校正措施的基础。

10.5.2 电压稳定分级分区控制

电力系统的电压控制通常采用分级分区控制的结构，即按空间和时间将电压控制分为 3 个等级：一级、二级和三级控制。如图 10-5 所示。

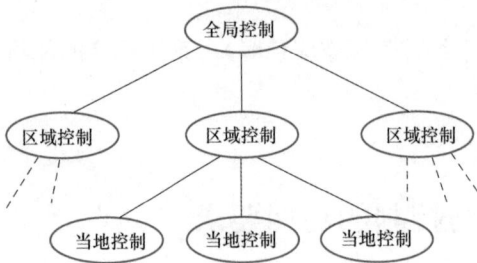

图 10-5 电压稳定分级分区控制系统的结构

三级电压控制处于最高层，也称为全局控制。三级电压控制为预防控制，包括的时间跨度为几十分钟。它的目的在于发现电压稳定性的劣化和采取必要的措施。这类控制主要是协调各二级控制系统，指导值班人员的干预，是对全系统的控制，由系统控制中心执行。三级电压控制监视全系统的电压，在紧急情况下，它也可采取一些紧急措施，通过二级控制系统的紧急控制手段，实现直接控制。除安全监视外，经济问题是该控制层主要考虑的问题，经济调度是这一控制层的日常工作。三级电压控制利用系统范围的信息，确定在满足电网安全约束的前提下，能够使系统实现经济运行。

二级电压控制也称为区域控制，处于中间层，控制响应速度一般在几分钟以内。

二级控制系统控制协调一个区域内各就地以及控制设备的工作，是对某个区域的控制由各地区的控制中心执行。如：改变发电机或 SVC 的电压调节值，投切电容器和电抗器，切负荷，以及必要时闭锁变压器有载分接头开关切换等。这类控制也是自动闭环进行的，因为在这样的时间内，值班人员来不及干预。二级电压控制系统除了将上述实时控制命令从控制中心送到执行地点外，还可以将各种电压安全监视信息送给有关值班人员。被控对象是每个区域内的受控设备，不受控设备不参与二级电压控制过程。

一级电压控制也称为当地控制，处于最底层，是对设置在发电厂、用户或各供电点的某个具体设备的控制，是这些设备应该完成的基本功能。一级电压控制通常是快速反应的闭环控制，相应时间一般在 1s 至几秒内。一级电压控制器主要是区域内控制发电机的自动电压调节器或其他无功控制器。例如：同步电机（发电机、调相机、同步电动机）的无功功率控制，静止无功补偿器的控制，以及快速自动投切电容器和电抗器等。由负荷波动、电网切换和事故引起的快速电网变换，通常是由一级电压控制进行调整的。变压器有载分接头开关自动切换也属于就地的一级电压控制设备，但其相应速度慢，通常为几十秒至几分钟，主要用于缓慢但幅度大的负荷变化时维持电压质量。这些控制设备仅利用局部信息和/或二级电压控制系统传来的附加信号来确定控制量以补偿快速和随机的电压波动，提供系统所需要的无功支持，将电压维持在指定的参考值附近。

综上所述，在这种分级、分区的控制框架中，三级电压控制是其中的最高层，它以全系统的经济运行为优化目标，并考虑稳定性指标。二级电压控制接受三级电压控制的控制信号，通过对区域内各可控元件的控制保持区域的电压水平的稳定。一级电压控制器根据二级电压控制器的控制信号调节系统所需的无功支持。

在电压的这种分级递阶控制系统中，每一层都有其各自的控制目标，低层控制接受上层的控制信号作为自己的控制目标，并向下一层发出控制信号。

10.5.3　电压稳定的控制措施

一般来说，电力系统中电压稳定的控制手段应从系统的无功/电压调节手段，功率传输能力等方面来考虑。

发电机是电网中调整运行电压的重要设备。发电机不仅是有功电源，也是无功电源，有些发电机还能通过进相运行吸收无功功率，所以可用调整发电机端电压的方式进行调压。这是一种充分利用发电机设备，不需要额外投资的调压手段。如果发电机有充足的无功备用，通过调节励磁电流增大发电机的电动势，可以从整体上提高电网的电压水平，提高电压的稳定性。

同步调相机是很好的电压无功控制设备，它可以向系统提供、吸取无功功率进行调压。同步调相机相当于空载运行的同步电动机，也就是只能输出无功功率的发电机。它可以过励磁运行，也可以欠励磁运行，运行状态根据系统的要求调节。在过励磁运行时，它向系统提供感性无功功率，起无功电源的作用；在欠励磁运行时，它从系统吸取感性无功功率，起无功负荷的作用。

调整变压器分接头挡位可改善局部地区电压。有载调压变压器可以在带负荷的条件下切，换分接头，而且调节范围也比较大。这样可以根据不同的负荷大小来选择各自合适的分接头，能缩小电压的变化幅度，也能改变电压变化的趋势。但在实际系统的运行中，由于负荷的峰谷差较大，可能要频繁调整分接头，这会引起电压的波动。如果系统的无功不足，那么当某一地区的电压由于变压器分接头的改变而升高后，该地区所需的无功功率也增大了，这就可能扩大系统的无功缺额。从而导致整个系统的电压水平进一步下降，严重的还会产生电压崩溃。

静电电容器：是通过并联电容器向系统供给感性无功功率来实现调压的。

静止无功补偿器调压：是一种广泛使用的快速响应无功功率补偿和电压调节设备对于支持系统电压和防止电压崩溃，是一种强有力的措施。SVC 是晶闸管控制/投切的电抗器和晶闸管投切的电容器，或者它们组合而成的控制器的统称。它由电容器组与可调电抗器组成，通过向系统提供、吸取无功功率进行调压。

改变电网参数：采用串联电容器补偿线路的部分串联阻抗，从而降低传送功率时的无功量，现在晶闸管可控串联补偿器（TCSC）是主要的 FACTS 装置。

STATCOM 调压：是近年来发展的一种新型静止无功发生器装置。起始输入来自一组储能电容器上的直流电压，其输出的三相交流电压与电力系统电压同步。STATCOM 的功能要优越于 SVC，例如，当电网连接无功补偿装置的母线电压下降时，SVC 的最大无功输出也会随之下降，因为其最大无功输出与电压的平方成正比。而 STATCOM 的输出犹如发电机的电动势一般不会下降，仍能加大其无功输出。

切负荷：当已不能采取上述措施，或者上述措施调节电压的速度不够快，或者系统发生了紧急事故电压急剧下降时，应该考虑适当地切去部分负荷，以确保整个系统的安全运行。

10.5.4　预防控制与校正控制

预防控制是指在当前运行方式下负荷连续增长，或通过故障分析得知系统在故障后可能发生电压问题时，采取的控制措施以保证系统在当前运行方式下或故障后状态下保持一定的稳定裕度，防止电压崩溃的发生，是一种慢速、调节性控制。

一般，预防控制措施有：①电压/无功的再调度；②发电机有功功率调整；③无功补偿措施（SVC、静电电容器、同步调相机、OLTC 等）；④有功和无功储备的调整；⑤某些界面潮流的调整；⑥HVDC、FACTS 的调整等；⑦切负荷等。

获得预防控制措施的决策历程可以为下述一个或几个的组合：①用户制定的预防控制措施；②基于控制规则的预防控制措施；③基于优化的预防控制措施。

校正控制：指在系统发生严重的事故或系统处于连续负荷增长情况下，处于电压不稳定的过程中进行的控制使系统能够恢复稳定或使系统保持一定的稳定裕度的控制手段。它是一种快速、紧急性控制。

一般，校正控制措施有：①发电机有功功率调整；②切负荷；③尽可能地投入无功补偿装置（SVC、静电电容器、同步调相机等）；④OLTC 的闭锁等。

习题

1. 电力系统的电压控制通常采用分级分区控制的结构，即按空间和时间将电压控制分为（   ）个等级。

A. 2   B. 3   C. 4   D. 5

2. 三级电压控制称为（   ）。

A. 全局控制   B. 区域控制   C. 就地控制   D. 部分控制

3. 下列不属于暂态电压稳定分析内容的是（   ）。

A. HVDC   B. SVC

C. AGC   D. 发电机励磁动态

4. 电压稳定性的静态分析时，描述系统的方程组为（   ）。

A. 代数方程组   B. 微分方程组

C. 微分 - 代数方程组   D. 微分 - 代数 - 差分方程组

5. 下列不属于电压稳定问题的是（   ）。

A. 静态电压失稳   B. 动态电压稳定

C. 暂态电压稳定   D. 次暂态电压失稳

第11章

电力系统安全校核的基本概念

11.1　电网运行安全校核

11.1.1　电网运行安全校核的定义

针对电网调度运行中的日前、日内调度计划和电力市场交易进行安全校核。

11.1.2　电网运行安全校核的内容

电网运行安全校核包括：基态潮流校核、静态安全校核、短路电流校核、短路比校核、静态稳定校核、暂态功角稳定校核、动态功角稳定校核、电压稳定校核、频率稳定校核。

1. 基态潮流校核

（1）基态潮流校核的定义。基态潮流校核针对电网运行方式数据进行统计分析，判断基态潮流下的设备过载及越限情况。

（2）基态潮流校核包含内容。

1）应将电网运行方式数据与设备限额比对进行越限检查，包括线路电流越限、输电断面潮流越限、变压器潮流越限和母线电压越限。

2）应给出过载设备及其过载程度、越限设备及其越限程度，按过载程度、越限程度对设备进行排序。

（3）基态潮流校核计算的输入数据。

1）电网运行方式数据；

2）设备限额，包括线路电流限额、输电断面组成及稳定限额、变压器潮流限额和母线电压限额。

（4）基态潮流校核的计算结果。应包含电网运行方式数据在基态潮流下的过载和越限设备、过载和越限程度。

2. 静态安全校核

（1）静态安全校核的定义。静态安全校核针对电网运行方式数据进行静态安全分析计算，分析 N−1 故障和指定故障集下的设备过载和越限情况。

（2）静态安全考核的内容。

1）支持以下元件无故障开断：

支持 N−1 原则逐个开断元件（包括线路、主变压器等）；支持直流双极闭锁；支持同杆并架线路 N−2 开断；支持指定元件集无故障开断。

2）应模拟安全自动装置动作，可根据电网运行方式自动匹配安全自动装置策略表。

（3）静态安全校核的计算结果。应包含引起过载和越限的故障、过载和越限设备、过载和越限程度。

3. 短路电流校核

（1）短路电流校核的定义。短路电流校核应针对电网运行方式数据，计算母线发生三相短路、单相接地等金属性短路故障的短路电流，校验母线短路电流水平是否超过相关设备设计的短路电流耐受能力。

（2）短路电流校核的计算结果。若存在短路电流超标，应给出提示，并输出超标时段、故障母线、故障类型、短路电流耐受能力、超标比例等分析结果。

4. 短路比校核

（1）短路比校核的内容。应计算直流短路比、多馈入直流短路比以及新能源场站短路比。

1）短路比（SCR）。额定电压下换流站交流母线的短路容量S_{sc}与额定直流功率P_d的比值，用于评估交流系统对直流系统的支撑能力。

$$SCR = \frac{S_{sc}}{P_d} \tag{11-1}$$

式中　SCR——短路比；

$\quad\quad S_{sc}$——额定电压下换流母线的短路容量，MVA；

$\quad\quad P_d$——额定直流功率，MW。

2）多直流馈入短路比（MISCR）。额定电压下第i回直流系统换流母线短路容量S_{SCi}与直流系统等效额定功率P_{deqi}的比值。

$$MISCR_i = \frac{S_{SCi}}{P_{deqi}} = \frac{S_{SCi}}{P_{di} + \sum_{j=1,j\neq i}^{n} MIIF_{ji} \times P_{dj}}$$

式中　$MISCR_i$——第i回直流所对应的多直流馈入短路比；

$\quad\quad S_{SCi}$——额定电压下第i回直流系统换流母线短路容量，MVA；

$\quad\quad P_{deqi}$——第i回直流系统等效额定功率，MW；

$\quad\quad P_{di}$——第i回直流系统的额定功率。

$\quad\quad P_{dj}$——第j回直流系统额定功率，MW；

$\quad\quad MIIF_{ji}$——第j回直流系统对第i回直流系统的多直流馈入相关因子；

$\quad\quad n$——馈入交流系统的直流系统回数。

对于有多回直流接入的交流系统，采用多直流馈入短路比（MISCR）评估交流系统对直流系统的支撑能力。

（2）短路比校核的要求。若直流短路比低于合理水平，应给出提示，并输出时段、短路容量、短路比及对应的直流系统和新能源场站等分析结果。

短路比用于评估交流系统对直流系统的支撑能力。短路比越高，说明交流系统对直流系统的支撑能力越强，系统在电压波动、故障等情况下越稳定。

5. 静态稳定校核

（1）静态稳定校核的定义。静态稳定校核应针对电网运行方式数据，计算大电源送出线、跨大区或者省间联络线以及网络中的薄弱断面的静态稳定极限和静态稳定储备系数，应自动判别系统静态稳定性。

1）静态稳定判据。

功角稳定性判据为：

$$\frac{\mathrm{d}P_e}{\mathrm{d}\theta} > 0 \tag{11-2}$$

无功电压稳定性的判据为

$$\frac{\mathrm{d}Q}{\mathrm{d}V} < 0 \tag{11-3}$$

式中　P_e——线路传输的有功功率，MW；

Q——线路传输的无功功率，Mvar；

θ——发电机的功角；

V——发电机机端电压，kV。

2）静态稳定储备系数：

$$K_P = \frac{P_j - P_z}{P_z} \times 100\% \tag{11-4}$$

$$K_V = \frac{U_z - U_c}{U_z} \times 100\% \tag{11-5}$$

式中　K_P——按功角判断计算的静态稳定储备系数；

P_j——静态稳定极限，MW；

P_z——正常传输功率，MW；

K_V——按无功电压判据计算的静态稳定储备系数；

U_z——母线正常电压，kV；

U_c——母线的临界电压，kV。

（2）静态稳定校核的结果。静态稳定裕度较低时，应给出提示，并输出时段、静态稳定裕度、裕度较低的输电断面（线路）等分析结果。

6. 暂态功角稳定校核

（1）暂态功角稳定校核的定义。暂态功角稳定校核应针对电网运行方式数据和指定故障形态进行时域仿真计算，分析系统的暂态功角稳定性，并满足以下要求：①发电机模型应采用考虑次暂态电动势变化的详细模型，考虑同步电机的励磁调节系统和调速系统，考虑电力系统中有关的自动调节和自动控制系统的动作特性；②新能源场站应采用详细的机电暂态模型；③直流输电系统应采用详细的机电暂态模型，以及直流附加控制模型；④应考虑负荷动态特性；⑤应自动判别系统的暂态稳定性；⑥应考虑在最不利地点发生金属性短路故障。

（2）暂态功角稳定校核的结果。存在暂态功角失稳时，应给出提示，并输出时段、扰动形态、失稳类型、最大功角包络线、功角最大机组、功角最大时刻等分析结果。若安全自动装置动作，应输出安全自动装置动作时段、动作条件、动作结果等信息。

7. 动态功角稳定校核

（1）动态功角稳定校核的定义。动态功角稳定校核应针对电网运行方式数据和指定扰动形态，校核系统的动态稳定性，分析系统中是否存在负阻尼或弱阻尼振荡模式，并满足以下要求：①发电机模型应采用考虑次暂态电动势变化的详细模型，考虑同步电机的励磁调节系统和调速系统，考虑电力系统中有关的自动调节和自动控制系统的动作特性；②新能源场站应采用详细的机电暂态模型；③直流输电系统应采用详细的机电暂态模型，以及直流附加控制模型；④应考虑负荷动态特性；⑤应自动判别系统的动态稳定性。

（2）动态功角稳定校核采用的方法。小扰动动态功角稳定校核宜采用基于电力系统线性化模型的特征值分析方法或机电暂态仿真。大扰动动态功角稳定校核应采用机电暂态仿真。

（3）动态功角稳定校核的结果。存在负阻尼或者弱阻尼振荡模式时，应给出提示，并输出时段、特征根、机组参与因子、阻尼比等分析结果。

8. 电压稳定校核

（1）电压稳定校核的定义。电压稳定校核应针对电网运行方式数据和指定扰动形态，校核系统的电压稳定性，分析系统中是否存在无功支撑能力不足的情况，应自动判别系统的电压稳定性。

（2）电压稳定校核采用的方法。静态电压稳定校核宜采用逐渐增加负荷的方法求解电压失稳的临界点，计算系统的静态电压稳定裕度；暂态电压稳定校核应采用机电暂态仿真。

（3）电压稳定校核的结果。静态电压稳定裕度较低时，应给出提示，并输出时段、静态电压稳定裕度、裕度较低母线等分析结果；存在暂态电压失稳时，应给出提示，并输出时段、扰动形态失稳类型、最低电压包络线、最低电压母线、最低电压时刻等分析结果。

9. 频率稳定校核

（1）频率稳定校核的定义。频率稳定校核应针对电网运行方式数据和指定扰动形态，校核系统的频率稳定性分析在给定频率稳定控制措施下系统频率是否能迅速恢复到额定频率附近，应自动判别系统的频率稳定性。

（2）频率稳定校核采用的方法。小扰动频率稳定校核宜采用基于电力系统线性化模型的特征值分析方法或机电暂态仿真；大扰动频率稳定校核应采用机电暂态仿真。

（3）频率稳定校核的结果。存在频率振荡模式时，应给出提示，并输出时段、特征根、机组参与因子阻尼比等分析结果；存在大扰动频率失稳时，应给出提示，并输出时段、扰动形态、失稳类型频率曲线等分析结果。若安全自动装置动作，应输出安全自动装置动作时段、动作条件、动作结果等信息。

11.1.3 安全校核辅助决策

1. 灵敏度分析

灵敏度的定义：网络函数关于网络元参数或影响元件参数的一些物理量相对变化率称为灵敏度。

灵敏度的作用：根据灵敏度来分析元件参数变化对网络性能的影响程度。根据电网运行安全校核的计算结果，针对元件越限、短路电流超标或不满足安全稳定要求的电网运行方式数据，进行灵敏分析，主要包括：

（1）应进行发电机节点和负荷节点有功注入对支路或输电断面有功潮流的灵敏度分析；

（2）应进行发电机节点和无功补偿设备投退及有功功率调整对母线电压的灵敏度分析、变压器变比对母线电压的灵敏度分析；

（3）应进行支路开断分布因子计算，即线路或变压器支路开断后其他线路或变压器功率的变化情况；

（4）应进行设备投停、母线分列及线路出串等措施对短路电流超标点的阻抗灵敏度分析；

（5）应进行发电机启停、直流功率调整等措施对短路比的灵敏度分析；

（6）应进行发电机启停及有功功率调整、直流功率调整等措施对暂态功角失稳故障的灵敏度分析；

（7）应进行发电机启停及出力调整等措施对动态功角稳定中弱阻尼或负阻尼模式的灵敏度分析；

（8）应进行静态电压失稳临界点模态分析，并进行发电机启停及有功功率调整、负荷调整、无功补偿设备投退及出力调整等措施对薄弱节点和薄弱区域的灵敏度分析；

（9）应进行发电机启停及有功功率调整、无功补偿设备投退及出力调整等对暂态电压稳定的灵敏度分析；

（10）应进行发电机启停及有功功率调整、直流功率调整等措施对频率稳定的灵敏度分析。

2. 辅助决策方案制定

安全校核辅助决策根据灵敏度分析结果，针对元件越限、短路电流超标或不满足安全稳定要求的电网运行方式数据，进行静态安全、短路比、静态稳定、暂态功角稳定、动态功角稳定、电压稳定和频率稳定等辅助决策计算，并对决策结果进行分类汇总，综合处理后给出对调度计划的调整建议，主要包括：

（1）静态安全辅助决策根据静态安全校核计算结果和越限元件的灵敏度分析结果，给出解决元件越限的调整方案；

（2）短路电流辅助决策根据短路电流校核计算结果和短路电流超标灵敏度分析结果，给出解决短路电流超标的调整方案；

（3）短路比辅助决策根据短路比校核结果和短路比灵敏度分析结果，给出短路比不满足要求的调整方案；

（4）静态稳定、暂态功角稳定、动态功角稳定、电压稳定和频率稳定辅助决策根据安全稳定校核计算结果和灵敏度分析结果，给出满足稳定约束的调整方案；

（5）应对各类辅助决策信息进行分类汇总，综合处理后给出统一的辅助决策调整方案；

（6）辅助决策应计及设备调节性能约束（包括发电机爬坡率、电容电抗器投切组数和容量等）和调整连续性（避免频繁上下调节同一设备）。

11.2　中长期电力交易安全校核

11.2.1　中长期电力交易安全校核的定义

针对年、季、月、月内多日等日以上（不含日前）电力交易，按照国家相关政策法规及相关技术标准，根据设备并网（退运）计划、停电计划、试验计划、负荷预测、水库发电调度计划、可再生能源发电预测、外购（送）电计划等基础数据，分析评估中长期电力交易计划是否满足电力系统各类运行约束条件。

11.2.2　中长期电力交易安全校核的原则

1. 电网安全原则

安全校核应依据国家、行业关于电网安全的法律法规、技术标准进行，确保校核结果满足国标规定的安全标准。所有交易结果必须通过安全校核方能进行调度执行。

2. 节能低碳原则

按照节能低碳原则确定中长期电力交易安全校核的基础开机组合和初始潮流；按照清洁能源消纳最大化原则保障调峰调频容量的充裕度。

考虑可再生能源间歇性和不确定性，在组织中长期电力交易时可将可再生能源交易份额设置为可中断交易，送端省份视为可调出力，受端省份不视为可调有功功率，以弥补可再生能源发电能力不足导致的限制用户用电。

3. 逐步逼近原则

考虑电力系统运行的各种不确定性，在进行年、月安全校核时，应留出一定的通道传输能力空间，剩余的通道能力空间留在月内使用。中长期电力交易安全校核阶段省间通道和省内通道的通道传输能力利用率如下：

（1）年度安全校核阶段的省间通道可用传输容量利用率上限在80%～90%之间取值，月度安全校核阶段省间通道可用传输容量利用率按不大于95%控制。

（2）年度安全校核阶段的省内通道可用传输容量利用率上限在70%～80%之间取值，月度安全校核阶段省内通道可用传输容量利用率上限在80%～90%之间取值。

（3）应根据省间通道和省内通道的潮流关联关系，统筹确定省间通道和省内通道在中长期电力交易阶段的利用率。

4. 统一校核原则

在一个交易周期内对区域内不同交易机构、不同交易品种的无约束交易出清结果由相关调度机构联合进行全电量校核。

11.2.3 中长期电力交易安全校核的内容

1. 电网安全校核

电网安全校核内容应包括各项电网安全约束，有：短路电流、流和电压、直流多馈入短路比、静态安全、暂态稳定、动态稳定、静态电压稳定、暂态电压稳定、频率稳定、过电压及谐波振荡、三道防线适应性、电力安全事故（事件）风险等约束。

电力系统稳定相关要求应转换为对机组（群）出力、断面功率限额的安全约束，用于安全校核。

2. 发电测校核

（1）机组运行约束。包括有功功率上下限约束、爬坡速率约束、最小持续开机/停机时间约束、限制运行区约束、启停过程有功功率曲线约束等。

（2）发电能力约束。发电机组交易总量不能超过发电机组的最大发电能力。

（3）机组（群）电量上/下限约束。发电机组（群）交易总量不能超过机组（群）电量上/下限。

（4）强制运行机组（群）约束。安全约束的强制运行机组（群）满足开机要求，强制运行机组（群）电量下限不低于强制运行电量。

（5）交易总量约束。所有交易总量不超过市场范围内市场化电力用户用电量总和。

3. 用电侧校核

电力用户（含售电公司、负荷集成商）的交易电量不超过电力用户电量上限。

4. 备用及调峰校核

备用容量应满足备用容量相关标准、电力系统安全稳定运行、可靠供电、新能源消纳等要求。备用要求可按全网、分省、分地区设置。

发电厂应根据规则提供调峰服务，其交易电量应满足系统调峰要求，或通过购买调峰服务等其他方式满足系统调峰需求。

5. 清洁能源优先消纳

对于交易结果可能导致可再生能源吸纳能力下降、弃水（弃风、弃光）增多的情况，调度机构可对化石能源交易电量进行调减。

11.2.4　中长期电力交易安全校核的流程

1. 基础数据收集

包含基础模型数据、机组运行参数、负荷预测、可再生能源发电预测、发电能力、优先发电计划、跨省跨区送受电计划、停电计划、并网计划、退役计划、限额信息、中长期电力交易计划。

2. 断面/支路可用输电容量评估

基于基础数据进行断面/支路可用输电容量评估，并得出交易分布系数。

3. 发电可调电量评估

对发电企业申报发电能力进行合理性评估，确定发电可调电量；根据电网稳定分析结果，确定机组群约束电量。

4. 交易组织

交易机构进行交易组织，并将交易电量、交易曲线提供给调度机构进行安全校核。

5. 安全校核

利用"基于可用输电容量"方法或"基于安全约束机组组合"方法进行安全校核。

11.2.5　安全校核的方法

1. 基于可用输电容量（ATC）的安全校核

（1）基于 ATC 的安全校核流程包括：①根据电网潮流分布，将各类交易分解到断面/支路，并与可用传输容量进行比较；②将超出可用输电能力的相关交易及超出量提交交易机构、市场主体进行调整；③发布安全校核结果；④交易机构、市场主体根据交易规则，按断面/支路提供各交易成分优先级用于实时运行中的调整。

（2）ATC 的两种定义。ATC 是指在现有的输电合同基础之上，实际物理输电网络中剩余的、可用于商业使用的传输容量。

电网在已有交易或合同基础上可进一步用于交易的剩余输电容量（可包括电力和电量）。

$$ATC = TTC - TRM - CBM - ETC \tag{11-6}$$

式中：TTC 为最大输电能力，反映了在满足系统各种安全可靠性要求下，互联系统联络线上总的输电能力；

TRM 为输电可靠性裕度，反映了不确定因素对互联系统间输电能力的影响；

CBM 为容量效益裕度，反映了为保证 ETC 中不可撤销输电服务顺利执行时输电网络应当保留的输电能力；

ETC 为现有输电协议（包括零售用户服务）占用的输电能力。

（3）断面/支路可用输电容量评估方法：①断面 ATC 评估方法；②支路及直流 ATC 评估方法；③分布系数评估方法。

（4）发电可调电量评估方法：①所有发电厂可交易电量根据最大技术出力按照时间积分方法，并考虑 70%~80% 负荷率确定中长期可交易电量；②水电厂原则上按照丰、枯期分别进行整体校核，其中枯水期可调电量原则上不大于近 5 年同期的最大实发电量（考虑弃水恢复）的 1.1 倍，丰水期可调电量按照装机容量确定；③风力发电、光伏发电等新能源电厂的发电能力原则上不应大于近 5 年该电厂同期最大利用小时数（考虑弃电恢复）的 1.1 倍，新投运的新能源电厂可参考同地区已投产电厂的平均利用小时数测算发电能力。④机组群可交易电量上/下限综合其送出各级通道中的断面约束和就地负荷预测进行确定；⑤安全约束强制运行机组（群）电力是按照各约束确定的最小开机数，按照最低技术有功功率确定的发电量。

2. 基于安全约束机组组合（SCUC）的安全校核

（1）基于 SCUC 的安全校核流程包括：①对全部交易结果进行详细电量安全校核，通过 SCUC 计算，确认交易结果是否能够得出满足安全约束的机组组合；②针对求解所得机组组合及机组有功功率结果，选取全部或者部分方式断面形成未来态交流潮流断面，进行交流潮流静态安全校核；③若不满足安全约束，则应定位越限原因并计算相关交易调整的灵敏度系数，提交交易机构；④交易机构须按照越限量及灵敏度系数进行调整，以满足安全校核要求；⑤发布安全校核结果；⑥交易机构、市场主体根据交易规则，按断面/支路提供各交易成分优先级用于实时运行中的调整。如未提供，则由调度机构在实时运行中按等比例原则调整。

（2）SCUC 安全约束机组组合：在满足机组运行约束、电网安全约束运行条件下，优化决策不同时段下机组开停机组合的过程。

习题

1. 基态潮流校核的主要任务是（　　）。

A. 判断电网设备的过载及越限情况　　　　B. 进行系统的暂态稳定性分析

C. 校核电网的电压稳定性　　　　　　　　D. 分析系统的频率稳定性

2. 静态安全校核的 N−1 原则指的是（　　）。

A. 电网中每个设备同时发生故障时的校核

B. 每次只考虑一个设备发生故障的情景

C. 所有线路都必须在故障后恢复

D. 多个电网元件的故障同时校核

3. 短路电流校核的主要任务是（　　）。

A. 检查系统的频率稳定性

B. 计算电网中的短路电流并验证设备是否能耐受

C. 校验电网的静态稳定性

D. 校核电压的稳定性

4. 电网运行中的"短路比"用于评估（　　）能力。

A. 交流系统对直流系统的支撑能力 　　　　B. 电网的电压控制能力

C. 系统的负荷动态特性 　　　　D. 电网频率控制能力

5.（多选）在暂态功角稳定校核中，应考虑哪些系统因素？（　　）

A. 发电机励磁调节系统 　　　　B. 负荷的动态特性

C. 直流输电系统的附加控制模型 　　　　D. 仅考虑系统静态特性

6. 安全校核辅助决策中，灵敏度分析应考虑以下哪些因素？（　　）

A. 发电机节点和负荷节点有功注入对支路或输电断面有功潮流的影响

B. 设备投停对短路电流超标点的阻抗灵敏度

C. 支路开断后的其他线路的功率变化情况

D. 电压波动对频率的影响

7. 中长期电力交易安全校核的目标是（　　）。

A. 分析电力设备的发电能力

B. 确定电力系统的负荷预测

C. 评估电力交易计划是否满足系统运行约束

D. 计算电力用户的用电量

8.（多选）中长期电力交易安全校核的原则包括（　　）。

A. 电网安全原则 　　　　B. 节能低碳原则

C. 逐步逼近原则 　　　　D. 设备调节原则

9.（多选）在中长期电力交易安全校核中，以下哪些约束条件属于电网安全校核？（　　）

A. 短路电流 　　　　B. 用电侧负荷预测

C. 潮流和电压 　　　　D. 动态稳定

参 考 文 献

［1］诸骏伟．电力系统分析（上册）．北京：中国电力出版社，1995.

［2］夏道止．电力系统分析（下册）．北京：中国电力出版社，1995.

［3］王锡凡，方万良，杜正春．现代电力系统分析．北京：科学出版社，2003.

［4］张伯明，陈寿孙．高等电网络分析．北京：清华大学出版社，1996.

［5］刘天琪．现代电力系统分析理论与方法．北京：中国电力出版社，2016.

［6］顾丹珍，黄海涛，李晓露．现代电力系统分析．北京：机械工业出版社，2022.

［7］匡洪海，曾进辉．现代电力系统分析．武汉：华中科技大学出版社，2021.

［8］卢锦玲．高等电力系统分析．北京：中国电力出版社，2023.

［9］程浩忠．电力系统规划．北京：中国电力出版社，2013.